Uni-Taschenbücher 786

T0222983

# UTB

Eine Arbeitsgemeinschaft der Verlage

Birkhäuser Verlag Basel und Stuttgart
Wilhelm Fink Verlag München
Gustav Fischer Verlag Stuttgart
Francke Verlag München
Paul Haupt Verlag Bern und Stuttgart
Dr. Alfred Hüthig Verlag Heidelberg
Leske Verlag + Budrich GmbH Opladen
J. C. B. Mohr (Paul Siebeck) Tübingen
C. F. Müller Juristischer Verlag – R. v. Decker's Verlag Heidelberg
Quelle & Meyer Heidelberg
Ernst Reinhardt Verlag München und Basel
F. K. Schattauer Verlag Stuttgart-New York
Ferdinand Schöningh Verlag Paderborn
Dr. Dietrich Steinkopff Verlag Darmstadt
Eugen Ulmer Verlag Stuttgart
Vandenhoeck & Ruprecht in Göttingen und Zürich
Verlag Dokumentation München

Grundkurs Physik · Band 1/I
Herausgeber: *H.-J. Seifert · M. Trümper*

Prof. Dr. *Hans-Jürgen Seifert* ist Dozent an der Hochschule der Bundes-
wehr Hamburg (Fachbereich Maschinenbau, Institut für Angewandte
Mathematik).
Prof. Dr. *Manfred Trümper* ist z. Z. im Rahmen der Entwicklungshilfe
Dozent an der Universität Oran (Algerien) im Fachbereich Physik.

Hans-Jürgen Seifert

# Mathematische Methoden in der Physik

## Teil 1:

Denk- und Sprechweisen · Zahlen
Lineare Algebra und Geometrie
Differentialrechnung I

Mit 46 Abbildungen

Springer-Verlag Berlin Heidelberg GmbH

Der 1942 in Berlin geborene Autor studierte Physik an der TU Berlin (1961 bis 1964) und der Universität Hamburg (1964 bis 1968). Er arbeitete dort in dem Forschungsseminar für Relativitätstheorie bei *P. Jordan* und *W. Kundt* (Diplom 1967, Promotion 1969) und ist seit 1973 Professor für Mathematik am Fachbereich Maschinenbau der Hochschule der Bundeswehr Hamburg. Wichtigstes Forschungsgebiet: Mathematische Grundlagen der Allgemeinen Relativitätstheorie (Differentialgeometrie, Hyperbolische Differentialgleichungen).

**CIP-Kurztitelaufnahme der Deutschen Bibliothek**

**Seifert, Hans-Jürgen:**

Mathematische Methoden in der Physik/Hans-Jürgen Seifert. – Darmstadt: Steinkopff.

Teil 1. Denk- und Sprechweisen; Zahlen; Lineare Algebra und Geometrie; Differentialrechnung. – 1978. – XII, 180 S.
    (Uni-Taschenbücher; 786: Grundkurs Physik; 1)

ISBN 978-3-7985-0507-0     ISBN 978-3-642-95964-6 (eBook)
DOI 10.1007/ 978-3-642-95964-6

# Vorwort der Herausgeber zum Sammelwerk „Grundkurs Physik"

Der „Grundkurs Physik" besteht aus einzeln erhältlichen Bänden, die aufeinander abgestimmt, aber unabhängig voneinander lesbar sind. Vorgesehen sind zunächst:

1. Mathematische Methoden, 2 Teilbände
2. Mechanik
3. Wärmelehre
4. Elektromagnetismus, Optik, Relativität, voraussichtlich 2 Teilbände
5. Mechanik der Kontinua
6. Quantenphysik
7. Statistische Physik
8. Physik als Wissenschaft (Bemerkungen zur Stellung der Physik zu anderen Wissenschaften; Methoden, Grenzen, Konsequenzen der Physik).

Alle diese Bände sind als Einführung in das betreffende Gebiet bestimmt. Daher steht eine ausführliche Motivierung und Erläuterung der wesentlichen Konzepte im Vordergrund, nicht so sehr der Ausbau des Formalismus. Es wird nicht nur die Physik — ihre Theorien und Ergebnisse — dargestellt, sondern auch *über* die Physik — ihre Denkweise, ihre Methoden, ihre Bedeutung — gesprochen.

Das Lehrwerk ist geschrieben für Studenten naturwissenschaftlich orientierter Fachrichtungen. Es geht nicht von der Fiktion aus, die einzige Wissensquelle des Studenten zu sein, sondern empfiehlt sich zum Gebrauch neben Vorlesungen und vor weiterführenden Texten.

Die eigentlichen „Physikbände" der Reihe (Bd. 2 bis Bd. 7) enthalten viele Übungsbeispiele, Zusammenfassungen von Kapiteln, Aufgaben (mit Lösungen). Die Beispiele sollen auch für „Anfänger" verständlich und anregend sein; das soll nicht durch zu große Simplizität, sondern durch Bezug auf den „technischen Alltag" erreicht werden. (Dieser wird heute leider von den meisten Lehrgängen der Physik vernachlässigt, denn die klassische Physik hat man den Ingenieuren zur Anwendung überlassen, aktuelle physikalische Forschung basiert meist auf der Quantentheorie.)

In den beiden „einrahmenden" Bänden (Bd. 1 und Bd. 8) geht es um zwei Gebiete, die nicht zur Physik gehören, aber für die Beschäftigung mit der Physik äußerst wichtig sind. Noch weniger als in den anderen Bänden ist hier eine umfassende Behandlung angestrebt, es soll eine Brücke geschlagen werden zu den üblichen Darstellungen dieser Gebiete, die in Stil und Denkweisen weit von denen der Physiker entfernt sind, auch wenn sie oft das Wort „Physik" benutzen.

Der Anstoß für den Grundkurs Physik wurde vom Verleger, Herrn *Jürgen Steinkopff*, gegeben. Die Herausgeber danken ihm für seinen Optimismus, seine Geduld und viele nützliche Anregungen zu Planung und Ausführung der Reihe.

*Hans-Jürgen Seifert*            *Manfred Trümper*

# Vorwort

*Inhalt und Aufbau*

Dieses Buch erscheint als »mathematischer Vorspann« zu einer Reihe „Grundkurs Physik" für *Studenten der Naturwissenschaften bis zum Vordiplom*.

Ausgehend davon, daß

— für den Physikunterricht (zumindest bis zum Vordiplom) viele Ergebnisse des systematischen, nach innermathematischen Gesichtspunkten aufgebauten Mathematikkursus zu spät kommen,

— die Tendenz im Mathematikkurs herrscht, sich auf den Aufbau des Formalismus zu beschränken und sich damit von den Anwendungen zu entfernen, die seinerzeit den Anlaß gaben, jenen Formalismus erst zu schaffen, und entsprechend die übliche Darstellung der klassischen Physik erstarrt und von den Fortschritten der Mathematik bei der Klärung schon lange benutzter Grundbegriffe unbeeinflußt bleibt,

— im üblichen Mathematikunterricht die wichtigsten Begriffe als Ergebnis sehr umfangreicher und von Anfängern meist nicht recht durchschaubaren Hilfskonstruktionen erscheinen, deren Methoden völlig vergessen werden, wenn man die gewünschten Begriffe erst einmal erhalten*) hat,

versucht dieses Buch, hierbei einige Lücken zu schließen (wirklich nur *einige*). Es besteht aus vier auch *einzeln lesbaren Strängen* S 1, 2, 3, 4:

**Strang S 1:** Für die elementare klassische Physik; zur Formulierung ihrer Grundprobleme und das Durchrechnen einfacherer Beispiele ein *Grundkurs in klassischer Analysis.*

- Zum Begriff der Funktion (Kap. 1.3.5)
- Komplexe Zahlen (2.3)
- Elementare Funktionen (4.1; 4.3 ohne 4.3.4)
- Integration reeller Funktionen (5.2)
- gewöhnliche Differentialgleichungen (6)
- Zur Problemstellung beim Lösen partieller Differentialgleichungen (8)

(Notwendige Vorkenntnisse für S 1 sind: Rechnen mit reellen Zahlen, insbesondere Potenzen und Ungleichungen, elementare Geometrie und anschauliche Vektorrechnung, die aus der Schule bekannt sind und auch in Strang 3, Kap. 2.1, 2.2, 3.2 behandelt werden). Gebracht werden Rechenregeln, viele konkrete Beispiele, wenige Beweise, kein Versuch zu größtmöglichen Verallgemeinerungen.

**Strang S 2:** Für die klassische Feldtheorie; zum Verständnis der Struktur ihrer Grundgesetze: *Tensorrechnung und mehrfache Integrale*

- Lineare Algebra (Vektoren, Tensoren, Determinanten) (Kap. 3.1/2/3)
- Vektoranalysis (4.4)
- Mehrfache Integrale und Integralsätze (5.1/3)

Systematische Darstellung des Formalismus, Begründungen, weshalb die betrachteten Operationen geometrische Bedeutung haben und weshalb sie in einem gewissen Sinne alle Möglichkeiten geometrisch-analytischer Operationen erschöpfen. In Kap. 4.4 und 5 Beschränkung auf den 2- bzw. 3-dimensionalen Raum. Wenig Beispiele.

---

*) Z. B. werden in der Schule meist für die reellen Zahlen Intervallschachtelungen (oder Cauchy-Folgen), für die Ableitungen von Funktionen Folgen von Differenzenquotienten und für beides eine aufwendige Theorie von Grenzwerten eingeführt, obwohl später beim Rechnen mit Zahlen und bei Funktionsdiskussionen der Schüler mit Regeln auskommt, in denen keine solche Folgen mehr vorkommen und die ihre Herkunft aus Grenzwertbetrachtungen nicht mehr erkennen lassen. Durch ein *Studium der Physik* kann man sich aber nicht mehr mit unverstandenen mathematischen Rezepten »durchwursteln«.

**Strang S 3:** Zur Vorbereitung auf die Denkweise der nachklassischen Physik (Quantentheorie): *Lineare Funktionenräume.*

– System der Strukturen auf der Menge der reellen Zahlen (Kap. 2.1/2)
– Stetige Funktionen (2.2.5)
– Normierte lineare Räume (Banach-/Hilberträume) (3.4)
– Differentiation auf Banachräumen (4.2) als lineare Näherung
– Potenzreihen und analytische Funktionen (4.4.2; 5.1/4)
– Funktionenräume: Zum Begriff der Distribution, Fourieranalysis (7)

Hier soll die Tragweite einfacher mathematischer Strukturen, „Linearität", „Linearisierung" und ihre Anschaulichkeit in geometrischer Redeweise sichtbar gemacht werden. In den vorderen Teilen viele Beweise; nur Grundtatsachen, wenig Details.

**Strang S 4:** Zur wissenschaftlichen Methode der Physik: Anhand einer stark idealisierenden Darstellung der Struktur physikalischer Theorien wird in den einleitenden Paragraphen der Kapitel zu erläutern versucht, warum die betreffenden mathematischen Gebiete in der Physik eine Rolle spielen (Kap. 1; Kap. 2.0; 3.0; 4.0; 5.1.0; 6.0).

Nach diesem Überblick über den Inhalt ein Hinweis auf einiges, das an „Stoff" *fehlt:*

– Wahrscheinlichkeitsrechnung und Statistik
– Gruppentheorie und Differentialgeometrie
– Variationsrechnung und Ausbau der partiellen Differentialgleichungen

und an „Tiefe":

– Praktische Rechenverfahren (Numerik)
– die für die Analysis grundlegende topologische Struktur („Grenzwert") wird nur ansatzweise behandelt; nicht vorgeführt wird die »Zoologie« der verschiedenen Stetigkeiten und Konvergenzen.
– die Schematisierung des Begriffs der strukturerhaltenen Abbildungen (Homöo-, Iso-, Homo- und andere Morphismen), die in natürlicher Weise zu „Automorphismengruppen" und „Kategorien" führt und erst das mathematische Strukturkonzept zur vollen Wirksamkeit bringt.

(All dieses sollten Physiker in einem »zweiten Durchgang« durch die Mathematik erarbeiten, da sie dies erst dann, durch Anwendungen motiviert, wirklich würdigen können).

VIII

## Stil

Dieses Buch ist *kein in sich abgeschlossenes Lehrbuch;* eines seiner Ziele ist es, den Leser zu anderer Lektüre\*) anzuregen; dazu dient eine Reihe von „Hinweisen" auf mathematische Entwicklungen jeweils im Anschluß an in diesem Buch behandelte Ergebnisse.

Es sollten möglichst *kleine Abschnitte für sich allein verständlich* sein, damit ein Lesen neben Physikbüchern möglich wird. Dazu dienen auch mehrere Register. Dieses Prinzip geht auf Kosten der Ökonomie (einiges wird mehrfach gebracht) und der Eleganz (von den sehr leistungsfähigen allgemeinen Begriffen aus Kap. 3/4 wird etwa im Kap. 6 kein Gebrauch gemacht). Einige mathematisch problematische, physikalisch aber äußerst zweckmäßige Bezeichnungsweisen (etwa: „Terme höherer Ordnung", „Größen" statt „Funktionen") werden, besonders in den Beispielen, benutzt, allerdings unter Hinweis auf ihre »Gefahren« und nicht − wie meist in Mathematikbüchern − schamhaft verschwiegen.

Entgegen einem oft erweckten Eindruck gibt es keine allgemein akzeptierte und praktizierte Norm für »mathematische Strenge« in Lehrbüchern. Die Richtigkeit eines Satzes läßt sich nur durch eine lückenlose Kette von Beweisen aus den Grundgesetzen her begründen, was hier nicht angestrebt wird. Gründe, weshalb dennoch eine Reihe von Beweisen aufgenommen wurde, werden in Kap. 1.2.2 genannt. In diesem Buch bezeichnet „**Beweis:**" eine Sammlung von Argumenten, die Studenten einer Naturwissenschaft zu einer logisch vollständigen Rückführung des jeweiligen Satzes auf vorher in diesem Buch aufgeführte Sätze ergänzen können sollten; „Zum **Beweis:**" ist eine Angabe von verschiedenen Beweisideen, deren Ausbau zu einem Beweis aber manchmal Fakten voraussetzt, die plausibel aber nicht leicht beweisbar sind.

Um die große Stoffülle auf engem Raum zu bewältigen und das wiederholte Lesen nicht langweilig zu machen, wird dem Leser einiges »stillschweigend« zur Ergänzung überlassen; z. B. sind in Kap. 4.2.9 in Definitionen und Sätzen zunächst nur Maxima eingeführt, und plötzlich wird auch von Minima geredet. Es wird vom Leser der Mut erwartet, die Regeln für Maxima auch ohne ausdrückliche Aufforderung sinngemäß auf Minima zu übertragen.

---

\*) Zu einem Selbststudium ist es sicher nicht geeignet; ich habe dieses Buch vielmehr so geschrieben, wie ich es mir während meines Studiums *zusätzlich* zu vorhandenen Vorlesungen und Büchern gewünscht hätte.

Zur Hervorhebung einzelner Worte wird *Kursivschrift* verwendet. In Häkchen (»···«) erscheinen Worte, bei denen deutlich gemacht werden soll, daß sie nicht als mathematische Fachausdrücke dienen, sondern die mathematischen Sachverhalte umgangssprachlich kommentieren. Mathematische Fachausdrücke stehen bei ihrem ersten Gebrauch in Gänsefüßchen („ ··· ") und werden im allgemeinen kurz danach durch Definitionen in ihrem Gebrauch präzise festgelegt. Wird über Worte oder Aussagen gesprochen, werden diese in Gänsefüßchen gesetzt (man vergleiche: Die Kraft ist ein *Vektor*, „*Vektor*" kommt aus dem Lateinischen.)

Zum Schluß noch ein für Studienanfänger nicht überflüssiger Hinweis: In diesem Buch sind mit Gewißheit *Druckfehler* und *sachliche Fehler* (das haben insbesondere erste Auflagen so an sich) und – noch schlimmer – *mißverständliche Passagen* und *persönliche Ansichten* des Autors. Auch diese Möglichkeiten sind in Betracht zu ziehen, wenn der Leser mit dem Verständnis einer Stelle Schwierigkeiten hat.

Entsprechend der Aufgabe als mathematischer Vorspann zu einer Physikbuchreihe werden keine *Übungsaufgaben* gestellt.

Angesichts der großen und ständig wachsenden Zahl von einführenden Mathematikbüchern habe ich schweren Herzens auf ein *Literaturverzeichnis* verzichtet.

Die Abschnitte des Buches sind dezimal gekennzeichnet. Innerhalb der Abschnitte werden fortlaufend die Absätze, Sätze und Formeln durchnumeriert. Bei Verweisen innerhalb eines Abschnittes wird nur diese Nummer, bei Verweise auf andere Abschnitte wird die Nummer an die Abschnittsnummer angefügt; z. B. bezeichnet „Formel 3.2.3.5" die hinter der Marke „5." in Kap. 3.2.3 stehende Formel; „Satz 4" den in demselben Abschnitt stehenden Satz hinter der Marke „4.".

Mein Dank gilt den Kollegen, die mit vielen guten Anregungen und sachlicher Kritik dem Leser Schlimmeres erspart haben; insbesondere den Herren *H. Friedrich, F. Grenacher, H. Müller zum Hagen* und *J. Zeuge;* und mein Dank gilt Frau *I. Czechatz*, die, obwohl nicht dazu verpflichtet, den Inhalt zu verstehen, das Manuskript bewundernswürdig schnell, sinnvoll und sorgfältig geschrieben hat. Ohne all diese Hilfe hätte ich das Buch nicht so schreiben können.

Hamburg, Sommer 1978                    *Hans-Jürgen Seifert*

# Inhalt

### Inhalt des zweiten Teilbandes

# 1. Denk- und Sprechweisen*)

*Die Lektüre dieses Kapitels (bis auf 1.3.5) wird für die anderen Teile des Buches nicht vorausgesetzt. Es steht aus systematischen Gründen am Anfang; möglicherweise ist es aber sinnvoll, es nicht als erstes zu lesen.*

## 1.1 Motivation *(Struktur physikalischer Theorien)*

Jeweils in den einleitenden Paragraphen zu den Kapiteln wird versucht zu erläutern, welche Rolle die jeweiligen Teile der Mathematik in der Physik spielen. Ausgangspunkt ist dabei eine stark vereinfachende Beschreibung des Ansatzes, mit dem die Physik die Gesetzmäßigkeiten der Naturvorgänge zu erfassen und beschreiben sucht.

Eine abgeschlossene physikalische Theorie**) besteht aus

*1. einem formalen Teil:* Ein System von Aussagen, die die betrachteten Objekte (physikalische Größen) in bestimmte Beziehungen zueinander

---

*) Auf den nächsten Seiten werden sehr kurz und flüchtig Themen angesprochen, denen sonst eigene dicke Bücher gewidmet sind und über die die Grundlagenforscher bis heute kontroverse Ansichten haben. Vergröberungen sind unvermeidlich und auch beabsichtigt. Ich freue mich über jeden Leser, den diese Probleme berühren und der in einschlägigen Werken über Logik, Wissenschaftstheorie, Grundlagenprobleme der Mathematik und über Grammatik weiterliest. Für die Arbeit in der Physik ist dies alles nicht notwendig, wahrscheinlich nicht einmal hilfreich; aber ich finde, Interesse an diesen Fragen gehört zur »Bildung« des Naturwissenschaftlers. Der Leser sollte sich auf eine mögliche Enttäuschung vorbereiten: in wissenschaftstheoretischen Büchern wird meist gesagt, wie man ganz korrekt sprechen sollte und wie man fertige Theorien ordnen sollte, nicht wie man verständlich sprechen kann oder wie man tatsächlich schöpferisch forscht (die großen Erfolge sind meist mit noch widersprüchlichen und unvollkommenen Theorien erzielt worden).
**) Auf den meisten physikalischen Forschungsgebieten gibt es noch keine abgeschlossenen Theorien. Die klassische Physik besteht zum großen Teil aus annähernd abgeschlossenen Theorien mit ganz gut gesicherten Grundlagen (Mechanik, Elektrodynamik, Relativitätstheorie u. a.), die in anderen Bänden dieser Reihe vorgestellt werden. Aus der Schule kennen Sie vermutlich einige »Miniatur«-Theorien, an denen Sie sich die folgenden Erörterungen illustrieren können. Etwa: *„Elektrischer Stromkreis“*; aus Spannungsquellen, Widerständen und (als widerstandsfrei angenommenen) leitenden Verbindungen und Schaltern werden Netzwerke aufgebaut; Grundgrößen: Stromstärke, Spannung; Grundgesetze: Kirchhoffsche Regeln. Anderes Beispiel: *„Geometrische Optik“* Lichtstrahlen, Brechungsindex, Brechungsgesetz; hier wird eine andere Theorie, nämlich die Geometrie (mit Trigonometrie) vorausgesetzt.

bringen. Aus einer Basis von „Grundgrößen", „Strukturbegriffen" und „Grundgesetzen" („Axiomen") werden gemäß den Spielregeln der Logik weitere Größen konstruiert, Begriffe definiert und Aussagen („Sätze") hergeleitet.

2. *einer inhaltlichen Interpretation.* Damit die Aussagen des formalen Systems überhaupt Behauptungen über eine wirkliche Situation sein können, müssen die Größen der Theorie in eine Zuordnung zur Natur gebracht werden. Dies geschieht über „Meßinstrumente" (zu denen auch menschliche Sinne und Zählgeräte gehören); eine strukturelle Verbindung von Größen entspricht einer bestimmten Anordnung von Meßgeräten.

Entsprechend gibt es Anforderungen an eine physikalische Theorie auf verschiedenen Ebenen; „eine Aussage ist *richtig*", kann bedeuten:

– [zu 1.] Sie ist formal *korrekt* hergeleitet.
– [zu 2.] Im Rahmen einer sinnvoll vorgegebenen Genauigkeit(!)

ergibt sie eine *zutreffende* Prognose für Ergebnisse von Messungen, die entsprechend der Interpretation der Theorie arrangiert wurden.

3. Schließlich ist für jede Betrachtung oder Anwendung einer Theorie die konkrete Situation zu berücksichtigen; z. B.:

– Es kann etwas für die Technik *wichtig* oder für das Weltbild *interessant* sein.
– Es kann etwas durch Anwendung unübersehbare *Folgen* haben.
– Es kann etwas in einer Vorlesung schwer *verständlich* sein.
  usw.

### Quantitative Beschreibungen

Meßinstrumente geben Anlaß zu einer *quantitativen* Beschreibung. Für ein erstes »Verstehen« der Natur genügten sicher qualitative oder komparative (vergleichende) Einsichten wie: „Nahe der Sonne ist es sehr heiß", „Die Luft wird um so dünner, je höher man steigt", „Die Stärke des elektrischen Stroms wird um so größer, je höher die angelegte Spannung ist". Für Prognosen und technische Anwendungen hingegen sind quantitative Angaben notwendig: Will man ein Flugzeug nach einem Höhenmesser steuern oder ein komplizierteres elektrisches Gerät entwerfen, braucht man eine barometrische Höhenformel bzw. Strom-Spannungs-Kennlinie. Für quantitative Naturwissenschaft wird *Mathematik* als Werkzeug unentbehrlich.

**Definitionen**

Das Wort „Definition" wollen wir nur für die Zurückführung von Begriffen oder Größen innerhalb des Formalismus auf schon eingeführte formale Begriffe oder Größen verstehen. Definitionen haben die Form:

„Neuer Begriff" :⟺ „Begriff gebildet aus bekannten Begriffen und Größen".

„Neue Größe" := „Größe aus alten Größen zusammengesetzt".

(Zu lesen als „... ist definitionsgemäß gleichwertig mit ...", „... ist definitionsgemäß gleich ∴...").

Erläuterungen von Begriffen durch inhaltliche Interpretation (oft „Realdefinition" genannt) und das Festlegen von Regeln für die Grundbegriffe bzw. Grundgrößen durch die Grundgesetze (oft „implizite Definition" genannt) sind keine Definition in diesem Sinne.

## 1.2 Zur Rolle der Beweise

*Ziel dieses Abschnittes: Dem Studenten Mut zu machen zum Nachdenken über seine Wissenschaft, zur Kritik an Darstellungen, auch wenn der dargestellte Inhalt richtig ist und vor allem zu der meist unpersönlich präsentierten Mathematik ein persönliches Verhältnis zu gewinnen.*

### 1.2.1 Mathematik und Naturwissenschaft

Die Mathematik, zusammen mit ihrer »Schwester« Astronomie die älteste Wissenschaft überhaupt, hat sich früher immer auch als Naturwissenschaft verstanden; die (natürlichen) Zahlen und die Geometrie kommen direkt aus der Erfahrung und Naturbeobachtung. Auch als man die Sätze der Geometrie in ein formales System einordnete, war die Begründung für die (ja unbewiesenen, weil als Ausgangspunkt aller Beweise benutzten) Axiome, daß sie und ihre logischen Konsequenzen die tatsächlichen Verhältnisse im Raum beschrieben.

Bei der Entwicklung der mathematischen Basis für die klassische Physik im 18. Jahrhundert („Analysis") wurden dann laufend physikalische Plausibilitätsbetrachtungen sehr erfolgreich für die Herleitung neuer mathematischer Sätze benutzt; es ging auch gar nicht anders, denn es gab überhaupt keine präzise Fassung der Grundbegriffe „Funktion", „Stetigkeit", „Ableitung", sondern nur anschauliche Deutung. Mit »ziemlich genauen« Begriffen (oder Zahlen) kann man durchaus arbeiten; aber bei einer großen Anzahl von logischen Schlüssen (oder Rechenschritten) kann das Ergebnis völlig unbrauchbar werden.

Im 19. Jahrhundert setzte dann ein Konsolidierungsprozeß ein: Die Begriffe wurden so präzise gefaßt und die Schlußweisen so formalisiert, daß sie auch für lange logische Schlußketten »strapazierfähig« genug waren. Obwohl in dieser Phase auch das formal »Einfache« (wie Mengen, Gruppen usw.) entdeckt wurde, ist diese Mathematik immer mehr für »enttäuschte Kenner« als für wirkliche »Anfänger« gewesen. Obwohl sie »ganz von vorne« anfängt und an Kenntnissen nichts voraussetzt, wird sie eigentlich nur demjenigen verständlich, der das Erlebnis des teilweisen Scheiterns der naiv anschaulichen Analysis nachvollzogen hat. Eine systematische Darstellung eines mathematischen Gebietes stellt den tatsächlichen Ablauf der Forschung meist auf den Kopf; üblicherweise hat man zuerst ein Wirrwarr von Fakten und sucht sich dann erst ein angemessenes Ordnungsprinzip.

Heute versteht sich Mathematik als „Formalwissenschaft" mit der Aufgabe, innerhalb bestimmter formaler Systeme korrekte Herleitungen zu liefern. Diese methodisch sinnvolle Beschränkung bringt die Gefahr mit sich, daß die (geometrisch-physikalischen) *Leitprobleme*, für deren Behandlung die mathematischen Strukturen überhaupt erst geschaffen wurden, vergessen werden. Bezeichnend ist, daß oft aus der Tatsache, daß Axiome im Formalismus nicht weiter herleitbar sind, der Schluß gezogen wurde, „Axiome seien willkürlich". Bewertungen, die sich aus der inhaltlichen Interpretation oder dem Kontext, in dem die Theorie auftritt, ergeben, wie: »wichtig«, »nützlich«, »verständlich« werden oft als unsachgemäß abgelehnt; die Wahl von Übungsaufgaben und der Stil mancher Lehrbücher zeigt die Folgen einer Abkapselung. Wer dem Selbstverständnis mancher Mathematiker vertraut und glaubt, daß Mathematik sozusagen ein öffentlich subventioniertes Schachspiel sei nach Regeln, die nur Eingeweihte nach längerem Studium beherrschen, kann die tatsächliche Rolle der Mathematik in unserer Welt nur fassungslos bestaunen.

Übrigens: Die Mathematik hat sich noch kein formal völlig abgesichertes Fundament schaffen können. Für die Anwendungen in der Physik ist das nicht kritisch; dort ist es entscheidend, ob ein Satz oder eine Methode bei korrekter Einhaltung der »Gebrauchsanweisung« brauchbare Resultate liefert, nicht ob er in ein formales System eingebettet werden kann. Zur Beruhigung des Gewissens der Mathematiker hat sich allerdings herausgestellt, daß die »mathematischen Regeln«, wie sie der Physiker benutzt, in eine mathematisch saubere Form gebracht werden können, in der sie meist nicht komplizierter sind als in der etwas »schlampigen Physiker-Fassung«.

Die Auffassung: „Für die Anwendungen in der Physik ist die Mathematik ein Werkzeug\*); Hauptsache sie funktioniert, egal ob es irgendwelche Begründungen gibt", ist prinzipiell unanfechtbar und als Gegenposition gegen überzogene Vorstellungen mancher Mathematiker sicher ganz sinnvoll, man darf sie aber nicht wirklich in allen Konsequenzen ernst nehmen; jeder Physiker muß bestimmte Teile der Mathematik »beherrschen«, und das ist weit mehr als irgendeine Formelsammlung in der Tasche zu haben.

### 1.2.2 Verständnis und Kontrolle *(Beweise)*

**1.** »*Verständnis*« ist eine persönliche emotionale Empfindung, eine Art Erlebnis des »Wiedererkennens«; man versteht einen Zusammenhang, wenn man das an ihm Neue als zu Bekanntem analog ansehen kann; es kann unauffällig in kleinen Schritten vorankommen oder recht dramatisch als »Aha-Erlebnis« auftreten. Anhaltendes Interesse und Sympathie für ein Gebiet ist notwendig an ein zumindest teilweises Verständnis geknüpft.

Unglücklicherweise kann man auch »falsch verstehen«. Will man die *formale Korrektheit* einer Herleitung eines Satzes aus Grundgesetzen nach logischen Regeln prüfen, ist Verständnis mit seinen Assoziationen an die inhaltliche Interpretation oder Erinnerung an ähnliche, aber nicht gleiche Schritte eher hinderlich (um der formalen Gerechtigkeit zu dienen, trägt Justitia eine Binde vor Augen). Für diesen Zweck hat sich die moderne Mathematik/Logik in einer formalisierten Schreibweise ein sehr geeignetes Hilfsmittel verschafft; für Mitteilungen, die inhaltlich verstanden werden sollen, sollte man sich ihrer mit Vorsicht bedienen, denn ein Übermaß an Symbolen wirkt leicht abschreckend.

Verständnis und Kontrolle der Korrektheit eines Beweises sind also nicht nur zweierlei, sondern tendenziell sogar entgegengesetzt. Formale Herleitungen können prinzipiell vollständig hingeschrieben werden; das Verständnis kann durch einen Text immer nur angeregt, nicht erzwungen werden.

Zum Verständnis eines Beweises gehört etwa:

– Das Erkennen eines Prinzips hinter den Details, das an ähnlichen Stellen immer wieder anwendbar ist.

---

\*) Um Mißverständnissen vorzubeugen: Die Mathematik ist keineswegs nur für physikalische Anwendungen da; es gibt viele formale Strukturen zu Leitproblemen aus anderen Gebieten (man denke etwa an Statistik und Wahrscheinlichkeit), die einer mathematischen Behandlung bedürfen. Das allerdings fällt nicht unter das Thema dieses Buches.

– Warum der gewählte Weg (unabhängig vom Erfolg) naheliegt aufgrund der Aussage des zu beweisenden Satzes.

Eine gute Kontrolle für das Verständnis ist es,

– herauszufinden, warum bestimmte Voraussetzungen im Satz gemacht werden mußten, bzw. an welchen Stellen der Beweis scheitert, wenn man diese einschränkenden Voraussetzungen aufgibt („Gegenbeispiele"),
– in übersichtlichen Spezialfällen oder für ähnliche Sätze selbständig Beweise finden.

(Leider führt das auswendige Reproduzieren über eine Gewöhnung ebenfalls zum Gefühl des Verständnisses, aber natürlich nicht zur Entwicklung der Fähigkeit, Probleme zu lösen.)

**2.** *Beispiel*

*Satz:* Die Summe einer endlichen geometrischen Reihe:

$$s_n := 1 + q + q^2 + \cdots + q^n \qquad (q \text{ sei eine Zahl} \ne 1)$$

ist

$$s_n = \frac{1 - q^{n+1}}{1 - q}.$$

*Beweis:*

$$
\begin{array}{ll}
s_n = 1 + q + q^2 + \cdots + q^n & \quad | \cdot (-q) \\
-q \cdot s_n = \quad -q - q^2 - \cdots - q^n - q^{n+1} & \quad | + \\
\hline
(1-q)s_n = 1 \qquad\qquad\qquad\qquad -q^{n+1} & \quad \blacksquare
\end{array}
$$

Vergleichen Sie bitte diesen Beweis mit einem anderen für denselben Satz in 2.1.2, der viel aufwendiger (mit „vollständiger Induktion") ist. Dieser Beweis hier ist elegant, enthält aber einen Trick, der sich kaum auf andere Fälle übertragen läßt. Haben Sie den Eindruck, auf diesen Beweis wären Sie auch selber gekommen? Andererseits werden Sie das in 2.1.2 benutzte Beweisprinzip noch sehr oft selbständig benutzen müssen.

**3.** Das Verstehen des *Satzes* selbst ist wieder etwas grundsätzlich Anderes als das Verstehen eines *Beweises* für ihn.

– Was bedeutet seine Aussage überhaupt? (Oft ist der Inhalt unter einem Wust von durch Definitionen eingeführten Hilfsbegriffen und Symbolen fast erstickt.)

– Wie hängt die Aussage mit den Begriffen zusammen, die in ihr verknüpft werden? (Was ist eigentlich schon direkte Folge der Definitionen, was ist wirklich neue Einsicht?)
– Warum werden die Voraussetzungen gemacht?
– Was ist die Leistungsfähigkeit des Satzes sowohl innerhalb des Formalismus (logische Folgerungen aus ihm) als auch gemäß einer Interpretation in den Anwendungen (hier gilt es nicht, Vollständigkeit anzustreben, sondern ein Gefühl für die Tragweite an konkreten Beispielen zu bekommen).

Auch ein Beweis kann zum Verständnis des Satzes beitragen, da er mit der Kontrolle der Richtigkeit oft noch nützliche Information verbindet:

– Er macht die Beziehungen des Satzes zu den anderen Sätzen deutlich; die Sätze eines formalen Systems ohne Beweise hingeschrieben bilden kein System, nur eine unzusammenhängende Ansammlung.
– Er übt den Gebrauch der im Satz benutzten Begriffe ein.
– Er erinnert daran, daß auch ein höchst plausibel klingender Satz einer Absicherung seiner Gültigkeit bedarf.
– Konstruktive Beweise geben an, wie die Größe, deren Existenz der Satz behauptet, tatsächlich ermittelt werden können. (Viele berühmte Beweise konnten zu guten numerischen Verfahren für Computerrechnung ausgebaut werden.)

Ein vorzügliches Beispiel für einen konstruktiven Beweis findet sich in Kap. 6.1.3 für die Lösung von Differentialgleichungen; eins für einen nicht konstruktiven Beweis in 4.3.2.12 für die Nullstellen von ganzrationalen Funktionen. Hier sei nur ein recht provozierendes Beispiel für den zweiten Fall gegeben:

*Satz:* In Kiel gibt es zwei Menschen, die dieselbe Zahl von Haaren auf dem Kopf haben (keine Glatze, normaler Haarwuchs!).
*Beweis:* Die Zahl der Haupthaare beim Menschen liegt zwischen 50 000 und 200 000. Kiel hat knapp 300 000 Einwohner (die große Mehrheit nicht mit Glatze), diese können also nicht alle verschiedene Zahlen von Haaren haben. ■
Für den Physiker ist das Erlernen mathematischer *Methoden* genauso wichtig wie das Kennenlernen mathematischer *Ergebnisse:*

– Einfache Beweisverfahren zu beherrschen ist unbedingt nötig, um in den Anwendungen selbständig sich die notwendigen mathematischen Sachverhalte zu verschaffen, aus eigener Einsicht mit Selbstvertrauen

Standardsätze zu modifizieren, um so die Flexibilität mathematischer Strukturen auszunützen.

– Beim Arbeiten in der Physik findet man angemessene mathematische Formalismen nicht schon dann, wenn man deren Sätze kennt, sondern erst, wenn man Zugang zu ihrer Denkweise gefunden hat.

– Jeder Physiker wird später Fachliteratur durcharbeiten müssen, in der er die Beweise selbst kontrollieren muß, bevor er die Ergebnisse akzeptieren darf.

Man beachte allerdings, daß hierfür Plausibilitätsbetrachtungen oft besser als formalisierte Beweise geeignet sind; Beweise durch Konstruktionen, die vom Verstande inhaltlich nachvollzogen werden können, sind indirekten Beweisen vorzuziehen, deren Eleganz meist Bewunderung, aber selten Vertrauen erweckt.

## 1.3 Die Sprache der Mathematik

*In diesem Abschnitt werden die Grundbegriffe zu Mengen und Funktionen als mathematische Sprachregeln eingeführt. Ein Leser, der sich nie recht für die Grammatik einer lebenden Sprache interessiert hat, tut vermutlich gut daran, nur 1.3.3/5 zu lesen und aus 1.3.2 die Definitionen der Operationen mit Mengen zu entnehmen.*

### 1.3.1 Der Stil

Die Sprache der Mathematiker ist eine ausgeprägte Schriftsprache (ein Rundfunkvortrag über ein physikalisches Thema ist machbar, über ein mathematisches kaum). Es werden in starkem Maße *Symbole* benutzt, die einen Sinn tragen und nicht phonetische Kennzeichen*) sind: Die Formeln in russischen Mathematikbüchern sehen genauso aus wie in englischen.

Die doppelte Aufgabe des Wortes einer indogermanischen Sprache, durch den Wortstamm die inhaltliche *Bedeutung* und durch die Form („Endungen" usw.) den *Bezug* zu den anderen Teilen des Satzes und dessen formale Struktur anzugeben, wird aufgeteilt; für strukturelle Beziehungen gibt es extra Zeichen (wie $=$, $<$, $( . )$, usw.). Die Grundform mathematischer Sätze ist der Aussagesatz (Ausnahme: „Funktionen", vgl. 1.3.5), seine Modalität wird gesondert (also nicht etwa durch Konjunktiv o. ä.) angegeben; z. B.: „Definition: ...", „Wir nehmen im folgenden

---

*) Also das gleiche Prinzip wie bei der chinesischen Schrift, und übrigens mit analogen Vorzügen und Schwierigkeiten.

an, daß …", „Für alle reellen Zahlen gilt der Satz: …". Diese Trennung verführt Anfänger dazu, *nur* die sinntragenden Bestandteile („Formeln") anzugeben und damit jeglichen mathematischen Zusammenhang zu zerstören (Vorlesungsmitschriften und Klausuren von Studenten bieten hier oft erschreckende Beispiele); aneinandergereihte Satzbruchstücke haben keine Bedeutung!

Die formalisierte Sprache ist ökonomisch, aber arm an »rhetorischen« Ausdrucksvarianten, sie ist präzise, aber schwer lesbar, sie ist eindeutig, aber wenig anregend zum Verständnis. Um mögliche Lücken bei der Angabe des strukturellen Zusammenhangs zu entdecken und um die Mathematik sich wieder als schöpferische Tätigkeit nahezubringen, ist es dringend anzuraten, ab und zu formalisierte Sätze in die eigene Sprache zu übersetzen. In diesem Buch wird an etlichen Stellen versucht zu demonstrieren, wie so etwas zu machen ist.

Das nichtformalisierte, anschauliche Denken der Mathematiker, das für das Verständnis vorliegender und das Vermuten neuer Sachverhalte so wichtig ist, beruht weniger auf Sprache (etwa Umgangssprache) als auf räumlicher oder zeitlicher Vorstellung. Auch die abstraktesten Schemata wie Mengen, Relationen, Funktionen sind so konzipiert, daß sie sich mit »graphischen Darstellungen« veranschaulichen lassen. Die Fachausdrücke der Mathematik (übrigens in geringerem Maße als bei anderen Wissenschaften aus fremden Sprachen stammend) machen diese geometrische oder dynamische Anschaulichkeit oft deutlich.

### 1.3.2 Prädikate *(Mengen und Relationen)*

*Ziel: Die formale »Mengensprechweise« durch ihre Beziehungen zur Umgangssprache erläutern.*

**1.** Ein vollständiger Satz besteht aus Subjekt, Prädikat und eventuell Objekten; Dreh- und Angelpunkt ist das Prädikat, das durch Ergänzung von einigen nominalen Bestandteilen (Subjekt, Objekt) eine Aussage ergibt. Nach der Anzahl $n$ dieser Bestandteile erhalten wir folgende Fälle:

$n = 1$ Einem Subjekt $s$ wird eine Eigenschaft $a$ zugeschrieben; damit ergibt sich eine Aussage $a(s)$. (Beispiel: $s$: „Die Rose"; $a(.)$: „. blüht"; $a(s)$: „Die Rose blüht".)

In der Mathematik wird die Eigenschaft oft durch ihren Geltungsbereich erfaßt: Sei $M$ die Gesamtmenge aller überhaupt in Betracht gezogenen Dinge, die „Grundmenge", so bezeichnet $A = \{x \in M \,|\, a(x)\}$ die Menge all derjenigen Dinge (aus $M$), die die Eigenschaft $a$ besitzen; „$a(s)$" ist dann gleichwertig mit „$s \in A$" (gesprochen: „$s$ ist Element von $A$").

*Achtung:* Beim »Übersetzen ins Deutsche« sollte man nicht zu wörtlich vorgehen, sonst lautet etwa die Rückübersetzung des Satzes „Die Rose blüht": „Die Rose ist ein Element aus der Menge der blühenden Dinge", oder „$\forall x \in \mathbb{R}; \ x > 1 \Rightarrow x < x^2$" wird zu „Für alle $x$ aus der Menge der reellen Zahlen folgt daraus, daß $x$ größer 1 ist, daß $x^2$ größer als $x$ ist"; besser wäre: „Jede reelle Zahl größer als 1 ist kleiner als ihr Quadrat". Bei komplexeren mathematischen Sachverhalten sind *gute* Übersetzungen in die Umgangssprache oft nicht mehr möglich; dann sollte man auf Übersetzungen ganz verzichten.

$n = 2$ Es wird eine Beziehung $a$ („Relation") zwischen zwei Dingen $s$ und $t$ konstatiert: $a(s;t)$.

(Beispiele: „$x \leqslant y$", $x, y \in \mathbb{R}$; „$A$ ist Vater von $B$" $A \in M'$, $B \in M$, wobei $M$ (bzw. $M'$) die Menge aller Menschen (bzw. Männer) ist.)

*Definition:* Seien $A, B$ zwei Mengen, dann ist $A \times B$ die Gesamtheit aller Paare $(s; t)$ mit $s \in A$, $t \in B$.

In der Mengensprechweise ist eine Relation dann gegeben durch eine Teilmenge von $M_1 \times M_2$ ($M_1, M_2$ sind dabei Grundmengen für $x$ bzw. $y$): $\{(x;y) \in M_1 \times M_2 | a(x,y)\}$. Am Beispiel $A = \{(x;y) \in \mathbb{R} \times \mathbb{R} | y^2 \leqslant x^2 \leqslant y\}$ sei auch die geometrische Anschaulichkeit dieser Sprechweise erläutert (siehe Abb. 1.1).

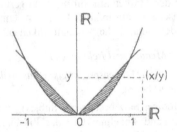

Abb. 1.1. Graph von $\{(x,y) \in \mathbb{R} \times \mathbb{R} \mid y^2 \leqslant x^2 \leqslant y\}$

Für $n > 2$ kann man entsprechend mehrstellige Relationen einführen.

*n unbestimmt:* Es gibt Beziehungen, die zwischen einer nicht durch das Prädikat bereits festgelegten Zahl von Objekten bestehen: z. B.: „$A, B, \ldots, C$ sind Brüder", „$x_1, x_2, \ldots, x_n$ sind die Lösungen der Gleichung $f(x) = 0$". In der Mengensprechweise ordnet eine solche Relation einer *Teilmenge* der Grundmenge eine Eigenschaft zu: „$\{A, B, \ldots, C\}$ ist eine *Menge* von Brüdern", $\{x_1, \ldots, x_n\}$ ist die Lösungs*menge* der Gleichung $f(x) = 0$". Dazu führt man ein:

*Definition:* Sei $M$ eine Menge, dann ist die Gesamtheit aller aus Elementen von $M$ gebildeten Mengen (der „Teilmengen" von $M$) die *„Potenzmenge"* $\mathfrak{P}(M)$ von $M$.

**2.** *Einige Sätze und Begriffe aus der Mengensprechweise:* ($a$ und $b$ seien Eigenschaften von Elementen aus $M$, $A$ und $B$ die zugehörigen Mengen)

$A \cap B := \{x \in M \,|\, x \in A \text{ und } x \in B\}$       *„Durchschnitt"*

$x \in A \cap B$ schreibt man auch $a(x) \wedge b(x)$     („und")

$A \cup B := \{x \in M \,|\, x \in A \text{ oder } x \in B \text{ (oder beides)}\}$   *„Vereinigung"*

$x \in A \cup B$ schreibt man auch $a(x) \vee b(x)$     („oder")

$A \backslash B := \{x \in M \,|\, x \in A \text{ aber nicht } x \in B\}$     *„Differenz"*

$M \backslash B$ wird oft als $\mathbf{C}\,B$, „*Komplement* von $B$" bezeichnet.

Man kann von beliebig vielen $A_i$ ($i$ ist ein Index) die Vereinigung $\bigcup_i A_i$ bzw. den Durchschnitt $\bigcap_i A_i$ bilden.

$\emptyset$ ist die *leere Menge*, die kein Element enthält (z. B. $\{x \in \mathbb{R} \,|\, x^2 = -1\}$ $= \emptyset$).

$A \subset B$ gilt genau dann, wenn jedes Element von $A$ auch Element von $B$ ist (keine Menge wie $A \cup B$, sondern Relation!) „$A$ ist *Teilmenge* von $B$". Man schreibt auch $a \Rightarrow b$: „Aus $a$ folgt $b$", „Wenn $a$ dann $b$", „Nur wenn $b$ dann $a$", „$a$ ist hinreichende Bedingung für $b$", „$b$ ist notwendige Bedingung für $a$" u. a. umgangssprachliche Formulierungen.

$A = B$ gilt dann, wenn $A$ und $B$ dieselben Elemente haben (z. B.: Für $A = \{x \in \mathbb{R} \,|\, x^4 = 1\}$ und $B: \{x \in \mathbb{R} \,|\, x = 1/x\}$ gilt $A = B$). Man schreibt auch: $a \Leftrightarrow b$, „$a$ und $b$ sind gleichwertige Eigenschaften".

Aus der Fülle der Beziehungen hier einige willkürlich ausgewählte Resultate: $(A \cup B) \cap C = (A \cap C) \cup (B \cap C)$ [vgl. Abb. 1.2], $(A \subset B$ und $B \subset A)$ ist gleichwertig mit $A = B$, $A \cap B = A \Leftrightarrow A \subset B$, $(A \backslash B) \backslash C$ $= A \backslash (B \cup C) = (A \backslash B) \cap (A \backslash C)$, $(A \cap B) \times C = (A \times C) \cap (B \times C)$. Da man durch schnelle Überlegung anhand von Skizzen sich alle not-

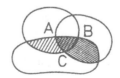

Abb. 1.2. $A \cap C$:   , $B \cap C$:   , $(A \cup B) \cap C$:

wendigen Beziehungen jederzeit selber überlegen kann, soll hier auf eine umfangreichere Liste verzichtet werden.

### 3. Äquivalenzbeziehungen

*Als Beispiel für die formale Gleichwertigkeit, aber »stilistische« Verschiedenheit von Mengen- und Relationensprechweise.*

1. $M_i$ seien Teilmengen von einer Grundmenge $M$, so daß jedes Element von $M$ zu genau einem der $M_i$ gehört, d. h.: $\bigcup_i M_i = M$, und für alle $i,k$: $M_i \cap M_k = \emptyset$ oder $M_i = M_k$. $\{M_i\}$ heißt „*Klasseneinteilung*" oder „*Zerlegung*" von $M$.

2. Auf $M$ sei eine Relation „$\sim$" eingeführt mit folgenden Eigenschaften: Für alle $a,b,c \in M$ gilt:

   (i) $a \sim a$                                    (Reflexivität)
   (ii) Gilt $a \sim b$, so gilt auch $b \sim a$         (Symmetrie)
   (iii) Wenn $a \sim b$ und $b \sim c$ gilt, so gilt $a \sim c$     (Transitivität)

   Dann heißt „$\sim$" *Äquivalenzrelation* auf $M$.
   *Satz:* Jeder Klasseneinteilung $\{M_i\}$ entspricht eine Äquivalenzrelation „$\sim$" mit „$a \sim b :\Leftrightarrow a,b$ sind Elemente desselben $M_i$" und umgekehrt jeder Äquivalenzrelation „$\sim$" eine Klasseneinteilung durch $\{M_a\}$, mit $M_a := \{x \in M \,|\, x \sim a\}$, der „Äquivalenzklasse von $a$".
   *Beweis:* Wir zeigen nur die schwierigere Umkehrrichtung: Da für alle $a \in M : a \in M_a$ ist, ist $\bigcup_{a \in M} M_a = M$. Zu zeigen bleibt noch, daß aus $M_a \cap M_b \neq \emptyset$ folgt, daß $M_a \subset M_b$ ist: Sei $c \in M_a \cap M_b$, dann ist $c \sim a$ und $c \sim b$, wegen (ii) also auch $a \sim c$ und wegen (iii) dann $a \sim c, c \sim b$, also $a \sim b$. Ist $d \in M_a$, also $d \sim a$, so ist daher auch $d \sim b$, also $d \in M_b$. Ebenso zeigt man, daß $M_b \subset M_a$ ist, also $M_a = M_b$.    ∎
   *Beispiele* für Mengen und Äquivalenzrelationen auf ihnen: ganzrationale Funktionen und ihr Grad; Geraden und Parallelität; Dreiecke und Kongruenz. Aus der Schule bekannt: Zwei Brüche $m/n$ und $p/q$ sind äquivalent, wenn $m \cdot q = n \cdot p$ ist, dann bezeichnen beide dieselbe rationale Zahl. Später werden in diesem Buch eingeführt: Zwei Winkel sind äquivalent, wenn sie sich um ein Vielfaches des vollen Winkels unterscheiden (2.3.1); Funktionen und die Berührung in $n$-ter Ordnung (4.2.2); Kurven mit gleichem Tangentenvektor (4.4.2.2).
   Folgende Relationen sind *keine* Äquivalenzrelationen: Geraden und Senkrechtstehen (nicht i, iii), Zahlen und „$\leqslant$" (nicht ii), Menschen und „Bruder sein" (nicht i, iii), Zahlen und „ungefähr gleich" (nicht iii).

### 1.3.3 Quantifizierungen

*Ziel: Einführung der Quantoren als Abkürzungen umgangssprachlicher Formulierungen; Hinweise zu ihrem Gebrauch: Berücksichtigung der Reihenfolge bei mehreren Quantoren; „gebundene Variable".*

**1.** In die Leerstellen des Prädikats kann man als Subjekt bzw. Objekt einsetzen:

1.»Namen« bestimmter Dinge: z. B.: Prädikat $a(\,.\,)$ sei „$. < 0$"; setzen wir $-1$ ein, erhalten wir die wahre Aussage „$-1 < 0$", für 2 ergibt sich die falsche Aussage „$+2 < 0$".

2.»Relativpronomina«, die auf andere Stellen verweisen, z. B. Prädikat: $a(x)$: „$-3 < x < -2$", wobei die Grundmenge $\mathbb{R}$ sei:

$x^3 = -10 \Rightarrow -3 < x < -2$. *Diejenige* reelle Zahl, *deren* 3. Potenz gleich $-10$ ist, muß zwischen $-3$ und $-2$ liegen.

3. „Quantifizierung", das in einer Gesetzeswissenschaft häufigste Verfahren:

| | |
|---|---|
| $\forall\, x \in M : a(x)$ | Für *jedes* Element von $M$ gilt $a$ (Für *alle* Elemente ...) |
| $\exists\, x \in M : a(x)$ | Für (mindestens) *ein* Element von $M$ gilt $a$ |
| $\exists!\, x \in M : a(x)$ | Für *genau ein* Element von $M$ gilt $a$. |

In der Mathematik treten oft mehrere Quantoren hintereinander auf, das erfordert erhöhte Aufmerksamkeit.

**2.** *Beispiel:* Betrachtet werde ein Gebäude mit der Menge $T$ aller seiner Türen und der Menge $S$ der Schlüssel sowie den Relationen $s \sim t$ bzw. $s \nsim t$: „$s$ schließt $t$", „$s$ schließt $t$ nicht", $s \in S$, $t \in T$. Damit können wir folgende Sätze mit zwei Quantoren bilden:

| | |
|---|---|
| (11) $\forall\, t: \forall\, s: s \sim t$ | (21) $\forall\, s: \forall\, t: s \sim t$ |
| (12) $\exists\, t: \forall\, s: s \sim t$ | (22) $\exists\, s: \forall\, t: s \sim t$ |
| (13) $\forall\, t: \exists\, s: s \sim t$ | (23) $\forall\, s: \exists\, t: s \sim t$ |
| (14) $\exists\, t: \exists\, s: s \sim t$ | (24) $\exists\, s: \exists\, t: s \sim t$ |
| $(\overline{11})$ $\forall\, t: \forall\, s: s \nsim t$ | $(\overline{21})$ $\forall\, s: \forall\, t: s \nsim t$ |
| usw. ... | usw. ... |

Wir haben folgende logische Abhängigkeiten:

13

Insbesondere sind: „$\forall\, t: \exists\, s: s \sim t$": „für jede Tür gibt es einen Schlüssel" und „$\exists\, s: \forall\, t: s \sim t$": „Es gibt einen Schlüssel, der jede Tür schließt (Hauptschlüssel)" nicht gleichwertig.

Dieser feine Unterschied, die Reihenfolge der Quantoren, spielt an vielen Stellen in der Mathematik eine große Rolle (und nicht nur dort; auch „Alle Menschen sind sterblich" und „Die Menschheit wird untergehen" unterscheiden sich nur darin: „Für jeden Menschen gibt es einen Zeitpunkt, da er tot sein wird", „Es gibt einen Zeitpunkt, an dem jeder Mensch tot sein wird").

Wir haben folgende logische Widersprüche:

$(\overline{11}) \Leftrightarrow (\overline{21})$ widerspricht allen $(11) \dots (24)$

$(\overline{12})$ widerspricht $(13), (22), (11) \Leftrightarrow (21)$

$(\overline{22})$ widerspricht $(23), (12), (11) \Leftrightarrow (21)$

$(\overline{13})$ widerspricht $(12), (11) \Leftrightarrow (21)$

$(\overline{23})$ widerspricht $(22), (11) \Leftrightarrow (21)$

$(\overline{14}) \Leftrightarrow (\overline{24})$ widerspricht $(11) \Leftrightarrow (21)$.

3. »Kolonnen« von 3 oder mehr Quantoren sind kaum mehr zu durchschauen; sie lassen sich aber durch Einführung geeigneter Begriffe abbauen (vgl. z. B. 2.2.5.1).

4. Die verneinten Quantoren $\not\forall$ „nicht alle ...", $\not\exists$ „es gibt kein", können auf die verneinte Aussage zurückgeführt werden:

$\not\forall\, x \in M: a(x) \Leftrightarrow \exists\, x \in M:$ „nicht $a(x)$"

$\not\exists\, x \in M: a(x) \Leftrightarrow \forall\, x \in M:$ „nicht $a(x)$"

5. *Bemerkung:* (Freie und gebundene Variable)

In den Sätzen: $\not\exists\, x \in \mathbb{R}: x^2 = -1$; $\forall\, a, b \in \mathbb{R}: a + b = b + a$, haben die Buchstaben $x$ bzw. $a, b$ die Rolle von Pronomina, die auf andere Stellen innerhalb desselben Satzes verweisen. Diese Sätze lassen sich »übersetzen«, ohne daß $x$, $a$ oder $b$ auftritt: „Es gibt keine reelle Zahl, deren Quadrat $-1$ beträgt", „Die Summe zweier reeller Zahlen ist unabhängig von der Reihenfolge der Summanden".

Wir haben also einen Satz, der nicht von $x$ bzw. $a, b$ abhängt, obwohl einzelne Satzteile von diesen Größen abhängen. Man nennt solche Größen dann „gebundene Variable". (Hier zeigt sich die Wichtigkeit, Quantoren immer hinzuschreiben, obwohl leider viele Bücher, besonders Formelsammlungen, gegen diese Regel verstoßen.)

Ähnliche Fälle sind „Summationsindex", „Integrationsvariable"; in
$\sum\limits_{k=0}^{n} q^k$, $\int\limits_a^b e^x \, dx$ sind $k$ bzw. $x$ gebundene Variable, 0 bzw. e Konstanten
und $q, n$ bzw. $a, b$ („freie") Variable, was man am besten an den zu ihnen
gleichwertigen Ausdrücken: $\dfrac{1 - q^{n+1}}{1 - q}$ bzw. $e^b - e^a$ erkennt. (In vielen
Physikbüchern werden durch undisziplinierte Schreibweisen besonders
beim Integral in dieser Hinsicht überflüssige Schwierigkeiten erzeugt.)

### 1.3.4 Satzgefüge *(logische Schlüsse)*

Mehrere einzelne Sätze $p, q, r, \ldots$ können mit »Konjunktionen« zu
Satzgefügen zusammengesetzt werden. Die wichtigsten Bindungen sind
(vgl. 1.3.2):

„$p$ und $q$", geschrieben als „$p \wedge q$"*), behauptet, daß $p$ und $q$ beide
wahre Aussagen sind.

„$p$ oder $q$", „$p \vee q$", behauptet, daß mindestens einer der beiden Sätze
wahr ist.

„$p \Rightarrow q$": *Konditionalsatzgefüge:* Aus der Wahrheit von $p$ folgt die
von $q$. Es wird nicht vorausgesetzt, daß $p$ wahr ist. Wenn jemand äußert:
„Wenn es morgen regnet, bringe ich einen Schirm mit", widerlegt er
sich nur, falls es regnet und er keinen Schirm mitbringt; falls es nicht
regnet, behält er recht, egal ob er einen Schirm »vorsichtshalber« mitbringt oder nicht.

*Kausalsatzgefüge:* „$p$. Daher $q$" oder: „Weil $p$, deshalb $q$". Dies entsteht aus einem Konditionalsatzgefüge, wenn man zusätzlich die Wahrheit des Vordersatzes $p$ behauptet. Der logische Kern ist derselbe wie
bei „$p \wedge q$", es wird aber noch eine inhaltliche Abhängigkeit des Satzes
$q$ von $p$ zur Begründung herangezogen. (Die Kapitel von Mathematikbüchern sind fast durchgehende Kausalsatzgefüge).

### Liste einiger logischer Beweisschemata

*Spezialisierung:* Aus „$\forall x \in M : a(x)$" und „$m \in M$" folgt „$a(m)$".
*Kausalsatz:* Aus „$p$" und „$p \Rightarrow q$" folgt „$q$"; $p \wedge (p \Rightarrow q) \Rightarrow q$.
*Widerlegungen* von $p$:
Aus „$p \Rightarrow$ nicht $p$" folgt „nicht $p$".
(Ist „$p$" *widersprüchlich*, so muß „nicht $p$" wahr sein.)
Wenn „$p \Rightarrow q$", dann „nicht $q \Rightarrow$ nicht $p$" *(Kontraposition)*.

---

*) Oder auch einfach hintereinandergeschriebene, durch Punkt getrennte
Sätze.

Anders formuliert: Aus „$p \Rightarrow q$" und „nicht $q$" folgt „nicht $p$".
(Führt „$p$" zu *unzutreffender Konsequenz* „$q$", so muß „nicht $p$" gelten.)

(Achtung: Aus „$p \Rightarrow q$" kann man nicht schließen: „nicht $p \Rightarrow$ nicht $q$", es gilt vielmehr:) Wenn „$p \Rightarrow q$" und „nicht $p \Rightarrow$ nicht $q$", dann ist „$p \Leftrightarrow q$". (Viele *Gleichwertigkeitsbeweise* gehen nach diesem Schema, andere folgen dem: Wenn „$p \Rightarrow q$" und „$q \Rightarrow p$", so ist „$p \Leftrightarrow q$".)

Hintereinanderschaltung von Konditionalsätzen:

Aus „$p_0$" und „$p_0 \Rightarrow p_1$" und „$p_1 \Rightarrow p_2$" und ... „$p_{n-1} \Rightarrow p_n$" folgt „$p_n$" (zum Numerieren der einzelnen Schritte werden die natürlichen Zahlen genommen).
Gibt es dabei ein allgemeines Schema für den $k$-ten Schritt: Aus „$p_0$" und „$p_k \Rightarrow p_{k+1}$" für alle $k$", folgt „$p_n$ für jedes $n$", so nennt man diesen Beweis: *Vollständige Induktion* (vgl. 2.1.1.9).

### 1.3.5 Funktionen

*Ziel: Eines der wichtigsten mathematischen Konzepte auf zwei Arten zu veranschaulichen; einige nützliche Begriffe in diesem Zusammenhang einführen.*

**1.** Das wirkungsvollste Stilmittel der mathematischen Sprache, trotz hohen Abstraktionsgrades noch lebendig zu sein, sind Funktionen und Abbildungen. Hier haben wir es nicht mit Aussagesätzen wie bei Mengen oder Relationen zu tun, eher mit »Befehlen« oder »Vorschriften«. Funktionen und Abbildungen sind mathematisch dasselbe, entsprechen aber zwei verschiedenen veranschaulichenden Bildern:
*Funktionen als „black boxes"* (man denke etwa an Taschenrechner oder Verstärker). Wird ein zulässiger Wert $t$ am „Eingang" $E$ eingegeben, so wird ein durch $t$ eindeutig festgelegter Wert $f(t)$ am „Ausgang" $A$ ausgegeben (Abb. 1.3).

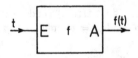

Abb. 1.3. „black box".

*Funktionen als Abbildungen:* Die Zuordnungsvorschrift wird durch Pfeile angedeutet (Abb. 1.4).

16

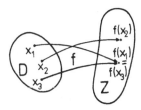

Abb. 1.4. Abbildung f: $D \to Z$

**2.** *Definitionen und Bezeichnungen* $f: D \to Z$

$D$: *Definitionsmenge*, die Menge der zulässigen Eingangswerte.

$Z$: *Zielmenge*, die Menge der zugelassenen Ausgangswerte.

$f(D)$: $\{y \in Z \mid \exists \, x \in D: y = f(x)\}$ *Wertemenge*; „Bild" von $D$.

(Natürlich ist $f(D) \subset Z$; oft ist es sinnvoll, $Z$ größer als $f(D)$ zu wählen, z. B. wenn $f(D)$ nicht genau bekannt ist.)

Sei $B \subset Z$, so ist $f^{-1}(B)$ das „Urbild" von $B$: $\{x \in D \mid f(x) \in B\}$

$x \mapsto f(x)$: Funktions*vorschrift*

$f(x)$:        Funktions*term*

$x$:          (unabhängige) Variable/Veränderliche

Man kann den Begriff „Funktion" auf die Begriffe „Relation" oder „Menge" zurückführen:

$y = f(x)$: Funktions*gleichung* (ist eine Relation)

$\{(x, y) \in D \times Z \mid y = f(x)\}$: Funktions*graph* (ist eine Menge).

Mit $\mathscr{F}(A \to B)$ bezeichnen wir die Menge der Funktionen mit Definitionsmenge $A$ und Zielmenge $B$.

**3.** *Funktionen mehrerer Veränderlicher, Parameter*

Oft zergliedert man die Eingangsgröße in mehrere Komponenten: „Funktion mehrerer Veränderlicher". Manchmal zeichnet man ein oder mehrere dieser Eingangskomponenten als „Parameter" aus: Dabei stellt man sich vor, daß diese(r) Parameter für längere Zeit fest eingestellt werden; durchlaufen die anderen Eingänge, die „Variablen", ihre Werte, so erhält man jeweils eine Funktion, werden nach und nach auch die Parameterwerte geändert, erhält man eine „Schar von Funktionen". Das sind eigentlich nur »stilistische« Unterschiede (Abb. 1.5).

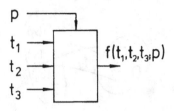

Abb. 1.5. „Black box" mit mehreren Eingängen (Variable $t_i$, Parameter $p$)

*Beispiele:*

(i) $f$ ordne einem Vektor $v$ seine Länge zu, $f: V \to \mathbb{R}, v \mapsto \|v\|$; dann läßt sich $f$ auch als Funktion dreier Veränderlicher, nämlich der 3 Vektorkomponenten $v_1$, $v_2$, $v_3$ denken: $\mathbb{R}^3 \to \mathbb{R}, (v_1, v_2, v_3) \mapsto \sqrt{v_1^2 + v_2^2 + v_3^2}$.

(ii) Die Magnetfeldstärke $H$ in einer Spule ($n$ Windungen, Länge $l$, Stromstärke $I$) ist: (*)$H = n \cdot I/l$. Bei einem Demonstrationsversuch wird man wohl $n$ und $l$ zunächst fest wählen (als „Parameter") und $H$ in Abhängigkeit von der durch einen regelbaren Widerstand veränderten „Variablen" $I$ betrachten. Es geht allerdings auch anders, der physikalische Inhalt des Gesetzes (*) ist unabhängig von der Einteilung der Größen in Variable, Parameter, Funktion.

(iii) $f: \mathbb{R}^+ \times \mathbb{R} \to \mathbb{R}: f(x, y) = x^y$ ist Funktion zweier reeller Veränderlicher; man kann sie aber auch als Funktionsschar deuten:

$$f_a: \mathbb{R} \to \mathbb{R}, \quad f_a(x) = a^x \quad (\text{Parameter } a \in \mathbb{R}^+): \text{„Exponentialfunktionen"}$$

oder

$$f_b: \mathbb{R}^+ \to \mathbb{R}, \quad f_b(x) = x^b \quad (b \in \mathbb{R}) \qquad \text{„Potenzfunktionen"}$$

### 4. Funktionen als Variable anderer Funktionen

Die Definitionsmenge einer Funktion kann selbstverständlich auch eine Menge von Funktionen sein; die ganze moderne Analysis lebt von dieser Möglichkeit. Für die Anwendungen in der klassischen Physik sind besonders folgende Fälle wichtig geworden: $\mathscr{D} \to \mathscr{F}(\mathbb{R} \to \mathbb{R})$, $\mathscr{D} \to \mathbb{R}$, wobei $\mathscr{D} \subset \mathscr{F}(\mathbb{R} \to \mathbb{R})$ (z. B. $\mathscr{D}$ ist Menge der stetigen reellen, reellwertigen Funktionen, ... der differenzierbaren ... u. ä.). Diese Fälle lassen sich im „black box" Bild gut veranschaulichen, wenn man die Variable in $\mathscr{F}(\mathbb{R} \to \mathbb{R})$ als Zeit $t$ deutet.

*Beispiele:* (aus der Elektrotechnik) für realisierte black boxes [Abb. 1.6]:

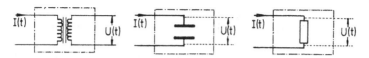

Abb. 1.6. „Black boxes", die Funktionen $I(t)$ Funktionen $U(t)$ zuordnen: Transformator, Kondensator, Widerstand

(i) Transformator: Hier bewirkt nicht die momentane Stärke $I$, sondern ihre Änderungsgeschwindigkeit $\dot I$ eine Ausgangsspannung $U: I(t) \mapsto U(t) \sim \dot I(t)$.

(ii) Kondensator: Hier ist die Spannung $U$ zur Zeit $t$ bestimmt durch den Ladestrom $I(t')$ zu allen Zeiten $t' \leqslant t: I(t) \mapsto U(t) \sim \int^{t} I(t') \mathrm{d}t'$.

(iii) Widerstand: Hier ist die Spannung proportional zum Momentanwert der Eingangsgröße; nur in diesem Fall können wir die black box auch als $f: \mathbb{R} \to \mathbb{R}$; $U = f(I)$ statt als $f: \mathscr{F}(\mathbb{R} \to \mathbb{R}) \to \mathscr{F}(\mathbb{R} \to \mathbb{R})$; $U(t) = f(I(t))$ deuten.

*Hintereinanderschaltung von Funktionen*

Ist die Zielmenge einer Funktion $f: A \to B$ die Definitionsmenge einer anderen Funktion $g: B \to C$, so kann man $f$ und $g$ „hintereinanderschalten" („verketten"). $g \circ f: A \to C$, $(g \circ f)(x) = g(f(x))$, [Abb. 1.7].

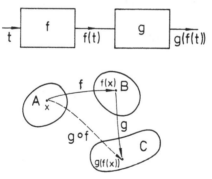

Abb. 1.7. Hintereinandergeschaltete Funktionen bzw. Abbildungen

**5.** *Sonderfälle*

Die Funktion $\mathrm{id}_D: D \to D$ mit $\mathrm{id}_D(x) = x$ für alle $x \in D$ heißt *Identität*. Eine Funktion $c: D \to Z$, die für alle $x \in D$ denselben Funktionswert $c \in Z$ hat, heißt *Konstante*.

(Das Verwechseln von Konstanten und Zahlen im Falle $Z = \mathbb{R}$ führt zu keinen Rechenfehlern, verwischt aber einen prinzipiellen Unterschied: Etwa die Energie $E$ eines abgeschlossenen Systems oder die Lichtgeschwindigkeit $c$ sind konstant, obwohl sie als physikalische Größen im Prinzip sich ändern könnten; die Zahl 5,72 hingegen kann sich nicht ändern, dann ist sie nämlich nicht mehr die 5,72. Daß wir hier Funktion und Funktionswert mit demselben Symbol „$c$" bezeichnen, ist in diesem Sinne inkonsequent, aber nicht gefährlich.)

$f: D \to Z$ heißt Funktion *auf* $Z$ (oder „surjektiv"), wenn $f(D) = Z$, d. h. jedes $y \in Z$ ist für mindestens ein $x$ der Funktionswert $f(x)$. $f: D \to Z$ heißt *eineindeutig* (oder „injektiv"), wenn jedes $y \in Z$ für höchstens ein $x$ der Funktionswert $f(x)$ ist.

Eine Funktion $f: D \to Z$, die *eineindeutig auf* $Z$ ist („bijektiv"), ist umkehrbar: Es gibt eine Funktion $f^{-1}: Z \to D$ mit $y = f(x) \Leftrightarrow x = f^{-1}(y)$. (Auch hier eine Inkonsequenz; $f^{-1}$ war oben als *Menge* definiert, $f^{-1}(y)$ ist also eigentlich eine Menge, die aus genau dem Element $x$ besteht: $f^{-1}(y) = \{x\}$ und nicht $f^{-1}(y) = x$.) Es gilt für alle $x \in D$: $f^{-1}(f(x)) = x$, d. h. $f^{-1} \circ f = \mathrm{id}_D$ und für alle $y \in Z$: $f(f^{-1}(y)) = y$, d. h. $f \circ f^{-1} = \mathrm{id}_Z$.

Eine Funktion, die aus $f: D \to B$ entsteht, wenn man sie auf eine Teilmenge $A \subset D$ „einschränkt":

$$f_{|A}: \begin{matrix} A \to B \\ x \mapsto f(x) \end{matrix} \quad \text{heißt „Restriktion" von } f \text{ auf } A.$$

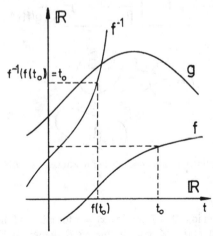

Abb. 1.8. Graph von $f, f^{-1}, g: \mathbb{R} \to \mathbb{R}$ ($g^{-1}$ existiert hier nicht als Funktion)

20

## 6. Graphische Darstellungen

Bei aller Anschaulichkeit des Funktionsbegriffes läßt sich nur in Sonderfällen eine wirkliche graphische Darstellung durchführen. Im Falle $\mathbb{R} \to \mathbb{R}$ läßt sich (für hinreichend »glatten« Verlauf) der Graph als Teilmenge von $\mathbb{R} \times \mathbb{R}$ wirklich aufzeichnen. Die im Abschnitt „Sonderfälle" aufgeführten Begriffe lassen sich gut an diesen Graphen deuten [Abb. 1.8]. (Auch: „Kennlinie" der black box.) Funktionen $\mathbb{R} \times \mathbb{R} \to \mathbb{R}$ lassen sich darstellen, indem man an die Punkte der Ebene $\mathbb{R} \times \mathbb{R}$ die Funktionswerte heranschreibt, am besten Punkte mit gleichen Funktionswerten verbindet („Iso-Linien"), z. B. in Kap. 6.1.1.2. Achtung: Bei der Darstellung als Abbildung werden gerade andersherum in der Bildmenge die Variablenwerte herangeschrieben (z. B. Kap. 5.4.2.2).

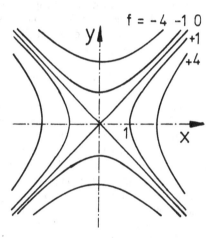

Abb. 1.9. „Isolinien" der Funktion $\mathbb{R} \times \mathbb{R} \to \mathbb{R}$     $(x,y) \mapsto x^2 - y^2$

*Bemerkung (Funktionen und Physikalische Größen):* Das Gesetz (*) aus Beispiel 3(ii) schreibt der Physiker:

$$H = H(n, I, l), = n \cdot I/l,$$

der Mathematiker:

$$H = f(n, I, l), \quad f(x, y, z) = x \cdot y/z.$$

Im ersten Fall wird die physikalische Bedeutung der abhängigen Größe, im zweiten Fall die mathematische Struktur der Abhängigkeit in den Vordergrund gestellt. Das sind zwei verschiedene legitime Denkweisen, nicht – wie Mathematiker oft zum ersten Fall sagen – eine Schlamperei der Physiker. Allerdings bedarf es großer Vorsicht, wenn man Größen statt Funktionen verkettet, vgl. hierzu Kap. 4.2.6.

## 1.4 Konzepte

*Eine Zusammenstellung häufig benutzter Begriffe, die – selbst nicht formalisiert – den mathematischen Formalismus erläutern sollen. Ein Abschnitt mehr zum Nachschlagen als zum Hintereinanderlesen.*

**1.** »*Konzept*« Vorstellungen, Leitlinien, Zielsetzungen, die Anlaß für die Schaffung präziser Begriffe sind.

»*natürlich*« Bei mehreren möglichen Zuordnungen zwischen Dingen gibt es oft besonders naheliegende, „natürliche" unter diesen.

»*plausibel*«, soviel wie leicht einsehbar oder glaubhaft.

»*evident*«, ein plausibles Resultat, für das sich leicht ein formal korrekter Beweis finden läßt.

»*anschaulich*«, durch geometrische oder dynamische Deutung plausibel gemacht.

»*trivial*« Typisch mathematische Art des Sonderfalls: z. B. Ein Pendel kann (gemäß einer Gleichung) schwingen oder auch sich in Ruhe befinden (dies ist die triviale Lösung der Schwingungsgleichung); eine Gerade ist eine Kurve mit trivialer Krümmung. (Achtung: Unterschied zum alltäglichen Sprachgebrauch, da schwingt das ruhende Pendel überhaupt nicht, und die Gerade ist überhaupt keine Kurve.)

»*explizit*« Wenn die als abhängig angesehene oder die gesuchte Größe isoliert ist (etwa allein auf der linken Seite einer Gleichung steht); z. B. implizit: $x^2 + y^2 - 2y = 3$, explizit: $y = 1 \pm \sqrt{4 - x^2}$.

**2.** »*Struktur*« Objekte mathematischer Forschung sind nicht die Elemente von Mengen, etwa die einzelnen natürlichen Zahlen[*]), sondern die Beziehungen zwischen ihnen; drei Haupttypen solcher Strukturen interessieren uns:

„*Algebraische Operationen*": Je zwei Objekten wird ein drittes zugeordnet, z. B.

$$\mathbb{R} \times \mathbb{R} \to \mathbb{R} \qquad \mathbb{R} \times \mathbb{N} \to \mathbb{R} \qquad \mathbb{V} \times \mathbb{V} \to \mathbb{R}$$
$$a \ , \ b \mapsto a \cdot b \qquad a \ , \ n \mapsto a^n \qquad v \ , \ w \mapsto (v|w)$$

---

[*]) Das „Wesen der Zahl 7" gehört in die Zahlenmystik, nicht in die Mathematik.

*„Ordnungsrelationen"*: Je zwei Objekte werden „verglichen", z. B. auf $\mathbb{R}$: „$a < b$", auf $\mathbb{N}$: „$m$ ist Vielfaches von $n$".

*„Konvergenz"* (Topologische Struktur): Hier wird die Annäherung an ein Element beschrieben, z. B. $\lim\limits_{n \to \infty} 1/n = 0$.

Auf den wichtigen Mengen liegen mehrere Strukturen gleichzeitig vor, die dann irgendwie »zusammenpassen« müssen.

**3.** Die beiden wichtigsten mathematischen Konzepte in der Physik sind »*Linearität*« und »*Linearisierung*«. Am besten versteht man sie, indem man sie in ihren Erscheinungsformen kennenlernt; trotzdem soll hier eine Vorankündigung versucht werden:

»*Linear*«

Zwei *Rechenoperationen* mit Größen sind linear:

- die Addition gleichartiger Größen (Superposition, Überlagerung) $a + b$
- die Multiplikation mit einem Zahlenfaktor (Homogenität) $\alpha a$

Mengen von Größen, die diese Operationen zulassen, heißen *Lineare Räume*, z. B.: $\mathbb{R}$, Vektorraum $\mathbb{V}$, die Funktionen $\mathscr{F}(\mathbb{R} \to \mathbb{R})$ mit $(f + g)(x) = f(x) + g(x)$, $(\alpha \cdot f)(x) = \alpha \cdot f(x)$.

Eine Funktion $f: \mathbb{V} \to \mathbb{W}$ (wobei $\mathbb{V}, \mathbb{W}$ Lineare Räume sind) heißt *lineare Funktion*, wenn sie mit den linearen Operationen »vertauscht« werden kann. Es soll gelten: $f(a) + f(b) = f(a + b)$, $\alpha \cdot f(a) = f(\alpha a)$ [Abb. 1.10].

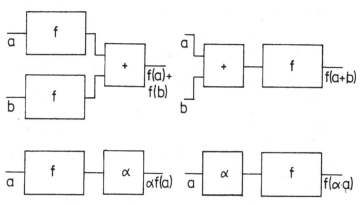

Abb. 1.10. Lineare Funktionen als black boxes, die in ihrer Reihenfolge mit einem Addierer und einem Verstärker (mit konstantem Verstärkungsfaktor $\alpha$) vertauscht werden können

Die linearen Funktionen bilden selbst wieder einen Linearen Raum, einen Teilraum von $\mathscr{F}$.

*Achtung:* Häufig wird $\mathbb{R} \to \mathbb{R}$, $x \mapsto mx + n$ als lineare Funktion bezeichnet; in unserem Sinne ist dies nicht der Fall, falls nicht $n = 0$ ist:

$$f(x_1 + x_2) = m(x_1 + x_2) + n,$$

$$f(x_1) + f(x_2) = mx_1 + m \cdot x_2 + n + n = m(x_1 + x_2) + 2n.$$

Wir nennen solche Funktionen: *Funktionen 1. Grades;* sie sind die Summe von linearen Funktionen und konstanten Funktionen. Die linearen Funktionen $\mathbb{R} \to \mathbb{R}$ sind also schon durch eine Zahl $m$ festgelegt. Lineare Funktionen $\mathbb{V}_3 \to \mathbb{R}$ werden durch die Werte für eine Basis von $\mathbb{V}_3$ festgelegt: $f(e_{(1)}), f(e_{(2)}), f(e_{(3)})$, denn jeder Vektor schreibt sich: $v = v_1 \cdot e_{(1)} + v_2 \cdot e_{(2)} + v_3 \cdot e_{(3)}$ *("Linearkombination")* und wegen der Linearität ist $f(v) = v_1 \cdot f(e_{(1)}) + v_2 \cdot f(e_{(2)}) + v_3 \cdot f(e_{(3)})$. Diese Möglichkeit, die Beschreibung und Berechnung von Funktionen auf so einfache Information zurückzuführen, ist einer der Gründe für die große Bedeutung der Linearität.

**4.** »*Linearisierung*«

Meistens tun uns die funktionalen Zusammenhänge nicht den Gefallen, linear zu sein. Um trotzdem die Vorzüge der Linearität zu genießen, werden Funktionen in der Nähe eines »Arbeitspunktes« $a$ durch lineare Funktionen angenähert (siehe Kap. 4). Allerdings darf man nicht vergessen, einen zugelassenen Fehler $\Delta$ und einen Bereich $G$ anzugeben, in dem der Unterschied $\delta$ zwischen $f$ und $f_{lin}$ nicht größer als $\Delta$ ist [Abb. 1.11].

Ein typisches Beispiel von Linearisierung lernt man in der Schule als „Dreisatz" kennen (meist ohne Gültigkeitsbetrachtung):

„Wenn aus drei gleichen Wasserhähnen in 4 Stunden ein Wasserbecken gefüllt wird, wie lange benötigt man, um mit nur zwei der Hähne des Becken zur Hälfte zu füllen?"; „Wenn ein Mathematiklehrer 80 Schulstunden braucht, um 20 Schülern das Differenzieren beizubringen, wieviel Lehrer benötigt man, um einem Schüler das Differenzieren an einem Nachmittag (4 Stunden) beizubringen?" Wer das „Ohmsche Gesetz" als »Naturgesetz« in der Schule gelernt hat, wird überrascht sein, wie wenige »elektrische Objekte«, die bei Anlegen einer Spannung $U$ von einem Strom $I$ durchflossen werden, wirklich Proportionalität $I \sim U$ über einen größeren Bereich von $U$ haben, d. h. daß $U$ in guter Näherung *lineare* Funktion von $I$ wäre.

**5.** »*Probleme*«, die sich in den Anwendungen ergeben, bestehen darin, diejenigen (oder zumindest einige) der Elemente $x$ aus einer Menge $M$

zu finden, die eine vorgegebene Bedingung erfüllen, fast immer eine Gleichung (*) $a(x;p) = 0$, wobei $a$ ein Term ist, der von der »Unbekannten« $x$ und gegebenenfalls von Parametern $p$ abhängt. ($M$ kann eine Menge von Zahlen, Vektoren, Funktionen usw. sein.)

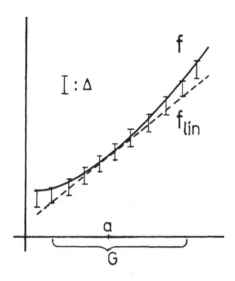

Abb. 1.11. Linearisierung von $f$ in einem Arbeitspunkt $a$ mit $f_{\text{lin}}$ in einem Bereich $G$ innerhalb einer Genauigkeit $\Delta$

Für möglichst weite Klassen solcher Gleichungen sucht man allgemeine Eigenschaften der Lösungsmenge:

»*Existenz*sätze« besagen, ob es überhaupt Lösungen gibt (oder nicht).

»*Eindeutigkeits*sätze« besagen, daß es höchstens eine Lösung gibt (oder auch: welche Zusatzforderungen die Lösung eindeutig festlegen).

Weiterhin werden Wege gesucht, wie die Lösungen »*konstruktiv*« gefunden werden können (durch eine Folge von Rechnungen, die in jedem Schritt aufgrund der vorliegenden Zwischenergebnisse eindeutig vorgeschrieben sind); dies läßt sich oft zu einem brauchbaren »*numerischen*« Verfahren ausbauen (wenn solche Konstruktion in guter Genauigkeit mit vertretbarem Aufwand auf einem Computer nachvollzogen werden kann).

**6.** In besonders günstig gelagerten Fällen läßt sich eine »*formelmäßige*« Darstellung der Lösung finden, d. h. die Gleichung $a(x,p) = 0$ kann zu einer logisch gleichwertigen Form (**) $x = b(p)$ umgeformt werden, wobei $b(p)$ bei jeder Wahl von $p$ ein Ausdruck aus bekannten Größen und Rechenoperationen ist. Wege von (*) nach (**) sind:

*1.* »*Termumformungen*« (der in der Schule übliche und einfachste Weg), die $a(.,.)$ nach bekannten Regeln umformen.

*2.* »*Substitution*«, die Unbekannte $x$ wird durch eine Funktion von ihr ersetzt: $\begin{array}{c} M \to N \\ x \mapsto u(x) \end{array}$ , dann setzt man $\tilde{a}(u(x),p) := a(x,p)$ und versucht, $\tilde{a}(u,p) = 0$ zu lösen. Gelingt dies, d. h. $u = \tilde{b}(p)$, so suche man diejenigen $x$, für die $u(x) = \tilde{b}(p)$ ist; diese lösen $0 = \tilde{a}(u(x),p) = a(x,p)$.

*Beispiel*: $M: \mathbb{R}, a(x): x^4 + 2x^2 - 3$

$x \mapsto u(x) = x^2$, $\tilde{a}(u): u^2 + 2u - 3$, $\tilde{a}(u) = 0$ gilt für $u = -3$ oder $1$; für kein $x \in \mathbb{R}$ ist $u(x) = -3$, für $x = \pm 1$ ist $u = 1$; $\{-1; +1\}$ ist Lösungsmenge von $a(x) = 0$.

*3.* »*Ansatz*«. Die Elemente von $M$, unter denen man die Lösungen von (*) erwartet, werden durch eine Größe $\lambda$ gekennzeichnet: $\begin{array}{c} L \to M \\ \lambda \mapsto x_\lambda = f(\lambda) \end{array}$ Man versucht, $\hat{a}(\lambda,p) = a(f(\lambda),p) = 0$ zu lösen, d. h. $\lambda = \hat{b}(p)$; die gesuchten Lösungen von (*) sind dann $x = f(\hat{b}(p))$.

*Beispiel*: Gesucht sei eine Summenformel für $s_n = 1 + 4 + 7 + 10 + \cdots + (3n + 1) = \sum_{k=0}^{n} (3k + 1)$, d. h. die Summe der ersten $n$ Zahlen, die beim Teilen durch 3 den Rest 1 haben. Die bekannten Formeln $\sum_{k=0}^{n} k = \frac{1}{2}(n^2 + n)$, $\sum_{k=0}^{n} (2k + 1) = n^2$ legen es nahe, folgenden Ansatz zu machen: $s_n = a \cdot n^2 + b \cdot n + c$ mit $a,b,c \in \mathbb{R}$, $\lambda$ ist also hier ein Zahlentripel $(a,b,c)$. Es gilt $s_0 = 1$, also muß $c = 1$ sein. Weiterhin ist $s_n = s_{n-1} + 3n + 1$, also muß gelten: $a \cdot n^2 + b \cdot n + 1 = a \cdot n^2 - 2a \cdot n + a + b \cdot n - b + 1 + 3n + 1$; also $0 = n(3 - 2a) + a - b + 1$, das ist erfüllt für $a = 3/2$, $b = 5/2$; wir haben $s_n = (3n^2 + 5n + 2)/2$.

*7. Hinweise:* Termumformungen und Substitutionen führen im allgemeinen zu komplizierteren Bedingungen, Ansätze scheitern sogar oft, es ist also eine Sache des Glücks bei der Vorgabe des Problems (*) und des mathematischen Geschicks und Fingerspitzengefühls, eine formelmäßige Lösung zu finden. Bei großen Meistern auf diesem Gebiet (wie *Euler*) zeigte sich, daß das Lösen mathematischer Aufgaben nicht immer Routine ist, sondern eine »künstlerische Tätigkeit« sein kann. In der Praxis erweist es sich als günstig, diese Verfahren zum *Erraten* von Lösungen zu benutzen, dann kann man sich über die Regeln mathematischer Sorgfalt großzügig hinwegsetzen und dann durch »*Einsetzen*« in $a(x,p)$ prüfen, ob das gefundene $x$ auch (*) löst. Ob man alle Lösungen gefunden hat, ergibt sich oft aus einem Eindeutigkeitssatz.

8.»Verträglichkeit« von Strukturen und das »Vertauschen« von Operationen, Funktionen usw. wird in einem Index am Ende des Buches erläutert.

# 2. Zahlen

*Ziel: Den sehr unterschiedlichen Aufgaben der Zahlen entsprechen verschiedene Zahlenmengen und unterschiedliche Strukturen auf ihnen; diese Strukturen sollen zunächst einzeln in ihren Eigenarten und dann in ihren Beziehungen untereinander vorgeführt werden. Beabsichtigt ist weder ein vollständiger Aufbau der Zahlenbereiche noch eine besonders umfangreiche Sammlung von Regeln für das Arbeiten mit Zahlen.*

### 2.0.1 Motivation

Die Zahlenmengen und ihre Strukturen dienen zur Beschreibung von Meßergebnissen (»Meßwerten«) und ihrer unmittelbaren Verarbeitung. Drei besonders wichtige Zahlenmengen sind:

$\mathbb{N}$: die „natürlichen Zahlen", die möglichen Antworten auf die Fragen: *Wieviele?* (Kardinalzahl) oder: Das *Wievielte?* (Ordinalzahl). Im Gegensatz zu anderen »Zahlen« wird mit natürlichen Zahlen wirklich gezählt. (Beispiele: An wievielter Stelle steht Fe im Periodensystem? Wieviele Monde hat Jupiter?)

$\mathbb{R}$: die „reellen Zahlen" als idealisierte Meßwerte sind die möglichen Antworten auf die Frage: *Wie groß?* (Beispiele siehe 2.0.3). Da sich kontinuierliche Größen nur mit endlicher Genauigkeit angeben lassen, ist das Rechnen in $\mathbb{R}$ das Arbeiten mit Näherungswerten; mathematische Exaktheit besteht nicht in »*unendlich hoher Genauigkeit*«, sondern in der »*Kontrolle*« (Abschätzung) *der Ungenauigkeit*.

$\mathbb{C}$: die „komplexen Zahlen" sind vom mathematischen Standpunkt her der natürliche Endpunkt der Zahlbereichserweiterungen, hier sind die *Gesetze für die Rechenoperationen* besonders einfach. Es gibt allerdings keine physikalische Größe, deren Meßwerte in natürlicher Weise auf komplexe Werte führt. $\mathbb{C}$ wird in physikalischen Anwendungen gewissermaßen auf »Umwegen« erreicht, die allerdings oft erfolgreiche »Abkürzungen« sind *).

Weitere nützliche Zahlenmengen: $\mathbb{Z}$: die ganzen Zahlen, $\mathbb{D}$: die Dezimalzahlen (die abbrechenden Dezimalbrüche), $\mathbb{Q}$: die rationalen Zahlen, sowie die „Intervalle" in $\mathbb{R}$.

---

*) Insbesondere die Quantentheorie würde im Formalismus wesentlich komplizierter, verzichtete man auf $\mathbb{C}$; es gilt aber auch dort: Wenn eine Größe »beobachtbar« ist, ist sie reell.

## 2.0.2 Das Verhältnis zwischen $\mathbb{N}$, $\mathbb{R}$, $\mathbb{C}$

ist weitaus verwickelter, als die Aussage $\mathbb{N} \subset \mathbb{R} \subset \mathbb{C}$ ausdrücken kann. Es ist zwar zutreffend, daß wir die Menge $\mathbb{N}$ in $\mathbb{R}$ und diese in $\mathbb{C}$ »wiederfinden« können, aber das gilt nicht für alle Strukturen auf $\mathbb{N}$ bzw. $\mathbb{R}$.

Welche der Antworten auf die Frage: „Was ist 14 geteilt durch 6?", die man nacheinander in der Schule lernt:

a) „Geht nicht",
b) 2 Rest 2,
c) 7/3,
d) $2,\overline{3}$ (2,3 Periode),
e) (rund) 2,33

die angemessene ist, hängt vom Kontext der Frage ab: Man kann 14 Personen nicht gleichmäßig auf 6 Zimmer verteilen, wohl aber 14,0 l Wasser auf 6 Gefäße, und 14,0 l Wasser können gleichmäßig in 6,0 s durch eine Öffnung fließen. (Übrigens wäre als Antwort auf das letzte Problem: $2,\overline{3}$ l/s schlimmer als falsch, nämlich unsinnig! Mit den 10 Stellen auf elektrischen Taschenrechnern sind ungerechtfertigt genaue Zahlenangaben bei Schülern und Studenten leider auf dem Vormarsch). Dieses Beispiel zeigt, daß die „Teilung mit Rest" in $\mathbb{N}$ in $\mathbb{R}$ nicht wiederzufinden ist und nicht durchgängig durch Division in $\mathbb{R}$ ersetzt werden kann; ähnlich ist es mit dem Zählen: in $\mathbb{N}$ folgt auf 1 die 2, aber in $\mathbb{R}$ gibt es nach 1 keine nächstgrößere Zahl. Beim Übergang von $\mathbb{R}$ auf $\mathbb{C}$ geht die Vergleichbarkeit („$a$ kleiner als $b$") verloren, ein entscheidender Grund für das Fehlen einer direkten physikalischen Bedeutung von $\mathbb{C}$ (vgl. Bemerkung 2.3.2.13). Umgekehrt ist die Struktur auf $\mathbb{R}$ nicht einfach eine Verallgemeinerung von der auf $\mathbb{N}$; z. B. ist $3 \cdot 4$ als zusammengefaßte Addition $4 + 4 + 4$ deutbar, aber für $\sqrt{2} \cdot \pi$ geht das beim besten Willen nicht; die Multiplikation in $\mathbb{R}$ ist eine »selbständige« Struktur geworden.

Andererseits ist das praktische Arbeiten mit Größen, die idealisiert durch reelle Zahlen repräsentiert werden, ein Arbeiten mit natürlichen Zahlen: Ablesen von Werten auf einer Meßskala (man *zählt* die Teilstriche), »wirkliches« numerisches Rechnen (nicht nur auf dem Papier, auch im Rechenwerk eines „digitalen" Computers) ist Rechnen mit Ziffern und das ist Rechnen in $\mathbb{N}$ plus Vorzeichen- und Kommaregeln. Solche »Rückführung« findet auch später statt: $\mathbb{C}$ und weiteren Mengen, wie den Punkten im Raum $\mathbb{E}_3$ und den Vektoren $\mathbb{V}_3$ wird ein Koordinatennetz $\mathbb{R}^2$ bzw. $\mathbb{R}^3$ »übergeworfen« und ihre Elemente so durch Paare oder Tripel von reellen Zahlen repräsentiert, um sie für Rechnungen in den Griff zu bekommen.

## 2.0.3 Größenarten und Strukturen auf $\mathbb{R}$

Wir werden in 2.2.1 die Reellen Zahlen auf der Zahlengeraden $\mathbb{E}_1$ als idealisierter Meßskala einführen. Dem vielfältigen Verhalten physikalischer Größenarten entsprechen verschiedene Strukturen auf $\mathbb{R}$, die teilweise für andere Mengen verallgemeinert werden können und dort ihr »eigentliches Wesen« deutlicher werden lassen als auf $\mathbb{R}$, wo sie durch eine Fülle von »Verträglichkeitsbedingungen« sehr eng miteinander verflochten sind.

*Beispiele* für physikalische Größen und die Willkür bei der Wahl einer Meßskala für sie sowie Hinweise auf die später behandelten entsprechenden mathematischen Strukturen:

a) *Härte von Kristallen* (etwa „*Mohs*sche Skala"): Es gibt nur den direkten Vergleich durch gegenseitiges Ritzen. „$a > b$" heißt „$a$ härter als $b$"; es wäre sinnlos, zu sagen: „Diamant ist um soviel härter als Korund wie Kalkspat als Gips". Struktur: Geordnete Menge ($\mathbb{R}$, $<$) vgl. 2.2.2. (Dasselbe gilt für die Temperaturskala nach Celsius.)

b) *Zeitpunkt:* Die Wahl eines Nullpunktes und einer Einheit ist willkürlich, legt aber dann die Zeitskala fest, da „Abstände" (Zeitspannen) $\|t_2 - t_1\|$ verglichen werden können. Es ist sinnlos, zu sagen: „Dieses Ereignis passierte doppelt so *spät* wie jenes", aber sinnvoll: „Dieses dauerte doppelt so *lange* wie jenes". Struktur: Metrischer Raum ($\mathbb{E}_1$, $\|a - b\|$); vgl. 2.2.4.

c) *Elektrische Ladung:* Einheit willkürlich. Addition von Ladungen und Multiplikation mit einer reellen Zahl $\alpha$ sinnvoll: $Q_1 + Q_2$, $\alpha \cdot Q_1$. Struktur: Vektorraum ($\mathbb{V}_1$, $a + b$, $\alpha \cdot a$); vgl. 3.0.3.

d) *Verstärkungsfaktor:* Verhältnis von Ausgangsgröße $A$ zu Eingangsgröße $E$ (d. h. $A = f \cdot E$, $f$ Proportionalitätsfaktor). Bei Hintereinanderschalten: Multiplikation $f \cdot g$; Struktur: Gruppe ($\mathbb{R}, a \cdot b$), vgl. 3.4.4. Läßt man auch Parallelschaltungen mit Superposition der Ausgänge zu, hat man auch eine Addition $f + g$. Struktur: Körper ($\mathbb{R}, a + b, a \cdot b$); vgl. 2.3.2.

e) *Winkelmessung:* Es gibt eine natürliche Wahl von Nullpunkt und Einheit (voller Winkel, 360° oder $2\pi$). Addition sinnvoll. Das Identifizieren von Winkeln, die sich um einen oder mehrere volle Winkel unterscheiden, ist oft sinnvoll. Struktur: Gruppe ($\mathbb{R}/\sim$, $a + b$) mit Äquivalenzrelation $a \sim b \Leftrightarrow a = b + g \cdot 360°$ ($g$: ganze Zahl); vgl. 2.3.1 und 1.3.2.3.

## 2.1 Die Natürlichen Zahlen

### 2.1.1 Zählprozeß und Rekursionen

**1.** Wir treffen die Verabredung: $0 \in \mathbb{N}$. Oft wird die Null nicht zu $\mathbb{N}$ hinzugenommen, aber sie ist unbestreitbar eine mögliche Antwort auf die Frage „Wieviele?" und wer meint, man fange mit der 1 an zu zählen, sehe sich einmal ein Zählwerk (z. B. km-Zähler) an. Der *Zählprozeß* geht wie folgt vonstatten: („Peano-Axiome"; man lese $k|$ als „Nachfolger von $k$", abgekürzt als $f(k)$ oder „$k + 1$")

1. $0 \in \mathbb{N}$ (Man fängt bei der Null an).
2. $\forall k \in \mathbb{N} \; \exists ! \, k| \in \mathbb{N}$ (Zu jeder Zahl gibt es eindeutig eine »nachfolgende«) oder: Es gibt eine Funktion $f: \mathbb{N} \to \mathbb{N}, k \mapsto k|$.
3. $\nexists k : k| = 0$ (Man zählt nicht »im Kreise«) oder: $0 \notin f(\mathbb{N})$.
4. $k| = l| \Rightarrow k = l$ (Man zählt auch nicht »in Schleifen«) oder: $f$ ist eineindeutig.
5. aus $0 \in A$ und $\forall k \in A : k| \in A$ folgt $\mathbb{N} \subset A$ (Man kann zu jeder natürlichen Zahl kommen, wenn man bei der Null anfängt und immer weiter zählt). Oder: Aus $0 \in A$ und $f(A) \subset A$ folgt $\mathbb{N} \subset A$.

**2.** *Beispiele* von Mengen, die jeweils alle bis auf eins dieser fünf Gesetze erfüllen (jeweils $k|$ als $k + 1$ deuten!)

a) $\mathbb{N} \setminus \{0\}$,

b) $\{n \in \mathbb{N} \,|\, n \leqslant 100\}$,

c) Die Menge der Winkel mit ganzzahligem Gradmaß, bei denen $n + 360 = n$ gesetzt wird.

d) Die Menge der vollen Stundenzahlen des Tages, wenn man zwischen 24 und 0 unterscheidet, aber $24| = 0| = 1$ setzt.

e) $\{x \in \mathbb{R} \,|\, x \geqslant 0\}$; etwa zu 2,75 kommt man nicht durch Zählen.

**3.** *Definition:* Eine Funktion mit der Definitionsmenge $\mathbb{N}$ heißt „Folge"; es wird meist nicht $f$ bzw. $f(n)$, sondern $\{f_n\}$ bzw. $f_n$ geschrieben; $f_n$ heißt „$n$-tes Glied". Die Variable $n$ heißt meist „Index der Folge $f_n$". Eine Funktion mit einer Definitionsmenge $\{k \in \mathbb{N} \,|\, k \leqslant m\}$ heißt „endliche Folge".

**4.** Wir benötigen oft den Begriff einer „Teilfolge" von $f$. Das bedeutet einfach folgendes: Sei $A$ eine unendliche *) Teilmenge von $\mathbb{N}$; dann lassen wir alle Folgenglieder $f_m$ fort, deren Index nicht in $A$ liegt und numerieren die restlichen Glieder neu. Manchmal ist es auch nützlich, die Glieder umzuordnen. Formal läßt sich das so beschreiben:

---

*) Ist $A$ eine *endliche* Teilmenge, so spricht man ausdrücklich von „endlicher Teilfolge".

*Definition:* Sei $f$ eine Folge $\mathbb{N} \to Z$ und $i$ eine *monotone* Funktion

$i: \begin{array}{l} \mathbb{N} \to \mathbb{N} \\ n \mapsto n' \end{array}$ (aus $k < l$ folgt $k' < l'$), dann heißt

$f \circ i: \begin{array}{l} \mathbb{N} \to Z \\ n \mapsto f_{n'} \end{array}$ eine *Teilfolge* von $f$.

Ist $i: \mathbb{N} \to \mathbb{N}$ eine Funktion, die *eineindeutig auf* $\mathbb{N}$, aber nicht monoton ist, dann heißt $f \circ i: n \mapsto f_{n'}$ eine Umsortierung von $f$.

**5.** Eine Folge $\{f_n\}$ kann gegeben werden, indem man sagt, wie aus gegebenem $n \in \mathbb{N}$ der Funktionswert $f_n$ zu bestimmen ist (Darstellung „in geschlossener Form"), oder indem $f_0$ gegeben wird und gesagt wird, wie sich aus den Gliedern $f_0, \ldots, f_k$ das Glied $f_{k+1}$ ermitteln läßt („Rekursive Definition").

Rekursiv definiert werden die Rechenoperationen auf $\mathbb{N}$: $\forall m \in \mathbb{N}$, $k \in \mathbb{N}$

| | | |
|---|---|---|
| $m + 0 := m$ | $m \cdot 0 := 0$ | $m^0 := 1$ |
| $m + k\mid := (m + k)\mid$ | $m \cdot k\mid := m \cdot k + m$ | $m^{k\mid} := m^k \cdot m$ |

und die wichtigen Ausdrücke $n!$ und $\binom{m}{n}$:

**6.** $0! := 1$; $\quad \forall k : (k + 1)! = (k + 1) \cdot k!$ (Lies: $n!$ als „$n$-Fakultät").

**7.** „*Pascal*sches Dreieck"

$\forall m \in \mathbb{N}: \binom{m}{0} := 1, \quad \forall n \in \mathbb{N}, \quad n \geqslant 1: \binom{0}{n} = 0,$

$\forall m, n \in \mathbb{N}: \binom{m+1}{n+1} = \binom{m}{n} + \binom{m}{n+1}$

(Lies: $\binom{m}{n}$ als „$m$ über $n$", oder „Binomialkoeffizient von $m$ über $n$").

**8.** *Bemerkung:* Wer nun sagt, daß obiges eine besonders »dunkle« Darstellung von äußerst einfach verständlichen Begriffen sei, und wenn man nicht schon wüßte, was $m + n$, $m \cdot n$, $n^n$, $n!$ ist, man es so bestimmt nicht lernen würde, und daß etwa $n! := 1 \cdot 2 \cdot 3 \cdots n$ viel leichter lesbar ist, als obige Definition von $n!$, der hat sicher recht. Mit den Punkten „..." ist „usw." gemeint, und menschliche Intelligenz ist recht gut geeignet, das „usw." zu verstehen (in vielen Intelligenztests ist das Erraten von »nächsten Folgengliedern« ein wichtiger Bestandteil). Bei den »gutwilligen, aber äußerst dummen« Computern ist das ganz anders, die verstehen „usw." nicht; da muß man sich die Mühe machen, das

Gesetz, nach dem die einzelnen Glieder konstruiert werden, genau zu formulieren, und dann landet man unweigerlich bei Rekursionsvorschriften wie oben. (Versuchen Sie einmal ein $n!$ oder das „*Pascal*sche Dreieck" $\binom{m}{n}$ zu berechnen und registrieren Sie jeden einzelnen Schritt dabei!)

## 9. *Vollständige Induktion*

Außer Zahlenfolgen wie $n!$ lassen sich auch Folgen mit ganz anderen Zielmengen, z. B. Folgen von wahren Aussagen, rekursiv konstruieren, letzteres nennt man „Beweis durch vollständige Induktion". Als *Beispiel* wollen wir einmal die Anzahl $z(n)$ der Teilstücke der Ebene bestimmen, in die sie durch das Einzeichnen von $n$ Geraden höchstenfalls zerlegt werden kann. Nach einigem Probieren mit kleinen Werten von $n$ kommt man auf eine Vermutung:

(*) $\quad \forall\, n \in \mathbb{N}$ gilt $p(n) :\Leftrightarrow z(n) = (n^2 + n + 2)/2$

und auf eine Regel, wie man eine neue (sagen wir die $(k + 1)$te) Gerade zu zeichnen hat, damit das größtmögliche $z(k + 1)$ erreicht wird: diese muß jede der $k$ vorher gezeichneten Geraden schneiden und zwar in lauter verschiedenen Punkten; dann werden $(k + 1)$ vorherige Teilstücke in jeweils 2 Stücke zerschnitten, also

(**) $z(k + 1) = z(k) + (k + 1) \quad \forall\, k \in \mathbb{N}.$

Daß

(***) $z(0) = 1$

ist, ist klar. Zu zeigen also, daß aus (**) und (***) der Satz (*) für alle $n \in \mathbb{N}$ folgt.

*1. „Induktionsverankerung"* $p(0)$: Die Vermutung trifft für $n = 0$ zu, denn (***) sagt: $1 = (0^2 + 0 + 2)/2 = z(0)$.

*2. „Induktionsschluß"*: Aus der Gültigkeit der Vermutung für $n = k$, d. h. $p(k)$: $z(k) = (k^2 + k + 2)/2$ folgt nach (**), daß $z(k + 1) = (k^2 + k + 2)/2 + k + 1 = (k^2 + 3k + 4)/2 = [(k + 1)^2 + (k + 1) + 2]/2$, also die Gültigkeit der Vermutung für $n = k + 1$, d. h. $\forall\, k \in \mathbb{N}: p(k) \Rightarrow p(k + 1)$.

Die Menge $A$ aller Zahlen $n$, für die die Vermutung $p(n)$ zutrifft, enthält die 0 und mit jeder natürlichen Zahl die nachfolgende, also nach dem 5. Peano-Axiom alle natürlichen Zahlen überhaupt. Anders gesagt: Eine Eigenschaft $p(n)$, die für $n = 0$ zutrifft und bei dem Schritt von einer Zahl $k$ auf den Nachfolger nicht verlorengeht, trifft für alle natürlichen Zahlen zu. ∎

*Achtung:* Durch unglückliche Bezeichnungen wird der Weg zum Verständnis der vollständigen Induktion häufig versperrt. Man beachte: Alle Quantoren sollten angeschrieben werden; das „$n$" in $p(n)$ ist nicht das „$k$" in (\*\*) und muß von ihm deutlich unterschieden werden, da wir im Beweis in $p(n)$ für $n$ einmal $k$ und einmal $k + 1$ einsetzen. (Die Redeweise „Schluß von $n$ auf $n + 1$" ist äußerst unglücklich!); weiterhin ist entgegen der landläufigen Meinung im 2. Beweisschritt nicht „die Gültigkeit für $n = k$ *vorausgesetzt*", sondern es werden nur logische Schlüsse aus der Formel $p(k)$ gezogen. (So kann man etwa aus $4 = 5$ folgern, daß $7 = 8$ ist, aber man sollte nicht sagen: „Ich setze $4 = 5$ voraus", wenn man weiß, daß $4 \neq 5$ ist!) Läßt man die Quantoren fort und schreibt für $k$ auch $n$, ist das »Beweis«schema: $p(0)$, und aus $p(n)$ folgt $p(n + 1)$, also gilt $p(n)$; welcher Unsinn, denn das kann man »billiger« haben, aus $p(n)$ folgt natürlich direkt $p(n)$, der Umweg über $p(n + 1)$ ist ganz überflüssig; andererseits ist jeder »Beweis« für $p(n)$ wertlos, wenn $p(n)$ irgendwo *vorausgesetzt* wurde.

### 2.1.2 Kardinalzahlen und Kombinatorik

*Nach dem ausführlichen Beispiel einige Anwendungen der Induktion auf Bestimmung von Anzahlen. (Zur Schreibweise: $z(.)$ bedeutet in jedem Satz etwas Anderes.)*

**1.** *Satz:* Die Anzahl $z(n)$ der möglichen Reihenfolge von $n$ Objekten (von möglichen Anordnungen $p(A)$ einer $n$-elementigen Menge $A$) ist $n!$

*Beweis:* Da $\emptyset$ keine Elemente hat, kann man deren Reihenfolge nicht ändern. Die Elemente von $\emptyset$ kann man daher auf genau eine Art anordnen, d. h. $z(0) = 1 = 0!$. Wem das als Induktionsverankerung zu »sophistisch« gedacht ist, überzeuge sich von $z(1) = 1 = 1!$. Hat man $k$ Elemente in eine Reihenfolge gebracht, so kann man ein $(k + 1)$tes Element an $(k - 1)$ verschiedenen Stellen dazwischenschieben, oder es davor oder dahinter stecken; d. h.: $z(k + 1) = z(k) \cdot (k + 1)$. Für $z(n)$ ergibt sich also die gleiche rekursive Vorschrift wie für $n!$: $z(0) = 1$, $z(k + 1) = z(k) \cdot (k + 1)$. Also ist die Folge $\{n!\}$ gleich der Folge $\{z(n)\}$. ∎

**2.** Ist $A$ eine Teilmenge von $\mathbb{N}$, so bezeichnet man mit $\sigma(p)$ die Anzahl der „Fehlstellungen" in $p(A)$, das ist die Anzahl der Paare $k, l$ aus $A$ mit $k < l$, aber $l$ steht in $p(A)$ vor $k$.

34

*Satz:* Vertauscht man zwei Elemente $k, l$ in einer Anordnung $p(A)$ der Elemente von $A$, so ändert sich die Anzahl der Fehlstellungen um eine ungerade Zahl.

(Denn für jedes Element $m$ zwischen $k$ und $l$ kehren sich zwei Paare um: $km \leftrightarrow mk$, $ml \leftrightarrow lm$, dazu kommt noch $kl \leftrightarrow lk$; insgesamt eine ungerade Anzahl.)

**3.** *Satz:* Die Anzahl $z(m, n)$ der $n$-elementigen Teilmengen einer $m$-elementigen Menge ist für alle $m, n \in \mathbb{N}$: $\binom{m}{n}$.

Zum *Beweis:* Man überzeuge sich, daß für $z(m, n)$ dieselbe rekursive Vorschrift wie für $\binom{m}{n}$ in 2.1.1.6 gilt.

**4.** *Satz:* Die Anzahl $z(m, n)$ der $n$-buchstabigen Wörter aus einem $m$-elementigen Alphabet ist $m^n$.

Zum *Beweis:* Für den ersten Buchstaben hat man $m$ Möglichkeiten; für die Wahl des zweiten dann in jedem der $m$ Fälle nochmal $m$ Möglichkeiten: zusammen $m^2$ usw. (Das »usw.« heißt natürlich: „vollständige Induktion"!) ∎

**5.** *Definition:* Hat man eine durchnumerierte Menge, also eine Folge $\{a_k\}$ von Objekten, für die eine Addition erklärt ist, so ist $\sum\limits_{k=0}^{n} a_k := a_0 + a_1 + \cdots + a_n$. (Man beachte zweierlei: das sind $n + 1$ Summanden; der „Summationsindex" $k$ tritt auf der rechten Seite nicht auf; vgl. 1.3.3.5.)

**6.** *Satz (Binomischer Lehrsatz).* Für alle $n \in \mathbb{N}$ und alle $a, b \in \mathbb{N}$ (leicht übertragbar auf $a, b \in \mathbb{R}$ oder $\mathbb{C}$) gilt:

$$(a + b)^n = \sum_{k=0}^{n} \binom{n}{k} a^{n-k} \cdot b^k.$$

Zum *Beweis:* Wie bei Satz 3. kann man zeigen, daß für die Koeffizienten der Potenz $a^{n-k} \cdot b^k$ die Rekursionsvorschrift wie für $\binom{n}{k}$ gilt. Andere Möglichkeit des Beweises: Wenn man die Klammern im Produkt $(a + b)(a + b)\ldots(a + b)$ auflöst, erhält man [Satz 4.], $2^n$ Produkte der Form $a^r \cdot b^s$ mit $r + s = n$, von denen [Satz 3.] $\binom{n}{k}$ genau $k$-mal den Faktor $b$ enthalten, also gleich $b^k \cdot a^{n-k}$ sind. ∎

**7.** *Folgerung.* Die Anzahl der Teilmengen einer $n$-elementigen Menge ist $2^n$.

(Denn sie ist nach Satz 3. gleich $\sum\limits_{k=0}^{n} \binom{n}{k}$, das ist nach Satz 6. mit $a = 1 = b$: $(1 + 1)^n = 2^n$.)

**8.** *Folgerung* (Symmetrie des Schemas der Binomialkoeffizienten). Für alle $n \in \mathbb{N}$ und $m \in \mathbb{N}$, $m \leqslant n$ gilt: $\binom{n}{m} = \binom{n}{n-m}$.

(Folgerung aus Satz 3., denn die Anzahl der $m$-elementigen Teilmengen ist so groß wie die Anzahl der möglichen »Reste«, d. h. der $(n-m)$-elementigen Teilmengen. Dem entspricht in Satz 6. die Vertauschbarkeit von $a$ und $b$: $(a + b)^n = (b + a)^n$.)

Will man einen Binomialkoeffizienten $\binom{n}{m}$ nicht im Pascalschen Dreieck ausrechnen (für große Werte von $n$ hat man dann viele Zeilen auszurechnen), kann man folgende Formel benutzen: für alle $m, n \in \mathbb{N}$ gilt:

**9.** $\binom{n}{m} = \dfrac{n!}{m!(n-m)!} = \dfrac{n(n-1) \cdot \ldots \cdot (n-m+1)}{1 \cdot 2 \cdot \ldots \cdot m}$, falls $m \leqslant n$;

$\binom{n}{m} = 0$, falls $m > n$.

Zum *Beweis*: Man zeige wieder, daß die Ausdrücke $\dfrac{n!}{m!(n-m)!}$ dieselbe Rekursionsvorschrift wie in der Definition von $\binom{n}{m}$ erfüllen.

Dabei benutze man $\dfrac{n!}{(m+1)!(n-(m+1))!} + \dfrac{n!}{m!(n-m)!} =$
$\dfrac{n!(n-m) + n!(m+1)}{(m+1)!(n-m)!} = \dfrac{n!(n+1)}{(m+1)!(n+1-m-1)!}$. ■

Zum Schluß noch eine oft benutzte Formel für die „endliche Geometrische Reihe". Für alle $n \in \mathbb{N}$ und $q \in \mathbb{N}$ (oder $\mathbb{R}$ oder $\mathbb{C}$) gilt:

**10.**
$$\sum_{k=0}^{n} q^k = \begin{cases} \dfrac{1-q^{n+1}}{1-q}, & \text{falls } q \neq 1 \\[2mm] n+1, & \text{falls } q = 1 \end{cases}$$

Zum *Beweis*: Vollständige Induktion mit folgendem Induktionsschritt:

$$\sum_{k=0}^{n+1} q^k = q^{n+1} + \sum_{k=0}^{n} q^k$$
$$= q^{n+1} + \dfrac{1-q^{n+1}}{1-q} = \dfrac{1-q^{n+1}+q^{n+1}-q^{n+2}}{1-q}.$$

(Vgl. auch 1.2.2.2.) ■

**11.** In der Mathematik haben die meisten vorkommenden Mengen unendlich viele Elemente. Man kann die Frage „Wieviele?" auch in diesen Fällen stellen. Die Ergebnisse sind teilweise überraschend. Echte Teilmengen können »gleich viele« Elemente enthalten wie die gesamte Menge; so gibt es zu jedem $n \in \mathbb{N}$ eine Quadratzahl $n^2 \in \mathbb{N}$, also »nicht weniger« Quadratzahlen als Zahlen (denn keine zwei verschiedenen Zahlen $m,n$ haben gleiches Quadrat $m^2 = n^2$), aber natürlich auch »nicht mehr«. Die für Anwendungen interessante Frage ist, ob eine unendliche Menge $A$ »nicht mehr« Elemente enthält als $\mathbb{N}$; d. h. ob es eine Folge $\{a_n\}$ gibt, die alle Elemente von $A$ als Glieder enthält; dann heiße $A$ „abzählbare Menge".

**12.** *Satz:* Die Menge $\mathbb{N} \times \mathbb{N}$ aller Paare $(n,m)$ von natürlichen Zahlen ist abzählbar.

Zum *Beweis* vgl. Abb. 2.1.

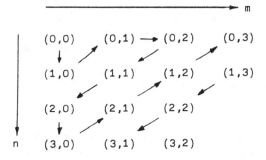

Abb. 2.1. Das Diagonalverfahren von *Cauchy* zur Durchnumerierung aller Paare von natürlichen Zahlen. Auf dem durch Pfeile markierten Wege erreicht man schrittweise alle Paare, z. B.(2,1) als 8. Paar.

**13.** *Folgerung:* Die Menge der rationalen Zahlen $\mathbb{Q}$ ist abzählbar, da alle $p \in \mathbb{Q}$ als Brüche $\pm\, m/n$ darstellbar sind.

**14.** *Folgerung:* Die Menge $\mathbb{D}$ aller Dezimalzahlen (abbrechenden Dezimalbrüche) ist abzählbar (da $\mathbb{Q} \supset \mathbb{D} \supset \mathbb{N}$).

**15.** *Folgerung:* Alle möglichen „Wörter", d. h. endliche Kombinationen aus endlich vielen Symbolen („Buchstaben") bilden eine abzählbare Menge.

(Im Falle des üblichen »Alphabets« »kodiere« man die 26 Buchstaben durch je zwei Ziffern, 01, 02, $\cdots$, 26 und betrachte die entsprechenden Zahlen, z. B. „Zahl" $\leftrightarrow$ 26 01 08 12.)

Als überraschenden Gegensatz zu Folgerung 14 erhalten wir:

**16.** *Satz:* Die Menge $\mathbb{D}_\infty$ aller „nichtabbrechenden" Dezimalbrüche ist nicht abzählbar.

Der Beweis steht weiter unten, zunächst im Vorgriff auf den nächsten Abschnitt:

**17.** *Folgerung:* Die Menge $\mathbb{R}$ ist nicht abzählbar.

(Es besteht eine eineindeutige Zuordnung zwischen der Menge der reellen Zahlen $\neq 0$ und der Menge der nicht abbrechenden Dezimalbrüche.)

**18.** *Folgerung:* Es gibt mehr als abzählbar viele Punkte im $n$-dimensionalen Raum $\mathbb{E}_n$.

(Wir werden die Punkte später eineindeutig durch Systeme reeller Zahlen (Koordinaten) kennzeichnen.)

*Beweis* zu Satz 16. Wir werden zu jeder Folge $\{a_n\}$ mit $a_n \in \mathbb{D}_\infty$ ein $b \in \mathbb{D}_\infty$ finden, das nicht in der Folge vorkommt, damit ist dann der Satz bewiesen. Nun zur Konstruktion von $b$; wir schreiben $\{a_n\}$ an:

$a_0: a^0, a_1^0\ a_2^0\ a_3^0 \ldots \quad a^0; a^1; a^2; \ldots$ sind ganze Zahlen,

$a_1: a^1, a_1^1\ a_2^1\ a_3^1 \ldots \quad a_k^i$ sind Ziffern (die $k$-te Ziffer

$a_2: a^2, a_1^2\ a_2^2\ a_3^2 \ldots \quad$ hinter dem Komma der Zahl $a_i$).

Jetzt sei $b = b_0, b_1\ b_2 \ldots$, so daß $b_0 \neq a^0, b_k = 1$, falls $a_k^k \neq 1$, $b_k = 2$, falls $a_k^k = 1$ für alle $k$ ist (das ist natürlich immer machbar), $b$ ist offenbar von jedem Glied $a_m$ der Folge $\{a_n\}$ an zumindest einer Dezimalstelle (der $m$-ten) verschieden. ∎

**19.** *Kommentar:* Natürlich liegt es nicht an diesem speziellen $b$, daß die Folge $\{a_n\}$ nicht ganz $\mathbb{D}_\infty$ erfaßt; man könnte $b$ zu $a_0$ machen und alle $a_n$ »eins aufrücken lassen« ($a_n$ wird $a_{n+1}$), dann ist $b$ »dabei«. *Jedes* Element von $\mathbb{D}_\infty$ kann in einer Folge liegen, aber *nicht alle* in derselben. Vielleicht wird es klarer bei folgender Überlegung (bei der die Elemente von $\mathbb{D}_\infty$ als Punkte auf der Zahlengeraden gedeutet werden). Man nehme eine Strecke der Länge $l$, schneide die Hälfte ab und klebe sie über $a_0$, vom Rest wieder die Hälfte auf $a_1$ usw., auf $a_n$ also eine Strecke der Länge $l/2^{n+1}$. Könnte eine Folge $\{a_n\}$ alle Punkte aus $\mathbb{D}_\infty$ erfassen, hätten wir die $\infty$-lange Gerade mit Strecken der Gesamtlänge $l$ überpflastert; das geht wirklich nicht. »Dramatisch« wird es übrigens, wenn man Folgerung 14. berücksichtigt und $\{a_n\}$ alle Dezimalzahlen durchlaufen läßt. Da auf jedem Intervall der Zahlengeraden Dezimalzahlen liegen, haben wir dann »Pflaster« der Gesamtlänge $l$ so verteilt, daß kein endliches breites Stück frei bleibt, nur »einzelne« Punkte zwischen den Pflastern, aber sehr viel mehr (nämlich mehr als abzählbar viele) als wir Pflaster benutzt haben!

## 2.2 Die reellen Zahlen

### 2.2.1 Die Zahlengerade (anschauliche Einführung)

Wir stellen uns eine waagerechte Gerade $\mathbb{E}_1$ im Raum ($\mathbb{E}_1$ heißt 1-dimensionaler „Euklidischer Raum", vgl. 2.2.4) als eine Skala eines idealisierten Meßgerätes vor; der Zeiger mit »unendlich feiner« Spitze zeigt jeweils auf genau einen Punkt von $\mathbb{E}_1$. Die Skala ist »dezimal unterteilt«, das heißt: Aufeinanderfolgende ganze Zahlen begrenzen jeweils Intervalle gleicher Länge („Einheitslänge"); der Punkt, an dem die Null steht, heißt „Nullpunkt"; diese Intervalle der Länge 1 werden jeweils durch Dezimalzahlen mit einer Stelle hinter dem Komma in 10 gleichlange Teilintervalle zerlegt, usw. Die »Lage« eines Punktes $p$ auf $\mathbb{E}_1$ wird nun wie folgt beschrieben:

1. Man entscheidet sich für eine Genauigkeit $10^{-k}$, $k \in \mathbb{N}$, das soll heißen: Lokalisierung von $p$ in einem Intervall der Länge $10^{-k}$ bzw. »Festlegung auf $k$ Stellen hinter dem Komma«.

2. Ist $p$ rechts vom Nullpunkt, so nehmen wir als $p_k$ den $k$-stelligen Dezimalbruch, der unmittelbar links von $p$ steht, also $p_k < p \leqslant p_k + 10^{-k}$. (Ist $p$ links vom Nullpunkt, so wird $p_k - 10^{-k} \leqslant p < p_k$ gefordert.)

Also: Die Lage eines Punktes $p$ wird angegeben durch eine Folge $\{p_n\}$ von »Näherungswerten« bzw. durch eine Folge ineinandergeschachtelter Intervalle $\{]p_n; p_n + 10^{-n}[\}$ oder $\{[p_n - 10^{-n}; p_n[\}$. Man sieht leicht, daß die ersten $n$ Ziffern von $p_{n+m}$ die Ziffern von $p_n$ sind, daher kann man die Folge (bzw. erste Glieder von ihr) abgekürzt schreiben, statt: 1; 1,4; 1,41; 1,414; ... einfach 1,414... (dem mathematischen »Wesen« nach *bleibt* es eine *Folge*!). Unsere Vorschrift führt zu einem vielleicht kurios erscheinenden Ergebnis: Der Punkt, an dem die „1" steht, wird durch die Folge der Näherungswerte 0,9999... beschrieben; entsprechend erhalten wir bei jedem Endpunkt eines Teilintervalls, mit Ausnahme des Nullpunktes, eine Ziffernfolge, die irgendwann konstant 9 wird, d. h. für jeden abbrechenden Dezimalbruch $\neq 0$ erhalten wir so eine nichtabbrechende Dezimalbruchdarstellung, bei der irgendwann eine $\overline{9}$ (»9-Periode«) einsetzt.

Dazu drei Bemerkungen:

1. $0,\overline{9} = 1,\overline{0}$; dagegen setzt sich vielleicht anfangs die Anschauung zur Wehr, aber die üblichen Rechengesetze würden falsch, falls man $0.\overline{9}$ und $1,\overline{0}$ als verschieden ansähe, z. B. $1,\overline{0}:3 = 0,\overline{3}$. aber $0,\overline{3} \cdot 3 = 0,9$, also $1,\overline{0} \cdot \dfrac{3}{3} = 0,\overline{9}$.

2. Man kann für diese Ausnahmepunkte (Intervallendpunkte) natürlich *beide* Ziffferndarstellungen zulassen, darf aber dann gegebenenfalls nicht vergessen, daß man eine *Mehrdeutigkeit* zugelassen hat.

3. Für die Praxis, d. h. endliche Genauigkeit und Rundung, spielt dies alles gar keine Rolle.

### 2.2.2 Die Ordnungsstruktur auf $\mathbb{R}$

*Die reellen Zahlen sind »angeordnet«. Um diese in der Schule meist vernachlässigte Struktur zu erläutern, werden andere geordnete Mengen zum Vergleich herangezogen.*

**1.** (Man lese die Relation „<" als „kleiner als", bei waagerechten Geraden „links von", auf der Zeitachse „früher als" usw.; „≤" ist „kleiner/gleich", „kleiner oder gleich".)

Für je zwei Zahlen $a, b \in \mathbb{R}$ gilt, sie sind *vergleichbar*:

(1) Entweder $a < b$ oder $a = b$ oder $a > b$.

(1') $a \leqslant b$ oder $b \leqslant a$; genau dann beides, wenn $a = b$ ist.

Für je drei Zahlen $a, b, c \in \mathbb{R}$ gilt die *Transitivität*:

(2) aus $a < b$ und $b < c$ folgt $a < c$.

(2') aus $a \leqslant b$ und $b \leqslant c$ folgt $a \leqslant c$.

Man nennt eine Menge mit einer Relation, die (1, 2) bzw. (1', 2') erfüllt, eine *totalgeordnete* Menge. Gilt statt (1) nur:

(0) Entweder $a < b$ oder $a = b$ oder $a > b$ oder keins von diesen drei Fällen,

bzw. statt (1') nur

(0') $a \leqslant b$ und $b \leqslant a$ genau dann, wenn $a = b$,

so nennt man die Menge *halbgeordnet*.

**2.** *Beispiele:* (i) $(\mathbb{N}, |)$, die natürlichen Zahlen mit der „Teilbarkeit"; „$m$ ist Teiler von $n$", wird abgekürzt geschrieben $m|n$. Wir haben zwar: „$m|n$ und $n|p$ ergibt $m|p$" sowie „$m|n$ und $n|m$ ergibt $n = m$", aber nicht „alle Zahlen sind »vergleichbar«", etwa gilt weder $3|5$ noch $5|3$.
(ii) $\mathfrak{P}(A)$, die Menge aller Teilmengen einer Grundmenge $A$ mit der Relation „$\subset$".

**3.** Für $(\mathbb{R}, <)$ gilt weiter:

(3) die *Lückenlosigkeit:* Zwischen je zwei Zahlen $a < b$ liegt noch eine weitere Zahl $c$: $\forall\, a, b\, \exists\, c : a < c < b$ (z. B. $c = (a + b)/2$).

Das gilt nicht für $(\mathbb{N}, <)$, zwischen 12 und 13 liegt keine weitere natürliche Zahl; auch nicht für $(\mathbb{N}, |)$. Ebenso nicht für $(\mathfrak{P}(A), \subset)$, seien nämlich $a, b \in A$, so liegt zwischen $\{a\}$ und $\{a, b\}$ keine weitere Teilmenge von $A$.
Die Lückenlosigkeit von $\mathbb{R}$ macht es möglich, daß eine Folge von Zahlen einer Zahl »beliebig nahe kommen kann, ohne sie zu erreichen«, z. B.: $\{1/n\} \to 0$; dies wird in 2.2.5 weiter untersucht werden und ist Grundlage für die Analysis (Differentialrechnung usw.).

(4) die *Separabilität:* Es gibt eine Folge $\{a_k\}$ (d. h. abzählbare Teilmenge $A$), die alle Zahlenpaare »trennt«: Für je zwei Zahlen $a < b$ gibt es ein $a_k \in A$, so daß $a \leqslant a_k \leqslant b$ ist (in unserem Falle etwa die *abbrechenden Dezimalbrüche*).

Diese Eigenschaft ist lange nicht so anschaulich wie die Regeln (1) bis (3), hat aber weitreichende mathematische Konsequenzen. Ihr eigentlicher Kern ist etwa Folgendes: Ist eine geordnete Menge $M$ abzählbar, so ist (4) leicht erfüllbar: man kann $A = M$ setzen. Ist eine nicht abzählbare Menge $M$ noch separabel, so lassen sich die einzelnen Elemente noch durch »Näherungswerte«, die man mit endlich vielen Zeichen (vgl. Folgerung 2.1.2.15) angeben kann, erfassen nach dem Verfahren von 2.2.1.
Ein Gegenbeispiel: $\mathfrak{P}(\mathbb{E}_1)$ ist nicht separabel: Sei eine abzählbare Teilmenge $A$ gewählt, so kann man aus den einelementigen Mengen, die ja nicht abzählbar sind, als „$a$" ein $\{p\}$ wählen mit $\{p\} \notin A$, ebenso dann ein $q \in \mathbb{E}_1$, so daß $b := \{p, q\} \notin A$; zwischen $a$ und $b$ liegt kein Element von $\mathfrak{P}(\mathbb{E}_1)$, also auch keins aus $A$. Tatsächlich bilden die Teilmengen von $\mathbb{E}$ bzw. $\mathbb{R}$ eine mathematisch »unangenehm große« Menge.

**4.** *Einige Definitionen*

*Intervalle:*

$[a;b] \quad := \{x \in \mathbb{R} \,|\, a \leqslant x \leqslant b\}$, insbesondere: $a,b \in [a;b]$;

$]a;b] \quad := \{x \in \mathbb{R} \,|\, a < x \leqslant b\}$, insbesondere: $a \notin \,]a;b]$;

$]-\infty;b] := \{x \in \mathbb{R} \,|\, x \leqslant b\}$

usw. Besondere Schreibweisen: $[0;\infty[ \;=:\; \mathbb{R}_0^+$, $\;]0;\infty[ \;=:\; \mathbb{R}^+$.

*Monotonie:* Sei $f \colon \mathbb{R} \to \mathbb{R}$ oder eine Folge $\mathbb{N} \to \mathbb{R}$ (allgemeiner auch eine Funktion zwischen geordneten Mengen) und gilt für alle $a,b \in \mathbb{R}$ bzw. $\mathbb{N}$:

$a < b \Rightarrow f(a) < f(b)$, so ist $f$ „monoton wachsend" (strikt isoton);

$a \leqslant b \Rightarrow f(a) \leqslant f(b)$, so ist $f$ „monoton nicht fallend" (isoton);

$a \leqslant b \Rightarrow f(a) \geqslant f(b)$, so ist $f$ „monoton nicht wachsend" (antiton);

$a < b \Rightarrow f(a) > f(b)$, so ist $f$ „monoton fallend" (strikt antiton).

*Beschränktheit:* Sei $A \subset \mathbb{R}$, so ist $A$ „beschränkt", falls es in einem Intervall $[a;b]$ liegt. $a$ heißt „untere Schranke". $A$ heißt „nach oben beschränkt", falls es in einem Intervall $]-\infty,b]$ liegt.

Die „*erweiterte Zahlengerade*" $\bar{\mathbb{R}} := \mathbb{R} \cup \{-\infty, +\infty\}$ ist $\mathbb{R}$, ergänzt um ein „kleinstes" ($-\infty < a$ für jedes $a \in \mathbb{R}$) und ein „größtes" Element.

**5.** Als Ergebnis des Überganges von $\mathbb{D}$ bzw. $\mathbb{Q}$ auf $\mathbb{R}$ erhalten wir

(5) *Vollständigkeit:* Ist $A \subset \mathbb{R}$ nach oben beschränkt und $A \neq \emptyset$, so gibt es eine kleinste obere Schranke, genannt $\sup A$ (Supremum $A$, „Obere Grenze" von $A$), mit anderen Worten: Ist $b \geqslant a$ für jedes $a \in A$, so ist $b \geqslant \sup A \geqslant a$.

Ebenso führt man $\inf A$ ein; ist $\sup A \in A$, so schreibt man auch $\max A$ für $\sup A$ (entsprechend $\min A$). Es gilt: $\sup ]a;b] = \max ]a;b] = b$; aber $]a;b]$ hat kein Minimum. Wie (4) ist (5) eine »typisch formale« Eigenschaft, wie (4) aber auch ein Ertrag unserer anschaulichen Konstruktion in 2.2.1 mit erheblichen mathematischen Konsequenzen. Die Konstruktion von $\sup A$ ist einfach: Fall 1: 0 ist keine obere Schranke von $A$. Sei $s_k$ die kleinste $k$-stellige Dezimalzahl, für die $s_k + 10^{-k}$ obere Schranke von $A$ ist, d. h. $s_k$ ist die größte $k$-stellige Dezimalzahl, die nicht größer als alle Elemente von $A$ ist. Die Folge der Intervalle $\{]s_n, s_n + 10^{-n}]\}$ »lokalisiert« die obere Grenze von $A$ und definiert über die Näherungswerte $\{s_k\}$ eine reelle Zahl $s = \sup A$; da kein $s_n + 10^{-n}$ kleiner als irgendein $a \in A$ ist, ist $s \geqslant a$; da alle $s_n$ kleiner sind als jedes $b$, das obere Schranke von $A$ ist, ist $s \leqslant b$. Fall 2: 0 ist obere Schranke

| Menge $M$ | $\overline{\mathbb{R}}$ | $\mathbb{R}$ | $\mathbb{Q}$ | $\mathbb{Z}$ | $\mathbb{N}$ | $\mathfrak{P}(E_1)$ | $\mathscr{F}(\mathbb{R}\to\mathbb{R})$ |
|---|---|---|---|---|---|---|---|
| Relation | $<$ | $<$ | $<$ | $<$ | $\mid$ | $\subset$ | $\leqq$ |
| (1) *Vergleichbarkeit* | ja | ja | ja | ja | nein | nein | nein |
| (2) *Transitivität* | ja | ja | ja | ja | ja | ja | ja |
| (3) *Lückenlosigkeit* | ja | ja | ja | nein | nein | nein | ja |
| (4) *Separabilität* | ja | ja | ja | ja | ja | nein | nein |
| (5) *Vollständigkeit* | ja | ja | nein | ja | ja | ja | ja |
| $\inf\{a,b\}$ | $\min\{a;b\}$ | | | | $\mathrm{ggT}(a,b)$ | $a\cap b$ | $\min\{a;b\}$ |
| $\sup\{a,b\}$ | $\max\{a;b\}$ | | | | $\mathrm{kgV}(a,b)$ | $a\cup b$ | $\max\{a;b\}$ |
| $\inf A$ *) | $\inf A$ | $\inf A$ | $\nexists$ **) | $\min A$ | $\mathrm{ggT}\{A\}$ | $\displaystyle\bigcap_{a_i\in A} a_i$ | $\inf A$ |
| $\sup A$ *) | $\sup A$ | $\sup A$ | $\nexists$ **) | $\max A$ | $\mathrm{kgV}\{A\}$ | $\displaystyle\bigcup_{a_i\in A} a_i$ | $\sup A$ |
| $\inf M$ | $-\infty$ | $\nexists$ | $\nexists$ | $\nexists$ | $1$ | $\emptyset$ | $\nexists$ |
| $\sup M$ | $+\infty$ | $\nexists$ | $\nexists$ | $\nexists$ | $0$ | $E_1$ | $\nexists$ |

*) $A$ sei eine *beschränkte* Teilmenge von $M$, die Elemente sind mit $a_i$ bezeichnet; der Übersichtlichkeit halber ist ein Spezialfall von $A$, nämlich eine zweielementige Menge $\{a,b\}$ extra aufgeführt.

**) Die Angabe „$\nexists$" bedeutet: „Nicht für jedes beschränkte $A$ existiert $\inf A$ bzw. $\sup A$".

von $A$. Dann setze man $s_k$: kleinster $k$-stelliger Dezimalbruch, der obere Schranke von $A$ ist.

In $\overline{\mathbb{R}}$ gilt sogar: Jede Teilmenge $A \subset \overline{\mathbb{R}}$ hat ein sup $A$ (ist $A$ in $\mathbb{R}$ nach oben unbeschränkt, so ist $\sup A = +\infty$, für $A = \emptyset$ ist $\sup A = -\infty$).

6. Zum Abschluß als Einübung in den für das Verständnis der reellen Zahlen so wichtigen Begriff der Ordnung noch einen tabellarischen Vergleich der Eigenschaften einiger geordneter Mengen. Neben den schon weiter oben aufgeführten Beispielen sei hier noch: $(\mathscr{F}(\mathbb{R} \to \mathbb{R}), <)$ aufgenommen. Wir sagen: $f < g$, wenn für alle $x \in \mathbb{R}$ gilt: $f(x) < g(x)$; $\min\{f, g\}$ ist folgende Funktion: $x \mapsto \min\{f(x); g(x)\}$; $\inf A: x \mapsto \inf_{f \in A} f(x)$.

Die Aussagen der Tabelle auf Seite 43 sind schon begründet worden oder lassen sich mit ähnlichen Argumenten herleiten. Es sei nur zu $(\mathbb{N}, |)$ angemerkt: Da sich 0 durch jede Zahl $n$ teilen läßt, denn $0 : n = 0$, ist 0 die „größte Zahl" bezüglich der Teilbarkeit. ggT: „größter gemeinsamer Teiler", kgV: „kleinstes gemeinsames Vielfaches"; für eine unendliche Teilmenge $A$ von $\mathbb{N}$ ist $\mathrm{kgV}\{A\} = 0$.

### 2.2.3 Die algebraische Struktur auf $\mathbb{R}$

*Eine systematische Zusammenstellung der Grundregeln für Addition, Multiplikation und das Potenzieren findet sich später in 2.3 (gleich für komplexe Zahlen). Hier werden die für das praktische Rechnen unentbehrlichen Begriffe „Fehlerabschätzung" und „Ungleichung" behandelt.*

#### 1. Fehlerrechnung

*Das Rechnen mit reellen Zahlen ist Rechnen mit Näherungswerten.*
Man kann in einer Rechnung die exakten Werte durch Näherungswerte ersetzen, wenn durch geeignet gute Näherung der Fehler des Ergebnisses beliebig klein gehalten werden kann. Für Addition und Multiplikation erweisen die unten aufgeführten Fehlerabschätzungen diese Eigenschaft. In der Angabe eines Ergebnisses (das üblicherweise über Dezimalzahlen erfolgt) muß etwas über die Genauigkeit ausgesagt werden, d. h. es wird ein Intervall angegeben, in dem der „wahre Wert" liegt: $[14{,}020; \ 14{,}023]$ oder $14.0215 \pm 0{,}0015$ oder $14{,}021 \, {}^{+\, 0{,}002}_{-\, 0{,}001}$, bei Angabe $14{,}02$ wird automatisch $\pm 0{,}01$ *) gesetzt; insbesondere sind $14{,}02$ und $14{,}020$ verschiedene Angaben in diesem Sinne.

---

*) Auf den ersten Blick erscheint $\pm 0{,}005$ sinnvoller. Bei einem Meßergebnis von ungefähr $14{,}015$ wäre dann aber einer der beiden Rundungswerte $14{,}01$ und $14{,}02$ falsch, ohne daß bekannt wäre, welcher.

Eine $n$-stellige Dezimalzahl $d_n$ kann als ganzzahliges Vielfaches vom $10^{-n}$-stel der Einheit aufgefaßt werden. Auf diese Art zerfällt das Rechnen mit Dezimalzahlen in das Rechnen mit natürlichen Zahlen plus Vorzeichen- und Kommaregeln. (Die Kommastellung bei der Multiplikation folgt daraus, daß das Quadrat mit Kantenlänge $10^{-n}$ der $10^{-2n}$-ste Teil des Einheitsquadrates ist.)

Vor den Fehlerabschätzungen für das Rechnen in $\mathbb{R}$ noch ein paar wichtige Begriffe:

Der „Betrag" $|a|$ einer reellen Zahl $a$, auch „Absolutwert" genannt, ist definiert als der »Abstand vom Nullpunkt«:

$$|a| := \begin{cases} a \text{ für } a \geqslant 0 \\ -a \text{ für } a < 0 \end{cases}.$$

Die fehlende Information über $a$ steckt im „Vorzeichen".

$$\operatorname{sgn}(a) := \begin{cases} 1 & a > 0 \\ 0 & a = 0 \\ -1 & a < 0 \end{cases}.$$

Es ist dann $a = \operatorname{sgn}(a) \cdot |a|$.

Es gilt offenbar:

**2.** $\quad |a \cdot b| = |a| \cdot |b|$.

**3.** $\quad |a + b| \leqslant |a| + |b|$ („Dreiecksungleichung")

und zwar $|a + b| = |a| + |b|$ genau dann, wenn $\operatorname{sgn}(a) = \operatorname{sgn}(b)$ oder $a = 0$ oder $b = 0$ ist, vgl. auch 2.2.4.4.

Insbesondere folgt: $|a| - |b| \leqslant |a - b|$, $\quad a \leqslant |a|$.

#### 4. *Fehlerabschätzungen*

Sei $a$ ein Näherungswert zu dem „wahren Wert" $\bar{a}$, dann heißt $\Delta a := \bar{a} - a$ der „absolute Fehler", $\Delta a / a$ der „relative Fehler".

(Für $a \approx 0$ ist der relative Fehler wenig sinnvoll!)

$\dfrac{\Delta a}{a}$ ist von $\dfrac{\Delta a}{\bar{a}}$ verschieden: $\dfrac{\Delta a}{a} - \dfrac{\Delta a}{\bar{a}} = \dfrac{(\Delta a)^2}{a \cdot \bar{a}}$. Im »Normalfall«

ist $\dfrac{\Delta a}{a}$ viel kleiner als 1; sei es etwa $\approx 10^{-k}$, dann ist diese Differenz $\approx 10^{-2k}$, also treten Fehler beim »Verwechseln« von $\Delta a / a$ mit $\Delta a / \bar{a}$ erst in Dezimalstellen auf, die wegen des Fehlers von $a$ selbst ohnehin schon sinnlos geworden sind. In diesem Sinne schreiben wir $\Delta a / a \approx \Delta a / \bar{a}$.

Als Veranschaulichung der Addition $a + b$ benutzen wir das Aneinanderlegen von Strecken der Längen $a$ und $b$, für die Multiplikation $a \cdot b$ benutzen wir den Flächeninhalt des Rechtecks mit den Kanten-

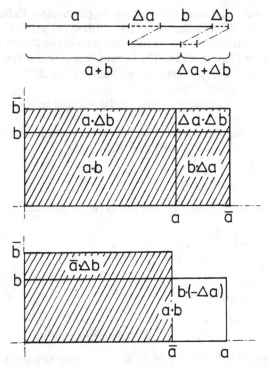

Abb. 2.2. Das Verhalten des Absoluten Fehlers bei Addition und Multiplikation

längen $a$ und $b$ [Abb. 2.2]. Der »Trick« in 6, ein Glied und sein Negatives einzuschieben: $\bar{a}b - \bar{a}b$, ist ein sehr oft gebrauchtes Beweisverfahren, in diesem Buch „Differenz von Produkten" genannt.

**5.** $\quad \Delta(a + b) = \bar{a} + \bar{b} - a - b = (\bar{a} - a) + (\bar{b} - b) = \Delta a + \Delta b$.

**6.** $\quad \Delta(a \cdot b) = \bar{a}\bar{b} - a \cdot b = \bar{a}\bar{b} - \bar{a}b + \bar{a}b - a \cdot b = \bar{a}\Delta b + \Delta a \cdot b$
$\qquad = a\Delta b + b\Delta a + \Delta a \cdot \Delta b \approx \Delta a \cdot b + a \cdot \Delta b$.

**7.** $\quad \dfrac{\Delta(a \cdot b)}{a \cdot b} = \dfrac{\Delta a}{a} + \dfrac{\Delta b}{b} + \dfrac{\Delta a}{a} \cdot \dfrac{\Delta b}{b} \approx \dfrac{\Delta a}{a} + \dfrac{\Delta b}{b}$.

**8.** $\quad \Delta(a/b) = \dfrac{\bar{a}b - a\bar{b}}{b\bar{b}} = \dfrac{\Delta a}{b} - \dfrac{\bar{a}}{\bar{b}} \cdot \dfrac{\Delta b}{b}$.

$\qquad \dfrac{\Delta(a/b)}{a/b} \approx \dfrac{\Delta a}{a} - \dfrac{\Delta b}{b}$.

**9.** $\quad \dfrac{\Delta(a^n)}{a^n} \approx n\,\dfrac{\Delta a}{a}$ $\qquad$ ($n \in \mathbb{N}$, gilt auch für $n \in \mathbb{R}$ oder $n \in \mathbb{C}$, aber verlangt wird $\Delta n = 0$, d. h. exakter Wert für $n$).

Im Vorgriff auf die Potenzrechnung geben wir an:

**10.** $\quad \dfrac{\Delta(b^a)}{b^a} = \dfrac{b^{a+\Delta a} \smile b^a}{b^a} = (b^{\Delta a} - 1) \approx \Delta a \cdot \log b$

$\qquad\qquad\qquad\qquad\qquad\qquad\qquad$ für exaktes $b$ $\quad (\Delta b = 0)$;

insbesondere: $\dfrac{\Delta(e^a)}{e^a} \approx \Delta a$ $\qquad$ (e: Eulersche Zahl).

Fehlerabschätzungen für allgemeinere Funktionen führen (siehe Kap. 4) auf die Differentialrechnung; es wird sich ergeben

**11.** $\quad f\colon \mathbb{R} \to \mathbb{R}$ differenzierbar: $\Delta f(a) \approx f'(a) \cdot \Delta a$

$\quad f\colon \mathbb{R} \times \mathbb{R} \to \mathbb{R}\colon \qquad \Delta f(a,b) \approx \dfrac{\partial f}{\partial a}\Delta a + \dfrac{\partial f}{\partial b}\Delta b.$

**12.** *Algebra und Ordnung auf* $\mathbb{R}$ *(Ungleichungen)*

*Die algebraische und die Ordnungs-Struktur erfüllen auf* $\mathbb{R}$ *eine Reihe von „Verträglichkeitsbedingungen":*

**13.** $\quad \forall\, a,b,c \in \mathbb{R}$: Aus $a < b$ folgt $a + c < b + c$;

$\quad \forall\, a,b,c,d \in \mathbb{R}$: Aus $a < b$ und $c < d$ folgt $a + c < b + d$.

**14.** $\quad \forall\, a,b,c \in \mathbb{R}$: Aus $a < b$ folgt: $\begin{cases} a \cdot c < b \cdot c \text{ wenn } \mathrm{sgn}(c) = 1 \\ a \cdot c > b \cdot c \text{ wenn } \mathrm{sgn}(c) = -1 \end{cases}$ .

**15.** $\quad \forall\, a,b \in \mathbb{R}\backslash\{0\}$: Aus $a < b$ folgt:

$\quad \begin{cases} 1/a > 1/b \text{ wenn } \mathrm{sgn}(a) = \mathrm{sgn}(b) \\ 1/a < 1/b \text{ wenn } \mathrm{sgn}(a) \neq \mathrm{sgn}(b) \end{cases}$ .

**16.** $\quad \forall\, k \in \mathbb{N}, \quad \forall\, a,b \in \mathbb{R}$: Aus $0 < a < b$ folgt: $a^k < b^k$.

**17.** $\quad \forall\, k,l \in \mathbb{N}, \quad k < l$, für $0 < a < 1$ ist $a^l < a^k$;

$\qquad\qquad\qquad\qquad$ für $\quad a > 1$ ist $a^l > a^k$.

Es gilt das Archimedische Gesetz:

**18.** $\quad \forall\, a,b \in\, ]0,\infty[$: Es gibt ein $n \in \mathbb{N}$, so daß $n \cdot a > b$.

Jede noch so kurze Strecke $a$ kann durch geeignetes Vervielfachen jede vorgegebene Strecke an Länge übertreffen; es gibt keine wirklich »unvergleichbaren« Größen unter den positiven Zahlen. Ein solches Gesetz gilt nicht für $(\mathscr{F}(\mathbb{R} \to \mathbb{R}), <)$, (vgl. 2.2.2), etwa kann kein Vielfaches von $f: x \mapsto x$ „größer" als $g: x \mapsto x^2$ sein (die Parabel $y = x^2$ »überholt« jede Gerade $y = ax$ bei $x = a$).

### 19. Liste von nützlichen Ungleichungen

*Dreiecksungleichung*

$|a + b| \leqslant |a| + |b|$ (später in der Fassung $\|a + b\| \leqslant \|a\| + \|b\|$).

Da für jede reelle Zahl $a$ das Quadrat $a^2 \geqslant 0$ ist (für $a \neq 0: a^2 > 0$), ist:

**20.** $\quad \forall\, a,b \in \mathbb{R}: (b - a)^2 \geqslant 0$, also $a^2 + b^2 \geqslant 2\,ab$;

$\qquad \forall\, a,b \in \mathbb{R},\ a \neq b \qquad \quad a^2 + b^2 > 2\,ab$;

$\qquad \forall\, a,b \in \mathbb{R} \qquad \qquad \quad (a + b)^2 \geqslant 4\,ab$.

Daraus folgen sofort nachstehende Ungleichungen für das „harmonische", „geometrische", „arithmetische" und „quadratische" Mittel:
Sei $0 < a < b$, dann gilt:

**21.** $\quad a < \dfrac{2}{1/a + 1/b} = \dfrac{2\,ab}{a + b} < \sqrt{a \cdot b} < \dfrac{a + b}{2} < \sqrt{\dfrac{a^2 + b^2}{2}} < b.$

**22.** Als Beispiel einer „Vollständigen Induktion" in ungewohnter Fassung hier ein Beweis (von *Cauchy*) für eine der obigen Ungleichungen in der Verallgemeinerung für mehrere Faktoren:

$\forall\, n \in \mathbb{N},\quad n > 0,\quad \forall\, a_1, a_2, \ldots, a_n \in\, ]0, \infty[$ gilt:

$\sqrt[n]{a_1 \cdot a_2 \cdot \ldots \cdot a_n} \leqslant \dfrac{1}{n} \cdot \displaystyle\sum_{k=1}^{n} a_k$ $\quad$ (das geometrische ist nicht größer als das arithmetische Mittel).

*Beweis:* Für $n = 1$ trivial, für $n = 2$ in 21. enthalten. Gilt diese Formel für $n = 2$ und für $n = k$, so auch für $n = 2k$; denn:

$$\sqrt[2k]{a_1 \cdot \ldots \cdot a_k \cdot a_{k+1} \cdot \ldots \cdot a_{2k}} = \sqrt{\sqrt[k]{a_1 \cdot \ldots \cdot a_k}\ \sqrt[k]{a_{k+1} \cdot \ldots \cdot a_{2k}}}$$

$$\leqslant \frac{\sqrt[k]{a_1 \cdot \ldots \cdot a_k} + \sqrt[k]{a_{k+1} \cdot \ldots \cdot a_{2k}}}{2}$$

$$\leqslant \frac{\dfrac{1}{k} \displaystyle\sum_{l=1}^{k} a_l + \dfrac{1}{k} \cdot \displaystyle\sum_{l=k+1}^{2k} a_l}{2} = \frac{1}{2k} \sum_{l=1}^{2k} a_l.$$

Gilt die Formel für $n = k$, so auch für $n = k - 1$; denn setzen wir $b := \dfrac{a_1 + \cdots + a_{k-1}}{k - 1}$, so ist $b = \dfrac{a_1 + \cdots + a_{k-1} + b}{k}$

$\geqslant \sqrt[k]{a_1 \cdot a_2 \cdot \ldots \cdot a_{k-1} \cdot b}$, also: $b^{1 - \frac{1}{k}} \geqslant \sqrt[k]{a_1 \cdot a_2 \cdot \ldots \cdot a_{k-1}}$, also

$$b \geqslant \left( \sqrt[k]{a_1 \cdots \cdot a_{k-1}} \right)^{\frac{k}{k-1}} = \sqrt[k-1]{a_1 \cdots \cdot a_{k-1}}.$$

(Überlegen Sie sich, warum eine Menge $A$ mit $1 \in A$, für die aus $k \in A$ folgt, daß $2k \in A$ und $k - 1 \in A$ sind, bestimmt ganz $\mathbb{N} \setminus \{0\}$ umfaßt).

**23.** Ebenfalls mit Hilfe von 20. beweist man die Schwarzsche Ungleichung: Für alle $a_k$, $b_k \in \mathbb{R}$ gilt:

$$(a_1 b_1 + a_2 b_2)^2 \leqslant (a_1^2 + a_2^2)(b_1^2 + b_2^2), \text{ allgemeiner:}$$

$$\left( \sum_{k=1}^{n} a_k b_k \right)^2 \leqslant \left( \sum_{k=1}^{n} a_k^2 \right) \left( \sum_{k=1}^{n} b_k^2 \right), \text{ später auch in der Form}$$

$$|(a|b)| \leqslant \|a\| \cdot \|b\|.$$

**24.** Und schließlich die Bernoullische Ungleichung:

Für alle $n \in \mathbb{N}$ und alle $a \in\, ]-1; \infty[$ ist $(1 + a)^n \geqslant 1 + na$.
(Ist $n > 1$ und $a \neq 0$, so gilt sogar $(1 + a)^n > 1 + na$).

*Beweis* (durch Induktion)

Für $n = 0$ besagt die Ungleichung $1 \geqslant 1$. Aus der Ungleichung für $n = k$: $(1 + a)^k \geqslant 1 + k \cdot a$, auf beiden Seiten mit $(1 + a)$ multipliziert, folgt:

$$(1 + a)^{k+1} = (1 + a) \cdot (1 + a)^k \geqslant (1 + a)(1 + ka) = 1 + (k + 1)a$$
$$+ ka^2 \geqslant 1 + (k + 1)a$$

(da $k \cdot a^2 \geqslant 0$ ist), also die Ungleichung für $n = k + 1$. ∎
(Übrigens, wieso gilt dieser Beweis nicht für $a \leqslant -1$?)

### 2.2.4 Die metrische Struktur auf $\mathbb{E}_n$

*In einer Analyse der Strukturen auf $\mathbb{R}$ müßten wir uns hier konsequenterweise auf den $\mathbb{E}_1$ beschränken. Man erkennt aber den geometrischen Gehalt der Begriffe viel besser im $\mathbb{E}_2$ und $\mathbb{E}_3$, daher wird gleich alles im $\mathbb{E}_n$ definiert.*

**1.** $\mathbb{E}_n$ ist die Menge der Punkte im „$n$-dimensionalen Euklidischen Raum" (wichtig für uns: $n = 1, 2, 3$), das ist ein Raum, in dem *Geometrie* betrieben wird, d. h. „Abstände" zwischen Punkten gemessen werden können. Die „Gerade" $\mathbb{E}_1$ wurde (nebst „Abstand", der für die »Skalierung« benutzt wurde) schon in 2.2.1 in Verbindung mit reellen Zahlen gebracht. Allgemein kann man im $\mathbb{E}_n$ alle Punkte auf „Kartesische Koordinaten" beziehen; das bedeutet, daß jedem Punkt $x$ im $\mathbb{E}_n$ $n$ reelle Zahlen $(x_1, \dots, x_n) \in \mathbb{R}^n$ („ein $n$-Tupel", $n = 2$: „Paar", $n = 3$: „Tripel") zugeordnet werden, so daß der Abstand $\|x - y\|$ zwischen zwei Punkten $x$ und $y$ nach der folgenden Formel berechnet werden kann [Abb. 2.3]:

**2.** $\quad \|x - y\| = \sqrt{(x_1 - y_1)^2 + \cdots + (x_n - y_n)^2}$

(„Euklidischer Abstand").

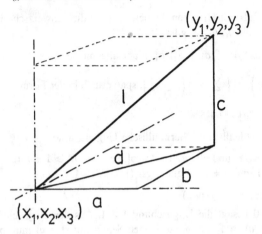

Abb. 2.3. Der „Euklidische Abstand" durch die Koordinatendifferenzen $y_1 - x_1 = a, \quad y_2 - x_2 = b, \quad y_3 - x_3 = c; \quad d^2 = a^2 + b^2; \quad l^2 = d^2 + c^2$ ermittelt

Will man ihn von anderen Abständen unterscheiden, schreibt man $\|x - y\|_2$. Im Fall $n = 1$ ist $\|x - y\| = |x_1 - y_1|$, im Falle $n = 2$ erhalten wir ihn über den Satz des Pythagoras, der dann auch für höhere Dimensionen rekursiv benutzt werden kann. Für den Abstand gelten folgende Regeln:

**3.** Für alle $x, y \in \mathbb{E}_n$ gibt es genau eine reelle Zahl $\|x - y\| \geqslant 0$, oft auch mit $\delta(x, y)$ bezeichnet. Für diese gilt:

$(M\,1)$ $\delta(x, y) = 0$ bzw. $\|x - y\| = 0$ genau dann, wenn $x = y$.

$(M\,2)$ Für alle $x, y$: $\delta(x, y) = \delta(y, x)$ bzw. $\|x - y\| = \|y - x\|$ (Symmetrie).

$(M\,3)$ Für alle $x, y, z$: $\delta(x, y) + \delta(y, z) \geqslant \delta(x, z)$ bzw. $\|x - y\| + \|y - z\| \geqslant \|x - z\|$ (Dreiecksungleichung).

Eine Menge $M$ mit einer Funktion $\delta: M \times M \to \mathbb{R}_0^+, (x, y) \mapsto \delta(x, y)$, die den Gesetzen $(M\,1, 2, 3)$ genügt, nennt man *metrischen* Raum. (Weitere Beispiele kommen unten.)

**4.** Bei gegebenem $x$ und $z$ ist die Menge aller $y$, für die die Dreiecks-ungleichung zur Gleichung wird: $\{y \in \mathbb{E} \mid \|x - y\|_2 + \|y - z\|_2 = \|x - z\|_2\}$ die Verbindungs*strecke* zwischen $x$ und $z$. Auch die Punkte, auf denen $\|x - z\|_2 + \|z - y\|_2 = \|x - y\|_2$ oder $\|z - x\|_2 + \|x - y\|_2 = \|z - y\|_2$ ist, liegen auf der Geraden durch $x$ und $z$. (Wo?)

Bei gegebenem $a$ ist die Menge $\{\|x - a\|_2 \leqslant r\}$ die Vollkugel mit Radius $r$ und Zentrum $a$, $\{\|x - a\|_2 = r\}$ ist die entsprechende „Sphäre" (Kugeloberfläche).

Die Menge $\{|x_i - a_i| \leqslant b_i\}$ bei gegebenem $a_i, b_i$, $i = 1, \ldots, n$, ist ein Quader, dessen Kanten parallel zu den Koordinatenachsen sind und die Längen $2b_i$ haben. Das ist eine Verallgemeinerung der „Intervalle" für den $\mathbb{R}^n$.

**5.** Es gibt bei vorgegebenem Koordinatensystem noch viele andere mögliche „Abstände" *), die die Gesetze 3. erfüllen, z. B.:

$$\|x - y\|_1 := |x_1 - y_1| + |x_2 - y_2| + \ldots |x_n - y_n|$$

$$\|x - y\|_\alpha := \max_{1 \leqslant k \leqslant n} |x_k - y_k|.$$

Wie man leicht prüfen kann, lassen sich diese Abstände gegenseitig abschätzen: Für alle $x$ gilt (mit $\|x\| := \|x - 0\|$):

**6.** $\frac{1}{n} \|x\|_1 \leqslant \|x\|_\infty \leqslant \|x\|_2 \leqslant \|x\|_1 \leqslant n \|x\|_\infty$.

**7.** *Zusatz:* Diese Abstände sind Spezialfälle von:

$$\|x - y\|_k := \sqrt[k]{\sum_{i=1}^{n} |x_i - y_i|^k}$$

bzw. $\|x - y\|_\infty = \lim_{k \to \infty} \|x - y\|_k$; das sieht man so ein: Sei $0 < b < a$, dann ist $0 < b/a < 1$ und $\lim_{k \to \infty} (b/a)^k = 0$, also $\lim_{k \to \infty} \sqrt[k]{1 + (b/a)^k} = 1$, also $\lim_{k \to \infty} \sqrt[k]{a^k + b^k} = a \cdot \lim \sqrt[k]{1 + (b/a)^k} = a$. Läßt man die Voraussetzung $0 < b < a$ fallen, erhält man als Grenzwert $\max(|a|, |b|)$. ∎

**8.** Die den „Kugeln" bei $\|.\|_2$ entsprechenden Mengen sind bei $\|.\|_1$: Oktaeder und bei $\|.\|_\infty$: Würfel (vgl. Abb. 2.4, in der die Mengen $\{\|x\|_1 \leqslant 1\}$ und $\{\|x\|_\infty \leqslant 1\}$ eingezeichnet sind).

Die Mengen der Punkte $y$ zwischen zwei vorgegebenen Punkten $x$ und $z$, also $\|x - y\|_p + \|y - z\|_p = \|x - z\|_p$ ($p = 1$ oder $p = \infty$) erfüllen im allgemeinen ganze Raumbereiche [vgl. Abb. 2.5, die für den $\mathbb{E}_2$ diese Verhältnisse wiedergibt].

---

*) Der Raum der klassischen Physik ist der $\mathbb{E}_3$ mit dem *Euklid*schen Abstand; ein »ideales Metermaß« mißt $\|.\|_2$.

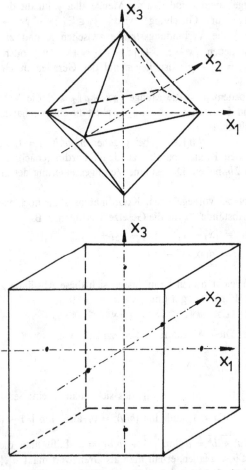

Abb. 2.4. Die Mengen $\{\|x\| \leqslant 1\}$ für $\|.\|_1$ und $\|.\|_\infty$ im $\mathbb{E}_3$.

**9.** *Bemerkung:*

Oft wird $\mathbb{R}^n$, d. h. die Menge der $n$-Tupel von Zahlen, nicht geometrisch gedeutet; z. B. wird in der Wärmelehre ein „Zustand" häufig durch Angabe von Druck $p$, Volumen $V$ und Temperatur $T$ beschrieben. In diesem 3-dimensionalen »Zustandsraum« sollte man keine „Euklidische" Geometrie treiben, Koordinatenachsen*drehungen* etwa sind nicht zulässig, da sie völlig verschiedene physikalische Größenarten durchein-

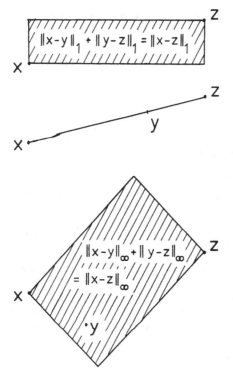

Abb. 2.5. Die Mengen der Punkte $y$ »zwischen« zwei Punkten $x, z$ für $\| \cdot \|_1, \| \cdot \|_2, \| \cdot \|_\infty$

anderbringen würden. In solchen Räumen ist häufig $\| \cdot \|_\infty$ der sinnvollste Abstand. Den Abstand $\| \cdot \|_1$ legt man zurück, wenn man in einer Stadt mit »Schachbrettmuster« (alle Straßen parallel zur $x$- bzw. $y$-Achse) eine kürzeste Straßenverbindung wählt.

**10.** *Definitionen:*

Eine Menge $A$ ist „*beschränkt*" bezüglich des Abstandes $\| \cdot \|$, wenn es ein $r \in \mathbb{R}$ gibt, so daß $A \subset \{ \|x\| \leqslant r \}$

(man beachte, daß wegen 6. alle $\| \cdot \|_2$-beschränkten Mengen auch $\| \cdot \|_1$ und $\| \cdot \|_\infty$-beschränkt sind und umgekehrt, auch wenn wir gegebenenfalls andere Radien $r$ wählen müssen, und daß auf $\mathbb{E}_1$ die $\| \cdot \|$-Beschränktheit mit der Ordnungsbeschränktheit von $(\mathbb{R}, <)$ [vgl. 2.2.2.4] übereinstimmt).

Eine Menge $A$ ist „*konvex*", wenn zu je zwei Elementen $x, z \in A$ alle »dazwischenliegenden« $y$ in $A$ liegen, d. h. alle $y$ mit $\| x - y \| + \| y - z \| = \| x - z \|$.
(Die $\| . \|_2$-Konvexität ist von den $\| . \|_1$- bzw. $\| . \|_\infty$-Konvexitäten verschieden).

## 2.2.5 Die Stetigkeitsstruktur auf $\mathbb{R}$ und $\mathbb{E}_n$

### 1. *Konvergente Folgen*

Zwei *Beispiele:*

Betrachten wir die Folge $\{1/(n + 1)\}$, so »nähert sich diese Folge der Zahl 0, ohne sie je zu erreichen«.

Die Länge $d$ der Diagonalen im Quadrat mit Kantenlänge 1 kann durch Dezimalzahlen oder rationale Zahlen beliebig genau angenähert werden, aber nicht durch eine solche dargestellt werden; d. h. es gibt keinen Bruch $p/q$ ($p, q \in \mathbb{N}$), der gleich $d$ wäre. (Widerspruchsbeweis: Nach dem Pythagoras gilt: $d^2 = 1 + 1 = 2$; wir können annehmen, daß $p$ und $q$ maximal „gekürzt" wurden, insbesondere, daß nicht mehr beide Zahlen durch 2 teilbar sind; nun ist $p^2/q^2 = 2$, also $p^2 = 2q^2$, also ist $p^2$ eine gerade Zahl, das ist dann auch $p$ selbst: $p =: 2m (m \in \mathbb{N})$, $4m^2 = 2q^2$, $q^2 = 2m^2$, also wäre auch $q$ gerade, im Widerspruch zur Voraussetzung.)

Dem allen liegt folgendes zugrunde:
**2.** *Definition:* Wir sagen „eine Folge·von Zahlen $\{a_n\}$ (Dezimalzahlen oder reelle Zahlen) konvergiert gegen $a$", wenn die Glieder der Folge im Rahmen jeder gewünschten Genauigkeit von einer Stelle an mit $a$ übereinstimmen: $\forall k: \exists m: \forall n \geq m: |a_n - a| \leq 10^{-k}$.
Gemäß der Erfahrung, daß eine Häufung von Quantoren wie in dieser Definition nur schwer zu verstehen ist, ein Versuch zur Erläuterung:
(i) Wir nennen Teilfolgen einer Folge $\{a_n\}$, die von einer Stelle $m \in \mathbb{N}$ an alle Folgenglieder umfassen, „*Abschnitte*": $\{a_n | n \geq m\}$ ist der $m$-te Abschnitt.
(ii) Eine Folge (bzw. ein $m$-ter Abschnitt) ist „*konstant* gleich $a$", wenn alle Glieder $a_n$ (bzw. alle $a_n$ mit $n \geq m$) denselben Wert $a$ haben.
(iii) Eine Folge, die einen konstanten Abschnitt hat, heißt „*schließlich konstant*".
(iv) Eine Folge heißt „auf $k$ Dezimalen konstant", wenn sich alle Glieder um weniger als $10^{-k}$ unterscheiden: $\forall m, n: |a_m - a_n| < 10^{-k}$.

(v) *Eine Folge „konvergiert" gegen a, wenn sie zu jeder gewünschten Stellenzahl k schließlich auf k Dezimalen konstant gleich a wird.*

Diese Zahl $a$ nennt man den „Grenzwert" der Folge $\{a_n\}$ und schreibt:

$$a = \lim_{n \to \infty} a_n \text{ oder } \{a_n\} \to a \quad (a_n \text{ „geht gegen" } a).$$

Man beachte die Reihenfolge der Quantoren: Zu jedem $k$ hat die Folge $\{1/(n+1)\}$ einen Abschnitt, der auf $k$ Dezimalen konstant gleich 0 ist (den $10^k$-ten Abschnitt). Aber es gibt keinen Abschnitt, der zu jedem $k$ auf $k$ Dezimalen konstant gleich 0 ist; das gäbe es nur bei einer Folge, die „schließlich konstant" gleich 0 ist.

**3.** In $\mathbb{R}^n$ und $\mathbb{E}_n$ kann man mit Hilfe des Abstandes ebenfalls Konvergenz einführen:

Sei $\{a_n\}$ eine Folge von Punkten im $\mathbb{E}_n$, so konvergiert $\{a_n\}$ gegen ein $a \in \mathbb{E}_n$, wenn die Folge reeller Zahlen $\|a_n - a\|$ gegen 0 konvergiert. Zu jeder gewünschten Genauigkeit $10^{-k}$ gibt es dann einen Abschnitt der Folge, der innerhalb der Kugel um $a$ mit dem Radius $10^{-k}$ liegt:

$$a = \lim_{n \to \infty} a_n :\Leftrightarrow \forall k: \exists m: \forall n \geq m: \|a_n - a\| \leq 10^{-k}.$$

Wenn $\|a_n - a\| \to 0$ geht, gehen auch $\|a_n - a\|_\infty$ und $\|a_n - a\|_1$ gegen Null. Eine Folge $\{a_n\}$ konvergiert genau dann gegen $a$, wenn alle Koordinatenfolgen einzeln gegen die Koordinaten von $a$ konvergieren.

**4.** Wir haben so die Konvergenz aus der *metrischen* Struktur »herausgeschält«; auf $\mathbb{R}$ erhält man sie auch aus der *Ordnungs*struktur:

$$a = \lim_{n \to \infty} a_n \Leftrightarrow \forall b,c \in \mathbb{R} \text{ mit } b < a < c \; \exists m: \forall n \geq m: b < a_n < c.$$

(Jede Folge, die gemäß unserer Definition konvergiert, erfüllt auch diese Bedingung; denn ist $b < a < c$, so gibt es ein $k$, so daß $b < a - 10^{-k}$, $a + 10^{-k} < c$ ist; jeder Folgenabschnitt, der auf $k$ Dezimalen konstant ist, ist dann zwischen $b$ und $c$ eingeschlossen. Umgekehrt, erfülle eine Folge für alle $b,c$ obige Bedingung, so erfüllt sie sie insbesondere für alle $b = a - 10^{-k}$, $a + 10^{-k} = c$, also konvergiert sie.)

Damit wird es möglich, auch auf $\overline{\mathbb{R}}$ eine Konvergenz einzuführen:

$$\{a_n\} \to +\infty :\Leftrightarrow \forall b \in \mathbb{R} \; \exists m: \forall n \geq m: b < a_n.$$

**5.** Folgen in $\mathbb{R}$ kann man wie folgt klassifizieren: $\{a_n\}$ ist

— *konvergent*

oder *bestimmt divergent*, wenn $\{a_n\} \to +\infty$ oder $\{a_n\} \to -\infty$

oder *unbestimmt divergent*, wenn $\{a_n\}$ auch in $\overline{\mathbb{R}}$ nicht konvergiert.

— *beschränkt*, wenn es ein $r \in \mathbb{R}$ gibt, so daß alle $|a_n| \leqslant r$ sind,

oder *unbeschränkt*.

Alle in $\mathbb{R}$ (oder in $\mathbb{E}_n$) konvergenten Folgen sind beschränkt (übrigens — wie beweist man das?), alle bestimmt divergenten Folgen sind unbeschränkt.

**6.** Wir haben folgende Regeln für die Konvergenz:

(1) Jede konstante Folge konvergiert: $a_n = a \Rightarrow \lim a_n = a$.

(2) Konvergiert $\{a_n\} \to a$, so konvergiert auch jede Teilfolge gegen $a$. Jede durch Umsortieren der Glieder entstehende Folge $\{a_{n'}\}$ konvergiert ebenfalls gegen $a$.

(3) Konvergieren $\{a_n\}$ und $\{b_n\}$ beide gegen denselben Grenzwert $a$, so konvergiert auch jede Folge, die man aus Gliedern der Folgen $\{a_n\}$, $\{b_n\}$ zusammenstellt, gegen $a$.

(4) Betrachten wir eine Folge von Folgen $\{a_n^m\}$ mit:

$$\lim_{n \to \infty} a_n^m = a^m, \text{ deren Grenzwerte selbst konvergieren:}$$

$$\lim_{m \to \infty} a^m \doteq a. \text{ Dann kann man aus den Gliedern } a_n^m \text{ auch eine Folge}$$

$a_{n(m)}^m$ zusammenstellen, die gegen $a$ konvergiert: $\lim\limits_{m \to \infty} a_{n(m)}^m = a$. *(Diagonalfolgenprinzip)*.

*Achtung!* Nicht für jede Wahl der Zuordnung $n(m)$ gilt dies; z. B.:

$$a_n^m = \frac{m^2}{n}, \quad \lim_{n \to \infty} a_n^m = 0 \text{ für jedes } m.$$

Für $n(m) = m^2$ ist $a_{m^2m}^m = \dfrac{m^2}{m^2}, \left\{\dfrac{m^2}{m^2}\right\} \to 1$, für $n(m) = m^3$ hingegen

ist $a_{m^3m}^m = \dfrac{1}{m} \to 0$. Für $n(m) = m$ strebt $\{a_{mm}^m\} \to \infty$.

(5) Der Grenzwert einer Folge ist eindeutig bestimmt; d. h. strebt $\{a_n\} \to a$ und $\{a_n\} \to b$, so ist $a = b$.
(Wegen 2.2.4.3 (M 3) ist $\|a - b\| \leqslant \|a - a_n\| + \|a_n - b\| \to 0$ für $n \to \infty$, dies ergibt $\|a - b\| = 0$, daraus folgt nach 2.2.4.3 (M 1) dann $a = b$).

Nun die beiden grundlegenden *Konvergenzkriterien* für Folgen, die sich aus der Ordnung bzw. Metrischen Struktur von $\mathbb{R}$ ergeben:

**7. Satz.** *(Monotone beschränkte Folgen)*

Ist $\{a_n\}$ eine monotone und beschränkte Folge reeller Zahlen, dann konvergiert $\{a_n\}$ gegen einen Grenzwert $a \in \mathbb{R}$. (Formalisiert:)
$$a_n \in \mathbb{R}: (\exists\, b: \forall\, m: a_n \leqslant a_{n+m} < b) \Rightarrow \exists\, a: \quad a = \lim a_n.$$

Zum *Beweis:* Die Konstruktion von $\lim a_n$ ist genau die in 2.2.2.5 benutzte Konstruktion von $\sup A$; tatsächlich ist $\lim a_n = \sup \{a_n\}$. ∎

**8.** Für den nächsten Satz definieren wir $\delta_m := \sup\limits_{n \in \mathbb{N}} \{\,|a_{m+n} - a_m|\,\}$
(im $\mathbb{E}_n$: $\|\,..\,\|$ statt $|\,..\,|$), das ist die »Länge« des $m$-ten Folgenabschnittes (der Radius der kleinsten Kugel um $a_m$, in der alle »späteren« Folgenglieder darinliegen); $\delta_m$ kann auch $\infty$ sein.

*Satz* (Cauchysches Konvergenzkriterium)

Eine Folge in $\mathbb{R}$ (oder $\mathbb{E}_n$), die in jeder Genauigkeit schließlich konstant*) wird, konvergiert gegen einen Grenzwert $a \in \mathbb{R}$ (oder $\mathbb{E}_n$), d. h.: Gilt $\delta_m \to 0$, so gibt es ein $a$ mit $a = \lim a_n$.

Zur »Abschreckung« die formalisierte Fassung:

$(\forall\, k \in \mathbb{N}: \exists\, m \in \mathbb{N}: \forall\, n: |a_{m+n} - a_m| < 10^{-k}) \Rightarrow \exists\, a \in \mathbb{R}: a = \lim a_n.$

Zum *Beweis:* Die oberen Grenzen der Folgenabschnitte $s_m := \sup\limits_n \{a_{m+n}\}$ bilden eine monoton nicht wachsende Folge, die beschränkt ist: $s_m \geqslant \inf\limits_n \{a_n\} \geqslant a_0 - \delta_0$, also nach Satz 7. konvergiert. Nun ist $|s_n - a_n| \leqslant \delta_n \to 0$, also strebt $\{a_n\} \to a := \lim\limits_m s_m$. (Im $\mathbb{E}_n$ betrachte man die Folgen der Koordinaten einzeln; diese bilden ja Folgen in $\mathbb{R}$.)

**9.** *Anmerkung:* Diese beiden Sätze 7. und 8. benutzen die Vollständigkeit von $\mathbb{R}$ (vgl. 2.2.2.5) wesentlich. Sie gelten nicht in $\mathbb{D}$ oder $\mathbb{Q}$: Die Folge der $n$-stelligen Dezimalzahlen $d_n$, die $\sqrt{2}$ annähert, erfüllt die Voraussetzungen beider Sätze, aber — wie am Anfang des Abschnittes gezeigt — kann sie in $\mathbb{Q}$ nicht konvergieren, da $\sqrt{2} \notin \mathbb{Q}$ ist. Hier zeigt sich die Bedeutung von $\mathbb{R}$ in der Mathematik; physikalisch bzw. numerisch wäre die Zahlenmenge $\mathbb{D}$ völlig ausreichend, aber der Konvergenzbegriff, der den Unterschied zwischen einer gegen $\sqrt{2}$ strebenden und einer (auch in $\mathbb{R}$) »wirklich« divergierenden Folge herausarbeitet,

---

*) Dieser Begriff ist in 2(iii) eingeführt. Folgen mit dieser Eigenschaft heißen „Cauchy-konvergent". Der Satz sagt also: in $\mathbb{R}$ ist Cauchykonvergenz mit Konvergenz gleichbedeutend.

erzwingt einen wesentlich größeren formalen Aufwand, wenn man in $\mathbb{D}$ bleibt, statt zu $\mathbb{R}$ überzugehen.

### 10. *Stetige Funktionen*

Neben den *Folgen* $\mathbb{N} \to \mathbb{R}$ (bzw. $\mathbb{N} \to \mathbb{E}_n$) sind besonders wichtig die *Funktionen* des Typs $\mathbb{R} \to \mathbb{R}$ (allgemeiner $\mathbb{R}^m \to \mathbb{R}^n$, $\mathbb{E}_m \to \mathbb{E}_n$); was für jene die *Konvergenz* ist, ist für diese die *Stetigkeit in einem Punkt a*, nämlich ein wohldefiniertes Grenzverhalten für $n \to \infty$ bzw. $x \to a$.

(Formuliert in der „black box" Darstellung von Funktionen; vgl. Abb. 2.6:) Will man bei dem Eingangswert $x = a$ den Ausgang unter

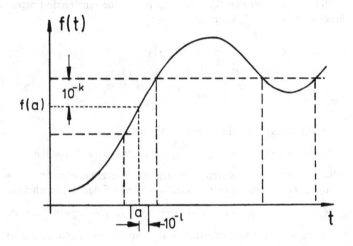

Abb. 2.6. Stetige Funktion: Schwankung vom „Eingang" um maximal $10^{-l}$ führen zu Schwankungen des „Ausgangs" von höchstens $10^{-k}$

»Kontrolle« haben, so muß man verlangen: Für jede Wahl einer Schranke $10^{-k}$ für »zulässige Schwankungen« des Ausgangswertes $f(x)$ soll es eine Spanne $10^{-l}$ geben, innerhalb derer die Eingangsgröße $x$ sich von $a$ unterscheiden darf, ohne daß die Ausgangsgröße von $f(a)$ um mehr als $10^{-k}$ abweicht; das führt zur

**11.** *Definition:* $f : \mathbb{R} \to \mathbb{R}$ (oder $\mathbb{E}_m \to \mathbb{E}_n$) heißt *stetig* im Punkt $x = a$, wenn zu jedem $k$ ein $l$ existiert, so daß die Einhaltung von: $|x - a| < 10^{-l}$ garantiert, daß $|f(x) - f(a)| < 10^{-k}$ ist. $f$ heißt stetig auf $A \subset \mathbb{R}$, wenn es stetig in allen Punkten $a \in A$ ist.

$$\forall\, a \in A,\ \forall\, k \in \mathbb{N}:\ \exists\, l(k,a):\ \forall\, x:\ |x - a| < 10^{-l} \Rightarrow |f(x) - f(a)| < 10^{-k}.$$

(Im Falle des $\mathbb{E}_n$ ist $|\,.\,|$ durch $\|\,.\,\|$ zu ersetzen.)

Ist umgekehrt $f$ unstetig für $x = a$, so können also beliebig kleine Änderungen von $x$ Schwankungen der Ausgangsgröße $f(x)$ über einen zugelassenen Wert hinaus verursachen.

Beispiel:

„Sprünge" $f(x) = \begin{cases} 0 & x \leqslant 0 \\ 1 & x > 0 \end{cases}$, $f(0) = 0$, aber $f(10^{-l}) = 1$ für jedes $l$;

noch »schlimmer« sind „Pole":

$f(x) = \begin{cases} 0 & x = 0 \\ 1/x & x \neq 0 \end{cases}$, $f(0) = 0$, $f(10^{-l}) = 10^l$, $f$ wird also beliebig groß in der Nähe von 0.

Im allgemeinen muß die Wahl von $l$ in Abhängigkeit vom vorgegebenen Wert $a$ und dem zugelassenen $k$ getroffen werden: $l(k,a)$.

Ist die Genauigkeit $l(k,a)$ unabhängig vom Wert von $a$ wählbar, so heißt $f$ „gleichmäßig stetig".

Ist die Genauigkeit $l(k,a)$ unabhängig von $a$ und proportional zu $k$ wählbar (etwa wenn Verdoppelung der Stellenzahl im Rechner zur Verdoppelung der Genauigkeit der Funktionswerte führt), so ist $f(x)$: „Lipschitz-stetig".

Ist bei einer Funktionsschar (Parameter $p$) die Genauigkeit $l(k,a,p)$ vom Wert von $p$ unabhängig wählbar, so heißt die Schar „gleichgradig stetig" bei $x = a$.

Solche Verschärfungen der Stetigkeitsforderung spielen beim Ausbau der Analysis eine ganz wesentliche Rolle. Wir werden auf ihre Benutzung weitgehend verzichten, um überhaupt erst einmal eine Vertrautheit mit dem Stetigkeitsbegriff selbst zu erreichen.

Eine suggestive Kurzfassung der Stetigkeitsdefinition ist:

$f$ ist stetig in $x = a$, wenn: $\lim\limits_{x \to a} f(x) = f(\lim\limits_{x \to a} x) = f(a)$.

(In einer Präzisierung: für jede Folge $\{x_n\} \to a$ gilt: $\{f(x_n)\} \to f(a)$; aber die anschauliche Vorstellung bedient sich dabei meist nicht der Folgen, sondern eines sich »kontinuierlich« zum Punkt $a$ hinbewegenden Punktes $x$.)

Neben einigen sehr allgemeinen Sätzen über stetige Funktionen (2.2.5.18/20) interessiert uns hauptsächlich der Nachweis, daß unsere »grundlegenden« Funktionen stetig sind:

**12.** *Die Stetigkeit der Rechenoperationen*

> *Satz: ( Stetigkeit von Addition und Multiplikation )*
> Für Folgen reeller Zahlen folgt aus $\{a_n\} \to a$, $\{b_n\} \to b$, daß
> $\{a_n + b_n\} \to a + b$, $\{a_n - b_n\} \to a - b$, $\{a_n \cdot b_n\} \to a \cdot b$.
> Mit anderen Worten: Die Funktionen $\mathbb{R} \times \mathbb{R} \to \mathbb{R}$, $(x,y) \mapsto x + y$,
> $(x,y) \mapsto x - y$, $(x,y) \mapsto x \cdot y$ sind stetig auf $\mathbb{R} \times \mathbb{R}$. Weiterhin ist
> $(x,y) \mapsto x/y$ stetig auf $\mathbb{R} \times (\mathbb{R} \setminus \{0\})$.

Zum *Beweis:* Dies ist eine direkte Konsequenz der Abschätzungen von $\Delta(a \pm b)$, $\Delta(a \cdot b)$ durch $\Delta a$ und $\Delta b$ in 2.2.3.5/6. Diese Formeln besagen nämlich, daß man $\Delta(a \pm b)$, $\Delta(ab)$ beliebig klein machen kann, wenn man $\Delta a$ und $\Delta b$ hinreichend klein macht. ∎

Für die Division muß $b_n$, $b \neq 0$ gefordert werden, dann ist 2.2.3.8 ebenfalls anwendbar. Es gibt übrigens spezielle Folgen $\{a_n\} \to 0$, $\{b_n\} \to 0$, deren Quotientenfolge $\{a_n/b_n\}$ einen Grenzwert hat. Z. B. $a_n = 1/n$, $b_n = 4/n$, $\{a_n/b_n\} \to 4$; solche Folgen spielen eine große Rolle (die Ableitung einer Funktion kann so definiert werden), näheres dazu in Kapitel 4.

Die Hintereinanderschaltung zweier stetiger Funktionen ist wieder stetig: Sei $g(x)$ stetig bei $x = a$, und $f(y)$ stetig bei $y = g(a)$, so gilt: für alle $k$ gibt es ein $m$, so daß $|g(a) - y| < 10^{-m}$ garantiert, daß $|f(g(a)) - f(y)| < 10^{-k}$; für alle $m$ gibt es ein $l$, so daß $|x - a| < 10^{-l}$ garantiert $|g(a) - g(x)| < 10^{-m}$, also auch $|f(g(a)) - f(g(x))| < 10^{-k}$.

Stetige Funktionen $f, g : \mathbb{R} \to \mathbb{R}$ können also im „black box"-Bild auf folgende Weise zu stetigen Funktionen zusammengeschaltet werden [Abb. 2.7].

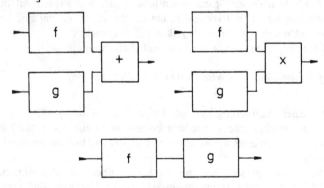

Abb. 2.7. Stetige Verknüpfungen von stetigen Funktionen $g + f$, $g \cdot f$, $g \circ f$

**13.** *Stetigkeit und Geometrie im* $\mathbb{E}_n$

Wir beginnen mit einer Reihe von *Definitionen*:

Eine Teilmenge $A$ von $\mathbb{E}_n$ heißt *offen*, wenn es zu jedem $a \in A$ eine Vollkugel $\{\|x - a\| < \delta\}$ mit $\delta > 0$ gibt, die ganz in $A$ liegt. Etwa die „Einheitskugel ohne Rand" $A := \{\|x\| < 1\}$ ist offen, denn zu jedem $a \in A$ ist für $\delta := 1 - \|a\|: \{\|x - a\| < \delta\} \subset A$.

Eine Teilmenge $A$ von $\mathbb{E}_n$ heißt *abgeschlossen*, wenn jede konvergente Folge $\{a_n\} \to a$ mit $a_n \in A$ auch den Grenzwert enthält: $a \in A$. Z. B. die „Einheitskugel mit Rand" $A := \{\|x\| \leqslant 1\}$ ist abgeschlossen; eine Folge mit allen $\|a_n\| \leqslant 1$ kann gegen kein $a$ mit $\|a\| > 1$ konvergieren, da kein Glied von ihr in $\{\|x - a\| < \|a\| - 1\}$ enthalten sein kann. Dieses Argument zeigt allgemein: Ist $A \subset \mathbb{E}_n$ offen, so ist $\mathbb{E}_n \setminus A$ abgeschlossen und umgekehrt. Offen und abgeschlossen gleichzeitig sind nur $\mathbb{E}_n$ selbst und $\emptyset$. Es gibt aber viele Mengen, die weder offen noch abgeschlossen sind, etwa die Einheitskugel mit einem Teil der Punkte von $\{\|x\| = 1\}$.

Der *Rand* $\partial A$ (oder $\dot A$) einer Menge $A$ ist die Menge aller Punkte $a$, für die es Folgen $\{a_n\} \to a$ (alle $a_n \in A$) und Folgen $\{\bar a_n\} \to a$ (alle $\bar a_n \in \mathbb{E}_n \setminus A$) gibt.

$\bar A := A \cup \partial A$ heißt der *Abschluß* einer Menge, er ist eine abgeschlossene Menge. Als Anwendung des Diagonalfolgenprinzips 2.2.5.6(4) soll eine Begründung für dieses plausible Resultat gegeben werden: Sei $\{a^m\}$ eine Folge mit allen $a^m \in A \cup \partial A$, dann gibt es zu jedem $a^m$ eine Folge $\{a_n^m\} \to a^m$ mit $a_n^m \in A$: Ist $a^m$ selbst aus $A$, so nehme man die konstante Folge $a_n^m := a^m$; ist $a^m \in \partial A$, so gibt es solches $\{a_n^m\}$ nach Definition von $\partial A$. Ist $a = \lim a^m$, so gibt es eine Zuordnung $m \mapsto n(m)$, so daß $\lim_{m \to \infty} a_{n(m)}^m = a$ ist; also ist entweder $a \in A$, oder es gibt eine Folge $a_{n(m)}^m$ von Elementen von $A$ und eine Folge von Elementen von $\mathbb{E}_n \setminus A$ (nämlich die konstante Folge $\bar a_n := a$), die beide gegen $a$ konvergieren, also $a \in \partial A$.

Eine Teilmenge $A$ von $\mathbb{E}_n$ heißt *kompakt*, wenn jede Folge $\{a_n\}$ mit $a_n \in A$ eine konvergente Teilfolge $\{a_{n(m)}\}$ mit $\lim_{m \to \infty} a_{n(m)} \in A$ besitzt.

Übrigens: Jeder Punkt $a$ bildet eine abgeschlossene und kompakte Menge $\{a\}$ (wenn $a_n = a \Rightarrow \{a_n\} \to a$, wegen der Eindeutigkeit des Grenzwertes kann also kein $b \notin \{a\}$ Grenzwert dieser konstanten Folge sein), ebenso eine Menge von endlich vielen Punkten. Eine abzählbar unendliche Menge ist im allgemeinen nicht kompakt, etwa ist $\bar{\mathbb{D}} = \mathbb{R}$, da wir jedes $a \in \mathbb{R}$ als Grenzwert einer Folge von Dezimalzahlen $\{d_n\}$ erhalten hatten. Auch $\overline{\mathbb{R} \setminus \mathbb{D}} = \mathbb{R}$, also $\partial \mathbb{D} = \mathbb{R}$; $\mathbb{D}$ und $\mathbb{R} \setminus \mathbb{D}$ bestehen nur aus Randpunkten.

**14.** *Satz (Borel-Heine)*

$A \subset \mathbb{E}_n$ ist genau dann kompakt, wenn $A$ abgeschlossen und beschränkt ist.

*Beweis* in $\mathbb{E}_1$:

Ist $A$ nicht abgeschlossen, gibt es eine Folge $\{a_n\} \to a$ mit $a_n \in A$, $a \notin A$. Ist $A$ nicht beschränkt, gibt es eine Folge $\{a_n\}$ mit $|a_{k+1}| \geqslant |a_k| + 1$, für die keine Teilfolge konvergieren kann.

Sei nun $A$ beschränkt, dann teilen wir $A$ in endlich viele Teilintervalle der Länge $\leqslant 10^{-k}$ ein. In wenigstens einem dieser endlich vielen Intervalle liegen unendlich viele der $a_n$'s, dieses Intervall teilen wir in 10 Teile der Länge $10^{-k-1}$ ein, von denen wieder mindestens eins $\infty$ viele $a_n$'s enthält usw. Auf diese Art konstruiert man eine Folge ineinandergeschachtelter Intervalle, die einer Dezimalzahlfolge entsprechen, die eine reelle Zahl $a$ definiert. Dieses $a$ ist Grenzwert einer Teilfolge von $\{a_n\}$: ist $A$ auch noch abgeschlossen, ist $a \in A$.

Im $\mathbb{E}_n$ führt man dieselbe Überlegung für die Folgen der Koordinatenwerte durch. (Man beachte, daß zu einer unbeschränkten Folge $\{a_n\}$ von Punkten im $\mathbb{E}_n$ zumindest einer der Koordinatenfolgen $\{(a^k)_n\}$ in $\mathbb{R}$ unbeschränkt ist.)

**15.** Zwei Teilmengen $A, B$ sind »unverbunden«, wenn der Abschluß von $A$ nicht $B$ trifft und umgekehrt. Man definiert daher: Eine Teilmenge $A$ von $\mathbb{E}_n$ heißt *zusammenhängend*, wenn sie *nicht* auf folgende Weise zerlegt werden kann:

$$B \neq \emptyset \neq C, \; B \cup C = A, \qquad \bar{B} \cap C = \emptyset, \; B \cap \bar{C} = \emptyset.$$

In jeder offenen zusammenhängenden Menge $A \subset \mathbb{E}_n$ kann man zwischen je zwei Punkten $x, y \in A$ eine »Kette« von endlich vielen Kreisscheiben $K_k \subset A$ ($k = 1, \dots, m$) finden, so daß $x \in K_1$, $y \in K_m$, $K_k \cap K_{k+1} \neq \emptyset$ ist, d. h. aufeinanderfolgende $K_k$ überlappen sich.

Die Mengen $\mathbb{D}$ und $\mathbb{Q}$ sind übrigens nicht zusammenhängend: $B := \{x \in \mathbb{Q} \,|\, x^2 < 2\}$, $C := \{x \in \mathbb{Q} \,|\, x^2 > 2\}$, $B \cup C = \mathbb{Q}$, $\bar{B} \cap C = \emptyset = B \cap \bar{C}$.

**16.** Im $\mathbb{E}_2$ gilt folgender wichtiger Satz über geschlossene Kurven:

*Satz (Jordanscher Kurvensatz)*

Sei $\gamma$ „geschlossene Kurve ohne Selbstüberschneidung", das bedeutet: $\gamma$ ist stetige Abbildung von $[0,1]$ in den $\mathbb{E}_2$; $\gamma(0) = \gamma(1)$ aber es ist $\gamma(a) \neq \gamma(b)$ für $0 \neq a \neq b \neq 0$. Dann ist $\mathbb{E}_2 \setminus \{\gamma\}$ unzusammenhängend; es zerfällt in zwei Teile; ein beschränktes »Inneres« von $\gamma$ und ein »Äußeres«.

Der *Beweis* dieses sehr plausiblen Satzes erfordert eine Reihe von Methoden, die hier nicht eingeführt werden können. Er stellte seinerzeit einen wichtigen Schritt bei der mathematischen Erfassung des anschaulichen Raumes dar. Wie überraschend manchmal Ergebnisse auf diesem Wege waren, zeigen folgende

### 17. Beispiele

(i) Es gibt eine umkehrbar eindeutige Funktion von $\mathbb{E}_1$ auf $\mathbb{E}_2$. Grob gesprochen, es gibt nicht »mehr Punkte« in der Ebene als auf der Geraden. (Nach Satz 2.1.2.12 ist dies vielleicht nicht besonders überraschend.)

(ii) Es gibt eine *stetige* Funktion $f: \mathbb{E}_1 \to \mathbb{E}_2$, die alle Punkte von $\mathbb{E}_2$ als Bild hat. Um anzudeuten, wie $f$ ungefähr aussieht, betrachte man Abb. 2.8: In jedem Quadrat, das von der Kurve $f_k: \mathbb{E}_1 \to \mathbb{E}_2$ diagonal

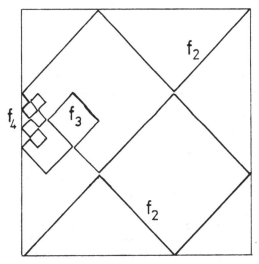

Abb. 2.8. Zur Konstruktion einer Folge von Kurven $f_n$, für die $\lim f_n$ ganz $\mathbb{E}_2$ trifft

durchfahren wird, werden von $f_{k+1}$ 9 Teilquadrate diagonal durchfahren. $\lim f_k =: f$ existiert, ist stetig und trifft jeden Punkt von $\mathbb{E}_2$.

(iii) Es gibt natürlich eine stetige Funktion $f: \mathbb{E}_2 \to \mathbb{E}_1$, z. B. die Projektion $(x_1 ; x_2) \mapsto x_1$.

Es gilt allerdings, daß keine eineindeutige, in beiden Richtungen stetige Abbildung zwischen den Punkten von $\mathbb{E}_1$ und $\mathbb{E}_2$ existiert. (Brouwerscher Satz von der Invarianz der Dimension).

Noch ein Wort zur Anschaulichkeit und zur Nützlichkeit dieser Begriffe: »Anschaulich« unterscheiden sich die Kreisscheiben mit und ohne Randpunkte nicht; es macht aber einen erheblichen Unterschied, ob man sagt: $f$ ist stetig auf $\{\|x\| < 1\}$, das erfüllt z. B. $f := (1 - \|x\|)^{-1}$, oder: $f$ ist stetig auf $\{\|x\| \leqslant 1\}$, dann hat $f$ nämlich noch ein wohldefiniertes Grenzverhalten bei Annäherung an den Rand und darf dort nicht wie $(1 - \|x\|)^{-1}$ gegen $\infty$ gehen!

**18.** *Satz (Stetige Funktionen)*

Sei $f: D \to Z$ stetig ($D, Z$ mögen $\mathbb{R}$ oder allgemeiner $\mathbb{E}_n$ sein).

(1) Ist eine Menge $A \subset Z$ offen, ist das Urbild $f^{-1}(A)$ offen.

(2) Ist eine Menge $A \subset Z$ abgeschlossen, ist das Urbild $f^{-1}(A)$ abgeschlossen.

(3) Ist die Menge $A \subset D$ kompakt, ist das Bild $f(A)$ kompakt.

(4) Ist $A \subset D$ zusammenhängend, ist das Bild $f(A)$ zusammenhängend.

Zum *Beweis:* (1) folgt direkt aus den Definitionen von Stetigkeit und von offener Menge; häufig werden stetige Funktionen sogar mittels (1) definiert.

(2) folgt aus (1) und der Tatsache, daß $\mathbb{E}\backslash$(offene Menge) eine abgeschlossene Menge ist.

(3) folgt daraus, daß für eine konvergente Folge $\{\bar{a}_n\} \to a$ auch die Bildfolge $\{f(\bar{a}_n)\} \to f(a)$ konvergiert wegen der Stetigkeit.

(4) folgt aus (2): Sei $f(A) = B \cup C$, $\bar{B} \cap C = \emptyset = B \cap \bar{C}$, so ist $A = f^{-1}(B) \cup f^{-1}(C)$, $f^{-1}(\bar{B}) = \overline{f^{-1}(\bar{B})} \supset \overline{f^{-1}(B)}$, also $\overline{f^{-1}(B)} \cap f^{-1}(C) \subset f^{-1}(\bar{B}) \cap f^{-1}(C) = \emptyset$. Ebenso: $f^{-1}(B) \cap \overline{f^{-1}(C)} = \emptyset$. ∎

Die Umkehrungen gelten allgemein nicht; z. B. $f: \mathbb{R} \to \mathbb{R}$, $f(x) = 1/(1 + x^2)$: $\mathbb{R}$ ist offen und abgeschlossen, aber $f(\mathbb{R}) = \,]0;1]$ ist weder offen noch abgeschlossen. $[0;4/5]$ ist kompakt und zusammenhängend, aber $f^{-1}([0;4/5]) = \,] -\infty; -1/2] \cup [1/2; +\infty[$ ist weder kompakt noch zusammenhängend.

**19.** *Folgerung (Zwischenwertsatz)*

*Eine stetige Funktion $\mathbb{R} \to \mathbb{R}$ nimmt alle »Zwischenwerte« an.*

Sei $f: [a;b] \to \mathbb{R}$ stetig, $f(a) = \alpha$, $f(b) = \beta$ und liege $\gamma$ zwischen $\alpha$ und $\beta$: $\gamma \in \,]\alpha;\beta[$ bzw. $]\beta;\alpha[$, dann gibt es (mindestens) ein $c \in \,]a;b[$ mit $f(c) = \gamma$.

(Denn $[a;b]$ ist zusammenhängend, also auch $f([a;b])$; daher gilt:

$$\gamma \in \,]\alpha;\beta[ \,\subset f[a;b]).$$

**20. Folgerung** *(Weierstraß)* aus 18(3) und 14

*Eine stetige reellwertige Funktion auf kompakter Definitionsmenge besitzt ein Maximum.*

Sei $A \subset \mathbb{E}_n$ kompakt, $f: A \to \mathbb{R}$ stetig. Dann ist $f(A)$ beschränkt, es gibt also ein $\alpha := \inf f(A)$ und $\beta := \sup f(A)$. Da $f(A)$ auch abgeschlossen ist, gibt es (mindestens) ein $a$ und ein $b$ mit $f(a) = \alpha$, $f(b) = \beta$; $\alpha$ und $\beta$ heißen *Minimum* und *Maximum der Funktion f*.

**21.** Zum Schluß noch ein Beispiel für die Beziehung zwischen Geometrie und der Stetigkeit:

$f: \mathbb{E}_m \to \mathbb{E}_m$ heißt *Isometrie*, wenn für alle $a, b \in \mathbb{E}_m$ gilt: $\| f(a) - f(b) \| = \| a - b \|$.

$f: \mathbb{E}_m \to \mathbb{E}_m$ heißt *stark kontrahierende* Abbildung, wenn es ein $M$: $0 < M < 1$ gibt, so daß für alle $a, b \in \mathbb{E}_m$ gilt: $\| f(a) - f(b) \| \leqslant M \| a - b \|$.

Isometrien und kontrahierende Abbildungen sind stetig, wie man sofort aus der Definition sieht. Alle Isometrien $f: \mathbb{E}_3 \to \mathbb{E}_3$ sind Drehungen um irgendeine Achse, Parallelverschiebungen, Spiegelungen und daraus zusammengesetzte Abbildungen.

Stark kontrahierende Abbildungen $f: \mathbb{E}_m \to \mathbb{E}_m$ haben genau einen „Fixpunkt" $a$, d. h. $f(a) = a$. Ein Beweis ist mit unseren bisher entwickelten Mitteln recht einfach durchführbar; eine Anwendung dieses Begriffes findet sich in 6.1.3 und 4.2.8.

## 2.3 Die Komplexen Zahlen

### 2.3.1 Die Zahlenebene

**1.** Ähnlich wie die reellen Zahlen auf der Geraden $\mathbb{E}_1$ kann man die komplexen Zahlen als Punkte auf $\mathbb{E}_2$ deuten. Um die Rechenoperationen nicht nur geometrisch, sondern auch zahlenmäßig erfassen zu können, müssen wir Koordinaten $\mathbb{R}^2$ auf $\mathbb{E}_2$ einführen: Man wähle irgendeinen Punkt auf $\mathbb{E}_2$ als „Ursprung" $0$ und in irgendeiner Richtung im Abstand der Einheitslänge von $0$ eine „1"; die Gerade durch $0$ und $1$ heiße „reelle Achse". Die in $0$ zu ihr senkrechte Gerade heiße die „imaginäre Achse"; auf ihr im Abstand $1$ zur $0$ liegt „$i$". Zwei Möglichkeiten, die Punkte $z$ des $\mathbb{E}_2$ durch Paare reeller Zahlen $\mathbb{R}^2$ zu bezeichnen, liegen jetzt nahe:

*1. Kartesische Koordinaten* $(x, y)$ mittels der Parallelen zu den beiden Achsen.

$x =: \operatorname{Re} z, \quad y =: \operatorname{Im} z$ („Real- bzw. Imaginärteil" von $z$).

2. *Polarkoordinaten* $(r, \varphi)$: Abstand vom Ursprung und Winkel der Verbindungsstrecke zu 0 gegen die positive reelle Achse.

$r =: |z|$ („Betrag"), $\varphi =:$ arc $z$ („Arcus", „Bogen").

**2.** Die Umrechnungsformeln lauten [Abb. 2.9]

$$x = r \cdot \cos \varphi \qquad r^2 = x^2 + y^2$$
$$y = r \cdot \sin \varphi \qquad \tan \varphi = y/x.$$

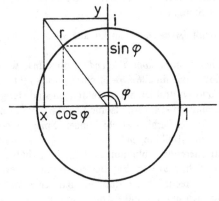

Abb. 2.9. Kartesische und Polarkoordinaten. Das spezielle $z$ hat: Re $z = x = -0,9$; Im $z = y = +1,1$; $|z| = r \approx 1,4$; arc $z = \varphi \approx 130° \approx 0,7\pi$

Die dabei auftretenden „trigonometrischen Funktionen" sind definiert wie folgt: Die kartesischen Koordinaten des Punktes mit Abstand 1 von der „0" („Einheitskreis") und Winkel $\varphi$ sind $(\cos \varphi; \sin \varphi)$, $\tan \varphi$ ist Abkürzung für $\sin \varphi/\cos \varphi$; $\tan \varphi$ ist nicht definiert für den Rechten Winkel, da dann $\cos \varphi = 0$ ist, weiterhin ist $\tan \varphi_1 = \tan \varphi_2$, wenn sich $\varphi_1$ und $\varphi_2$ um den gestreckten Winkel unterscheiden. Die Werte dieser Funktionen können zunächst grob durch »Ausmessen« bestimmt werden, beliebig genaue Verfahren werden in 4.3.5 angegeben.

**3.** *Zur Winkelmessung:*

Die Zahlenangaben für Winkel sind eindeutig festgelegt, wenn man sich für eine »Maßeinheit« entschieden hat. In der Physik wählt man fast immer das Bogenmaß: die Länge des vom Winkel mit Scheitelpunkt 0 aus dem Einheitskreis herausgeschnittenen Bogens. Insbesondere hat der gestreckte Winkel $\bar{\varphi}$ den Wert $\pi$, dessen näherungsweise Berechnung über Einschachteln des Kreises durch $n$-Ecke schon von Archimedes durchgeführt wurde [Abb. 2.10; für $n = 3$ und $n = 6$].

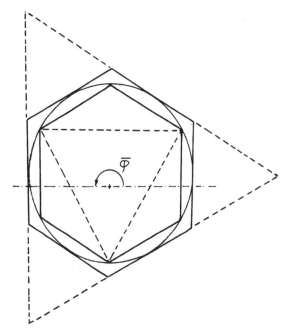

Abb. 2.10. Einschachtelung des Kreises durch inliegende und umschließende $n$-Ecke; hier $- - -$ $n = 3$, ——— $n = 6$

Die halbe Kantenlänge des eingeschlossenen regelmäßigen $n$-Ecks ist $a' = \sin \bar{\varphi}/n$, sie ist das $\cos \bar{\varphi}/n$-fache der Kantenlänge des umschließenden regelmäßigen $n$-Ecks. Man sieht sofort, daß der Umfang $2n \cdot a'$ der umschließenden $n$-Ecke sich bei Verdoppelung von $n$ verkleinert, der Umfang $2n \cdot a$ der eingeschlossenen sich vergrößert. Diese beiden monotonen beschränkten Folgen konvergieren also, sie haben einen gemeinsamen Grenzwert (den wir $2\pi$ nennen) denn:

$$n \cdot a < \pi < n \cdot a', \text{ d.h.: } n \cdot \sin \bar{\varphi}/n < \pi < n \frac{\sin \bar{\varphi}/n}{\cos \bar{\varphi}/n}$$

$$1 < \frac{\pi/n}{\sin \bar{\varphi}/n} < \frac{1}{\cos \bar{\varphi}/n}.$$

Da $\{\cos \bar{\varphi}/n\} \to 1$ geht, ist:

$$\lim_{n \to \infty} \frac{\sin \bar{\varphi}/n}{\pi/n} = 1.$$

A) Kennt man die Kantenlängen $\sin(\bar{\varphi}/n)$, so kann man den Zahlenwert von $\pi$ bestimmen:

$$\pi = \lim\left[n \cdot \sin(\bar{\varphi}/n)\right].$$

B) Wird der Winkel im Bogenmaß gemessen, d. h. $\bar{\varphi} = \pi$, so gilt:

**4.** $\quad \sin x < x < \dfrac{\sin x}{\cos x} = \tan x$ für*) $x \in \left]0; \dfrac{\pi}{2}\right[$

$$\lim_{x \to 0} \frac{\sin x}{x} = 1, \text{ daher auch } \lim_{x \to 0} \frac{\tan x}{x} = 1.$$

**5.** Der Winkel als *Koordinate* auf $\mathbb{E}_2$ ist mehrdeutig: Ganzzahlige Vielfache $2g\pi$ des vollen Winkels können hinzugefügt werden. Diese Mehrdeutigkeit kann ausgeschlossen werden, etwa durch die Verabredung, nur Werte in $[0, 2\pi[$ zuzulassen. Dies ist aber oft nicht sinnvoll, denn viele durch Winkel gemessenen Größen sind bei Werten $0, 2\pi, 4\pi,$ usw. zu unterscheiden: Es ist ein Unterschied, ob sich ein Körper um $-\pi$ oder $+7\pi$ pro Sekunde um eine Achse dreht, auch wenn die Endstellung nach 1 s dieselbe ist; die Winkelsumme im Viereck ist $2\pi$, im Sechseck $4\pi$.

### 2.3.2 Die algebraische Struktur auf $\mathbb{C}$

#### 1. *Der Körper der komplexen Zahlen*

Das »Konzept« ist einfach: Man setze komplexe Zahlen aus ihren kartesischen Koordinaten zusammen: $z = x + iy = \operatorname{Re} z + i \cdot \operatorname{Im} z$, verwende die formalen Rechenregeln, die man von $\mathbb{R}$ her kennt, und verabrede schließlich: $i \cdot i = -1$. Zu prüfen bleibt, ob damit alle entsprechenden Operationen auf $\mathbb{C}$ *eindeutig* erklärt sind und ob sie *widerspruchsfrei* durchgeführt werden können. (Es zeigt sich, dies geht!)

(\*)    Addition $z_1 + z_2 = (x_1 + iy_1) + (x_2 + iy_2)$
$$= (x_1 + x_2) + i(y_1 + y_2)$$
(\*\*) Multiplikation $z_1 \cdot z_2 = (x_1 + iy_1)(x_2 + iy_2)$
$$= (x_1 x_2 - y_1 y_2) + i(x_1 y_2 + x_2 y_1).$$

Es gilt für alle $a, b, c \in \mathbb{C}$:

Durch (\*) bzw. (\*\*) wird eindeutig erklärt:

---

*) Hier wird »kühn« eine Eigenschaft der Werte $x = \bar{\varphi}/n$ auf alle $x$ verallgemeinert. Das läßt sich rechtfertigen, indem obige Betrachtung für beliebige Kreisbögen statt nur für $\bar{\varphi}$ durchgeführt wird.

| (1) Addition | (1′) Multiplikation |
|---|---|
| $\mathbb{C} \times \mathbb{C} \to \mathbb{C}$ | $\mathbb{C} \times \mathbb{C} \to \mathbb{C}$ |
| $a \,,\, b \mapsto a + b$ | $a \,,\, b \mapsto a \cdot b.$ |

Es gilt die Assoziativität

$$(2)(a + b) + c = a + (b + c) \qquad (2')\,(ab)c = a(bc),$$

die Kommutativität

$$(3)\, a + b = b + a \qquad (3')\, ab = ba,$$

eine Distributivität.

$$(4)(a + b)c = ac + bc.$$

Es gibt je ein neutrales Element*)

$$(5)\, \exists!\, 0 \in \mathbb{C}: \forall a: 0 + a = a \qquad (5')\, \exists!\, 1 \in \mathbb{C}: \forall a: 1 \cdot a = a$$

und inverse Elemente

$$(6)\ \forall a \in \mathbb{C} \qquad\qquad (6')\ \forall a \neq 0$$
$$\exists!\, -a: a + (-a) = 0 \qquad \exists!\, a^{-1}: a \cdot a^{-1} = 1$$

und Umkehroperationen

$$(7)\ \forall a,b \qquad\qquad (7')\ \forall a,b,\, a \neq 0$$
$$\exists!\, x \in \mathbb{C}: a + x = b \qquad \exists!\, x \in \mathbb{C}: ax = b$$
$$x =: b - a \qquad\qquad x =: b/a.$$

(Man beachte die unterschiedliche Reihenfolge der Quantoren bei (5) und (6) [vgl. 1.3.3]; die „0" ist neutrales Element für jedes $a \in \mathbb{C}$, $-2,5 + 3i$ ist invers nur zu $2,5 - 3i$).

2. Eine Menge $K$ mit zwei Verknüpfungen $+$, $\cdot$, die den Gesetzen (1, 1′) bis (6, 6′), wenn $\mathbb{C}$ durch $K$ ersetzt wird, genügen, heißt *Körper*. Statt (5, 6) kann man auch (7) fordern; das eine hat das andere jeweils zur Folge. $(\mathbb{D}, +, \cdot)$, $(\mathbb{Q}, +, \cdot)$, $(\mathbb{R}, +, \cdot)$ sind Körper, $(\mathbb{N}, +, \cdot)$ und $(\mathbb{Z}, +, \cdot)$ nicht. Daß — wie oben behauptet — die Vorschriften (*, **)

---

*) Eigentlich darf ein Eigenname wie „0" oder „1" nicht hinter einem Quantor stehen; ganz korrekt müßte es heißen: „$\exists!\, z \in \mathbb{C}: \forall a \in \mathbb{C}: z + a = a$; das hierdurch gekennzeichnete Element $z \in \mathbb{C}$ werde im Folgenden „0" genannt".

diesen Gesetzen*) genügen, ist sehr einfach zu bestätigen. Wir zeigen hier das Distributivgesetz (4).

Sei $a = r + iu, b = s + iv, c = t + iw$.

$$\begin{aligned}
(a + b) \cdot c &= (r + s + i(u + v)) \cdot (t + iw) && \text{gemäß (*)}\\
&= (r + s)t - (u + v)w + i((r + s)w + (u + v)t) && \text{gemäß (**)}\\
&= (rt - uw) + (st - vw) + i(ut + rw) + i(vt + sw) && \text{da (2,3,4) für } \mathbb{R} \text{ gilt}\\
&= ac + bc && \text{gemäß (*)} \qquad \blacksquare
\end{aligned}$$

**3.** Die inversen Elemente sind:

$$-z = -x - iy, \quad z^{-1} = \frac{1}{x + iy} = \frac{x}{x^2 + y^2} - i\frac{y}{x^2 + y^2}.$$

**4.** Für Betrag und Winkel (vgl. 2.3.1) gelten bei der Multiplikation einfache Regeln:

*Satz (Multiplikation in* $\mathbb{C}$ *)*

Für je zwei komplexe Zahlen $z_1, z_2$ gilt:

(i) $|z_1 \cdot z_2| = |z_1| \cdot |z_2|$.

(ii) $\arc(z_1 z_2) = \arc z_1 + \arc z_2$.

(iii) Auf der Zahlenebene sind die Dreiecke $\triangle_1(0, 1, z_1)$ und $\triangle_2(0, z_2, z_1 z_2)$ „ähnlich" (d. h. haben gleiche Winkel und Seitenverhältnisse).

*Beweis.* [Abb. 2.11]

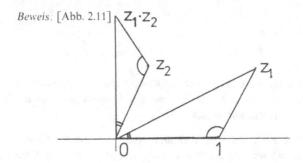

Abb. 2.11. Die geometrische Konstruktion von $z_1 \cdot z_2$

---

*) Diese Grundregeln (1) bis (7') werden in der Rechenpraxis kaum »bewußt« benutzt, da nach längerer »Bekanntschaft mit Zahlen« schon relativ komplizierte Folgerungen aus ihnen geläufig sind. Ein Nutzen für die Praxis besteht darin, daß ihre Gültigkeit in $\mathbb{C}$ sicherstellt, daß man in $\mathbb{C}$ mit „+" und „." so umgehen darf, wie man es schon früher in $\mathbb{Q}$ und $\mathbb{R}$ getan hat.

(i) $|z_1 \cdot z_2|^2 = (x_1 x_2 - y_1 y_2)^2 + (x_1 y_2 + x_2 y_1)^2$
$= x_1^2 x_2^2 + x_1^2 y_2^2 + x_2^2 y_1^2 + y_1^2 y_2^2 = (x_1^2 + y_1^2)(x_2^2 + y_2^2) = (|z_1| \cdot z_2|)^2.$

(iii) Die Seitenlängen in den beiden Dreiecken sind:

$\triangle_1: 1. |z_1|, |z_1 - 1|$

$\triangle_2: |z_2|, |z_1 \cdot z_2|, |z_1 \cdot z_2 - z_2|$ bzw. $|z_2|, |z_2| \cdot |z_1|, |z_2| \cdot |z_1 - 1|.$

Also sind die Seitenverhältnisse und daher auch die Winkel in $\triangle_1$ und $\triangle_2$ gleich.

(ii) Wegen (iii) muß $\text{arc}(z_1 \cdot z_2)$ gleich $\text{arc}\,z_2 + \text{arc}\,z_1$ oder gleich $\text{arc}\,z_2 - \text{arc}\,z_1$ sein. Entsprechend: $\text{arc}(z_2 \cdot z_1) = \text{arc}\,z_1 + \text{arc}\,z_2$ oder $\text{arc}\,z_1 - \text{arc}\,z_2$; wegen der Kommutativität $\text{arc}\,(z_1 \cdot z_2) = \text{arc}(z_2 \cdot z_1)$ folgt dann, daß das Pluszeichen stehen muß. ∎

**5.** *Das Potenzieren in* $\mathbb{C}$

Die Potenz $a^b$ ist bisher als zusammengefaßte Multiplikation $a \cdot a \cdot \cdots \cdot a$ und $a^{-1}$ als Division $1/a$ $(a \neq 0)$ definiert:

$$\mathbb{C} \times \mathbb{N} \to \mathbb{C} \qquad \text{mit } a^{-b} = (a^{-1})^b = \frac{1}{a^b} \qquad \mathbb{C} \setminus \{0\} \times \mathbb{Z} \to \mathbb{C}$$
$$a \ , \ b \mapsto a^b \qquad\qquad\qquad\qquad\qquad\qquad\qquad a \quad , \quad b \mapsto a^b.$$

Es gelten die Potenzregeln.

**6.** $\quad a^{b \cdot c} = a^b \cdot a^c, (a^b)^c = a^{b \cdot c}, a^0 = 1, a^1 = a.$

Es ist möglich, eine »verallgemeinerte Potenz«

$$]0; \infty[ \ \times \ \mathbb{C} \to \mathbb{C}$$
$$a \quad , \ b \mapsto a^b$$

einzuführen, wobei man sich meist für eine feste Basis $e$

entscheidet: $\dfrac{\mathbb{C} \to \mathbb{C}}{t \mapsto e^t}$. Üblicherweise wird $e^t$ über eine „Potenzreihe" eingeführt (vgl. 4.3.5); als Übung für den Umgang mit »heimtückischen« Grenzübergängen gehen wir hier über die „stetige Verzinsung" (Erläuterung siehe 4.1.2).

**7.** $\quad \lim\limits_{k \to \infty} \left(1 + \dfrac{t}{k}\right)^k =: e^t.$

Betrachtet werden zunächst (bis Schritt J) reelle Zahlen $t$; die Formeln unter 2.2.3.12 werden laufend benutzt.

**A.** Die Folge $\left(1 + \dfrac{t}{k}\right)^k$ ist bei festem $t \in \mathbb{R}$, $t \neq 0$ für $k > |t|$ *monoton wachsend* mit $k \to \infty$. Denn der Quotient aufeinanderfolgender Glieder ist größer als 1; unter Benutzung der Bernoullischen Ungleichung (2.2.3.24) gilt nämlich:

$$\frac{(1 + t/(k + 1))^{k+1}}{(1 + t/k)^k} = \left(1 + \frac{t}{k + 1}\right)\left[\frac{k(k + 1 + t)}{(k + 1)(k + t)}\right]^k$$

$$= \left(1 + \frac{t}{k + 1}\right)\left(1 - \frac{t}{(k + 1)(k + t)}\right)^k$$

$$\geq \left(1 + \frac{t}{k + 1}\right)\cdot\left(1 - \frac{kt}{(k + 1)(k + t)}\right) = 1 + \frac{t^2}{(k + 1)^2(k + t)} > 1.$$

B. Die Folge $\left(1 - \dfrac{t}{k}\right)^{-k}$ ist bei festem $t \in \mathbb{R}$, $t \neq 0$ für $k > |t|$ *monoton*

*fallend*, denn $\left(1 - \dfrac{t}{k}\right)^k$ ist gemäß A. (Ersetzen von $t$ durch $-t$)
monoton wachsend und größer 0, und ihre Glieder sind *größer als*
$\left(1 + \dfrac{t}{k}\right)^k$, denn $\left(1 + \dfrac{t}{k}\right)^k\left(1 - \dfrac{t}{k}\right)^k = \left(1 - \dfrac{t^2}{k^2}\right)^k \leq 1^k = 1$, also
$\left(1 + \dfrac{t}{k}\right)^k < \left(1 - \dfrac{t}{k}\right)^{-k}$.

C. Für alle reellen $t$ *existiert* $e^t := \lim\limits_{k\to\infty}\left(1 + \dfrac{t}{k}\right)^k$, da diese Folge
monoton gemäß A. und beschränkt (z. B. durch $(1 - t/k)^{-k}$ für ein
$k > |t|$) ist. Insbesondere erhalten wir: $e := e^1 = 2{,}7182818\ldots$ die
„*Euler*sche Zahl" und $e^0 = 1$.

D. $\left(1 + \dfrac{t}{k}\right)^k$ ist bei festem $k$ monoton wachsend mit $t$ (falls $t > -k$

ist). Daher ist $e^t$ *monoton nicht fallend* mit $t$.

E. $e^t$ ist *stetig* für $t = 0$. Aus den obigen Monotonieeigenschaften
folgt nämlich für $|t| < 1$:

$$1 - |t| = \left(1 - \frac{|t|}{1}\right)^1 \leq \left(1 - \frac{|t|}{k}\right)^k \leq e^{-|t|} \leq e^t \leq e^{|t|}$$

$$\leq \left(1 - \frac{|t|}{k}\right)^{-k} \leq \left(1 - \frac{|t|}{1}\right)^{-1} = (1 - |t|)^{-1}:$$

Da für $t \to 0$ sowohl $1 - |t|$ als auch $(1 - |t|)^{-1}$ gegen 1 gehen, ist
die Stetigkeit gesichert: $\lim\limits_{t\to 0} e^t = 1 = e^0$.

F. Hilfsformel: Für festes $t$ und $c$ gilt:

$$\lim\limits_{k\to\infty}\left(1 + \frac{t}{k(k + c)}\right)^k = 1. \text{ Sei zunächst } t > 0 \text{ und } m > -c, \text{ so ist:}$$

$$1 \leqslant \lim_{k \to \infty} \left(1 + \frac{t}{k(k+c)}\right)^k \leqslant \lim_{k \to \infty} \left(1 + \frac{t}{k(m+c)}\right)^k = e^{t/(m+c)}.$$

Da $m$ aber beliebig groß gewählt werden kann und $\lim\limits_{m \to \infty} e^{t/(m+c)} = 1$ (wegen E.) ist, gilt obige Formel. Beweis für $t < 0$ entsprechend.

G. $e^t$ erfüllt die Potenzregel $e^{u+v} = e^u \cdot e^v$ für alle $u, v \in \mathbb{R}$; denn F. ergibt für $c = u + v$:

$$\frac{e^u \cdot e^v}{e^{u+v}} = \lim_{k \to \infty} \left[\frac{(1 + u/k)(1 + v/k)}{1 + (u+v)/k}\right]^k = \lim \left[1 + \frac{u \cdot v}{k(k + u + v)}\right]^k = 1.$$

H. $e^t$ ist *stetig* für alle $t \in \mathbb{R}$ und *monoton wachsend*: Wegen G. ist $|e^{t + \Delta t} - e^t| = e^t(e^{\Delta t} - 1)$, für $\Delta t \to 0$ geht aber $e^{\Delta t} \to 1$ und daher $e^{t + \Delta t} \to e^t$, also Stetigkeit. Aus A. folgt $e^{\Delta t} > \left(1 + \dfrac{\Delta t}{1}\right)^1$ für $0 < \Delta t \leqslant 1$, daraus folgt, daß $e^{t + \Delta t} = e^t \cdot e^{\Delta t} > e^t$ ist.

J. Die Wertemenge der Funktion $\mathbb{R} \to \mathbb{R}$, $t \mapsto e^t$ sind alle positiven Zahlen $]0, \infty[$. $e^n = (2,7\ldots)^n$ geht gegen $\infty$ für $n \to \infty$, also $e^{-n} \to 0$ für $n \to \infty$. Da $e^t$ stetig ist, läßt sich der „Zwischenwertsatz" (Folgerung 2.2.5.19) anwenden. Da $e^t$ monoton wächst, wird jeder Wert genau einmal getroffen. Es gibt also eine Umkehrfunktion $\log: ]0, \infty[ \to \mathbb{R}$ mit $x = \log t \Leftrightarrow t = e^x$ (auch „ln $t$", „Natürlicher Logarithmus"). Es gilt $\log e^t = t = e^{\log t}$.

K. Für komplexes $z \in \mathbb{C}$ ist $u_k = \left(1 + \dfrac{z}{k}\right)^k$ ebenfalls definiert. Wir untersuchen Betrag und Winkel:

$$|u_k|^2 = \left(\left(1 + \frac{x}{k}\right)^2 + \frac{y^2}{k^2}\right)^k = \left(1 + \frac{2x}{k} + \frac{x^2 + y^2}{k^2}\right)^k$$

$$= \left(1 + \frac{2x}{k}\right)^k \cdot \left(1 + \frac{x^2 + y^2}{k(k + 2x)}\right)^k.$$

Wegen F. gilt: $\lim\limits_{k \to \infty} |u_k|^2 = e^{2x}$.

Mit $\varphi_k := \arc\left(1 + \dfrac{z}{k}\right) = \arc\left(1 + \dfrac{x}{k} + i\,\dfrac{y}{k}\right)$ gilt gemäß Formel 2.3.1.4: $\dfrac{y/k}{1 + x/k} = \tan\varphi_k > \varphi_k > \sin\varphi_k = \dfrac{y/k}{|1 + z/k|}$ und $\lim\limits_{k \to \infty} k \cdot \tan\varphi_k = y = \lim\limits_{k \to \infty} k \cdot \sin\varphi_k$, also gemäß Satz 2.3.2.4 (ii):

$$y = \lim k \cdot \varphi_k = \lim k \cdot \arc\left(1 + \frac{z}{k}\right) = \lim \arc\left(1 + \frac{z}{k}\right)^k.$$

Wir fassen zusammen: $|e^z| = e^x = e^{\operatorname{Re}z}$, $\arc(e^z) = y = \operatorname{Im} z$.

L. Eine Zahl $z \in \mathbb{C} \setminus \{0\}$ mit Betrag $r$ und Winkel $\varphi$ läßt sich also schreiben: $z = e^{\log r + i\varphi}$, denn $|e^{\log r + i\varphi}| = e^{\log r} = r$, $\text{arc}(e^{\log r + i\varphi}) = \varphi$. Oder auch: $z = r \cdot e^{i\varphi}$ (Polare Form einer komplexen Zahl). Die Erfüllung der Potenzregel $e^{z_1 + z_2} = e^{z_1} \cdot e^{z_2}$ ist jetzt durch den Satz 2.3.2.4 garantiert. Für $r = 1$ erhalten wir über 2.3.2.1 die *Eulersche Formel*:

**8.** $\qquad e^{i\varphi} = \cos \varphi + i \sin \varphi$.

M. Man kann für beliebige positive reelle Zahlen $a \in \,]0, \infty[$ und $z \in \mathbb{C}$ definieren:

**9.** $\qquad a^z := e^{z \cdot \log a}$.

Es ist dringend davon abzuraten, dies für allgemeinere (negative oder komplexe Basen zu versuchen. Im Gegensatz zu Schritt J. ist nämlich auf $\mathbb{C}$ keine Umkehrfunktion $\log z$ definierbar wegen der Mehrdeutigkeit des Winkels $\varphi$ (um $2g\pi$), daher ließen sich die üblichen Potenzregeln nicht retten:

$$(-1)^{1/2} = (-1)^{2/4} = ((-1)^2)^{1/4} = \sqrt[4]{1}, \text{also } \pm i, \pm 1; \text{aber} (-1)^{1/2} = \pm i,$$

nicht $\pm 1$. $i^i = e^{i \cdot \log i}$; da $e^{i\pi/2 + 2g\pi i} = i$ und daher $\log i = i \left( \dfrac{\pi}{2} + 2g\pi \right)$

ist, ist $i^i = e^{-\pi/2} \cdot e^{-2g\pi}$ für beliebiges $g \in \mathbb{Z}$; das ist eine Folge von reellen Zahlen, die gegen 0 konvergiert, damit ist praktisch nichts anzufangen.

N. Neben dem Fall $z^n$ ($n \in \mathbb{N}$, $z \in \mathbb{C}$) gibt es noch einen weiteren Fall, in dem komplexe Basen bei gebotener Vorsicht einen Sinn machen: Das Ziehen der $n$-ten *Wurzeln*, d. h. das Lösen der Gleichung $z^n = a$,

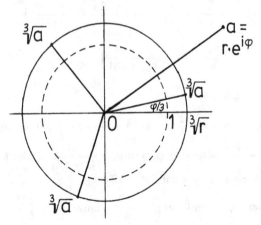

Abb. 2.12. „Wurzelziehen"

**10.** *Überblick über die Rechenarten in* $\mathbb{C}$

| | Algebraische Form $a = \operatorname{Re} a + i \cdot \operatorname{Im} a$ | Polare Form $a = |a| e^{i \operatorname{arc} a}$ | Geometrische Darstellung |
|---|---|---|---|
| $a + b$ | $\operatorname{Re}(a + b) = \operatorname{Re} a + \operatorname{Re} b$ <br> $\operatorname{Im}(a + b) = \operatorname{Im} a + \operatorname{Im} b$ | (umständlich) | |
| $a \cdot b$ | $\operatorname{Re} a \cdot b = \operatorname{Re} a \cdot \operatorname{Re} b$ <br> $\qquad - \operatorname{Im} a \cdot \operatorname{Im} b$ <br> $\operatorname{Im} a \cdot b = \operatorname{Re} a \cdot \operatorname{Im} b$ <br> $\qquad + \operatorname{Im} a \cdot \operatorname{Re} b$ | $|a \cdot b| = |a| \cdot |b|$ <br><br> $\operatorname{arc}(a \cdot b) = \operatorname{arc} a + \operatorname{arc} b$ | |
| $\dfrac{a}{b}$ | (umständlich) <br><br> $\operatorname{Re} \dfrac{1}{b} = \dfrac{1}{|b|^2} \cdot \operatorname{Re} b$ <br><br> $\operatorname{Im} \dfrac{1}{b} = -\dfrac{1}{|b|^2} \cdot \operatorname{Im} b$ | $\left| \dfrac{a}{b} \right| = \dfrac{|a|}{|b|}$ <br><br> $\operatorname{arc}\left( \dfrac{a}{b} \right) = \operatorname{arc} a - \operatorname{arc} b$ | |
| $e^a$ | $e^{\operatorname{Re} a} = |e^a|$ <br> $\operatorname{Im} a = \operatorname{arc} e^a$ | | |
| $\sqrt[n]{a}$ | (für $n = 2$ umständlich, für allgemeines $n$ unmöglich) | $\left| \sqrt[n]{a} \right| = \sqrt[n]{|a|}$ <br> $\operatorname{arc} \sqrt[n]{a} = \dfrac{\operatorname{arc} a}{n} + \dfrac{g}{n} \cdot 2\pi$ | |

75

formal als $z = \sqrt[n]{a} = a^{1/n}$ geschrieben. Für $a = r\,e^{i\varphi}$ ergibt dann die Vieldeutigkeit von $\varphi$ für $z$ eine $n$-Deutigkeit: $\sqrt[n]{z} = \sqrt[n]{r} \cdot e^{i\pi/n + 2\pi i g/n}$:

Die Lösungen der Gleichung $z^n = a$ liegen auf dem Kreis mit Zentrum 0 und Radius $\sqrt[n]{r}$ auf den Ecken eines gleichseitigen $n$-Ecks; eine Ecke hat als Winkel den $n$-ten Teil von arc $a$. Man bestätigt leicht, daß dieses formale „Ziehen der $n$-ten Wurzeln" tatsächlich gerechtfertigt ist, d. h. die Lösungen von $z^n = a$ gefunden wurden [Abb. 2.12].

### 11. *Das konjugiert Komplexe*

Bei der Konstruktion von $\mathbb{C}$ auf $\mathbb{E}_2$ hatten wir nach dem Einführen der reellen Achse noch eine Wahlfreiheit: Für „$i$" standen die zwei Punkte auf der imaginären Achse im Abstand 1 von 0 zur Verfügung. Tatsächlich ist die „Spiegelung" an der reellen Achse eine grundlegende Symmetrie von $\mathbb{C}$:

Sei $z = x + iy = r \cdot e^{i\varphi}$, dann ist das „Konjugierte" $\bar{z} = x - iy = re^{-i\varphi}$.

Es gilt: $(\overline{z_1 + z_2}) = \bar{z}_1 + \bar{z}_2$, $\overline{z_1 z_2} = \bar{z}_1 \cdot \bar{z}_2$, $\overline{e^z} = e^{\bar{z}}$, $\overline{\sqrt[n]{z}} = \sqrt[n]{\bar{z}}$, d. h. unter dieser Spiegelung gehen alle Rechenoperationen »in sich über«. Es gilt weiterhin:

(i) $z \cdot \bar{z} = |z|^2$, $z = \bar{z} \Leftrightarrow z \in \mathbb{R}$. $(\overline{\bar{z}}) = z$.

(ii) Hat eine Gleichung $n$-ten Grades $a_n \cdot z^n + a_{n-1} \cdot z^{n-1} + \cdots + a_1 \cdot z + a_0 = 0$ nur reelle Koeffizienten $a_k \in \mathbb{R}$, so ist mit jedem $z_0 \in \mathbb{C}$ auch $\bar{z}_0$ eine Lösung; das folgt sofort aus obigen Regeln.

(iii) Seien $a,b \in \mathbb{C}\backslash\mathbb{R}$ und sowohl $a + b \in \mathbb{R}$ als auch $a \cdot b \in \mathbb{R}$, dann ist $b = \bar{a}$ ($a + b \in \mathbb{R}$ ergibt: $\operatorname{Im} a + \operatorname{Im} b = 0$; damit folgt aus $\operatorname{Im}(a \cdot b) = \operatorname{Im} a \cdot \operatorname{Re} b + \operatorname{Re} a \cdot \operatorname{Im} b = 0$ dann auch $\operatorname{Re} a = \operatorname{Re} b$).

### 12. *Weiteres über* $\mathbb{C}$:

Die *Euler*sche Formel 8. ist von außerordentlicher Wichtigkeit. Tatsächlich lassen sich damit die Eigenschaften der im Reellen durchaus nicht einfach zu behandelnden trigonometrischen Funktionen auf die simplen Potenzregeln $e^{a+b} = e^a \cdot e^b$ zurückführen (vgl. 4.3.5) und damit alle Gebiete, in denen sin-Schwingungen vorkommen, durch formalen Übergang ins Komplexe wesentlich vereinfachen. Die zweite »nützliche« Eigenschaft von $\mathbb{C}$ ist die, daß alle ganzrationalen Funktionen (Polynome) in $\mathbb{C}$ mindestens eine Nullstelle haben; insbesondere ist etwa jede quadratische Gleichung lösbar mit Hilfe komplexer Zahlen (siehe 4.3.1). Dadurch läßt sich oft umgehen, was das Rechnen mit Reellen Zahlen so aufwendig macht: dort müssen so viele Fälle unterschieden werden. Überhaupt werden die Eigenschaften der »elementaren Funktionen« auf $\mathbb{C}$ betrachtet viel einfacher als auf $\mathbb{R}$ (vgl. 4.3).

**13.** Neben all diesen mathematisch-algebraischen Vorzügen von $\mathbb{C}$ stehen allerdings auch »Nachteile«. Das Zahlenrechnen in $\mathbb{C}$ ist natürlich aufwendiger als in $\mathbb{R}$ (eine komplexe Multiplikation erfordert 4 reelle Multiplikationen). Für die Physik ist wesentlich, daß auf $\mathbb{C}$ keine stetige Ordnung eingeführt werden kann, und physikalische Meßgrößen sind nun einmal »geordnet«. Natürlich kann man $\mathbb{C}$ ordnen; etwa definiere man die »lexikographische Ordnung« $x_1 + i y_1 \prec x_2 + i y_2$ genau dann, wenn entweder $x_1 < x_2$ oder (falls $x_1 = x_2$) $y_1 < y_2$ ist; aber diese Ordnung paßt nicht mit den anderen Strukturen stetig zusammen, z. B. ist $\{x + iy \in \mathbb{C} \,|\, x = 0, |y| < 1\}$ sozusagen das Intervall $]-i; +i[$ bezüglich „$\prec$". Es enthält die 0 im Inneren, aber die Folge $\{1/n\} \to 0$ trifft dieses Intervall niemals; alle monoton wachsenden Funktionen $\mathbb{C} \to \mathbb{R}$ könnten nicht stetig sein, das ganze enge Zusammenspiel von Ordnung und Stetigkeit auf $\mathbb{R}$ (Abschnitte 2.2.3, 2.2.5) läßt sich nicht übertragen.

# 3. Lineare Algebra und Geometrie *)

*Ziele: Bereitstellung der für das Rechnen in der klassischen Physik und der Euklidschen Geometrie wichtigen Formalismen der Vektor- und Tensorrechnung. Hinführung zu den Begriffen „Banachraum" und „Hilbertraum".*

## 3.0 Motivation

Nachdem mit den reellen Zahlen mathematische Entsprechungen von Meßergebnissen eingeführt wurden, bedarf es zur Beschreibung *physikalischer Größen* zweier weiterer Konzepte:

**1.** *Tensoren* (in diesem Kapitel behandelt)

Viele Größen werden nicht durch eine einzelne Meßzahl, sondern erst durch ein System von Zahlen erfaßt. Etwa ist eine Kraft durch ihren Betrag (Stärke) und die Richtung, in der sie wirkt (im 3-dim. Raum also durch 2 Winkel), bestimmt oder durch ihre Komponenten in einem Bezugssystem (Länge, Breite, Höhe); es ist also die Angabe von 3 Zahlen nötig, die Werte hängen noch von der Wahl des Bezugssystems ab. Wir haben sozusagen eine »geometrische Größe« in einem (manchmal auch sehr unanschaulichen) mehrdimensionalen »Raum«.

**2.** *Integrale und Dichten* (in Kap. 5. behandelt)

Die Größen, die man mißt, sind häufig nicht die Größen, deren Verhalten durch einfache Gesetze zu beschreiben ist. So mißt man den Weg, den ein Teilchen in einer Zeitspanne zurücklegt, oder die Kraft, die auf ein Flächenstück wirkt, oder die Masse eines Körpers, ist aber häufig an der Geschwindigkeit (Weg pro Zeit), dem Druck (Kraft pro Fläche) bzw. der Massendichte (Masse pro Volumen) interessiert. Wir können unterscheiden: *Integrale Größen*, die einer Teil*menge* von Zeit oder Raum (der Zeitspanne der Beobachtung, der Fläche, auf die die Kraft wirkt usw.) zugeordnet sind, und *Intensitäten*, die Funktionen von Zeit- und/oder Raum*punkten* sind (unser Teilchen hat zu einem

---

*) Hiermit ist nicht die gute alte Geometrie mit Schneckenkurven und Rhombendodekaedern gemeint. Die war viel zu lustig und unordentlich, als daß die seriöse neue Mathematik sie dulden könnte. In der linearen Geometrie herrschen Geraden und Rechte Winkel; sie ist nicht eine *Lehre* von allerlei räumlichen Objekten, sondern eine *Sprech-* und *Denkweise*, wie man fast alle Überlegungen in der Analysis mit Konstruktionen im »Anschauungsraum« kommentieren kann.

bestimmten Zeitpunkt eine bestimmte Geschwindigkeit, während der zurückgelegte Weg während eines Zeitpunktes natürlich gleich Null ist; die Beschreibung durch zurückgelegte Wege ist also nur durch Funktionen von Zeitspannen, also Teilmengen der Zeitskala, möglich). Da sich mit Funktionen von Punkten einfacher Mathematik treiben läßt als mit Funktionen von Teilmengen, ist der Übergang auf Intensitäten meist sinnvoll. Auch physikalische Gründe können dafür sprechen: Für den Zustand bzw. die Beschaffenheit ist etwa die spezifische Dichte im Gegensatz zu der Gesamtmasse charakteristisch.

### 3. Lineare Operationen

Auf der Menge der reellen Zahlen haben wir zwei Operationen, die sehr ähnlichen Gesetzen genügen: Addition und Multiplikation (vgl. 2.3.2). »Physikalisch« besteht aber ein großer Unterschied. Bei Größen, für die eine Addition sinnvoll ist (vgl. 2.0.3), gilt: *Es können immer nur Größen gleicher Art addiert werden.* Mit der Addition gibt es auch immer Multiplikation mit natürlichen Zahlen ($3a = a + a + a$ usw.) und – zumindest in der klassischen Physik – dann auch fast immer Multiplikation mit reellen oder wenigstens positiven reellen Zahlen (z. B. bei Ladung $Q$, Masse $m$). Diesen beiden *linearen Operationen* steht die Multiplikation mit physikalischen Größen als völlig andersartig gegenüber: *Es können im allgemeinen verschiedenartige Größen multipliziert werden* (z. B. Masse mal Beschleunigung, Kraft mal Weg); aber auch wenn zwei gleichartige Größen miteinander multipliziert werden, ist das Ergebnis meist von anderer Art (Länge mal Länge ergibt Flächeninhalt). Während diese Probleme der Multiplikation (Maßsysteme, Einheiten, Dimensionen) in der Physik behandelt werden müssen, können wir die linearen Operationen hier in der Mathematik betrachten, da sie die Größenart nicht ändern.

### 4. Ankündigung

Die Lineare Struktur ist

– einfach und durchschaubar,
– hat viele Anwendungen in Geometrie, Analysis und Physik

   (beides ist kaum zu trennen: Einfaches versucht man anzuwenden, gegebenenfalls sogar »mit Gewalt«, und umgekehrt wird man mit vielseitig Angewandtem so vertraut, daß es einfach wirkt).

– »verträglich«; auf Linearen Räumen lassen sich viele weitere Strukturen einführen.
– »ziemlich universell«, praktisch alle physikalischen Größen lassen

sich durch Elemente eines der zahlreichen Linearen Räume beschreiben.

(Da haben wir einen bemerkenswerten Unterschied zu $\mathbb{R}$: Den
Axiomen von 2.3.2.1 für $(+, \cdot)$, den Gesetzen (1), (2), (5) aus 2.2.2 für
$(<)$ sowie den Verträglichkeitsregeln 2.2.3.13/14/18 genügt nur eine
einzige Menge, nämlich $\mathbb{R}$. Den sehr ähnlich aussehenden Axiomen
aus 3.1.1 für $(+, \cdot)$ und den Gesetzen für $\|.\|$ aus 3.2.2 und 3.4.2 ge-
nügen sehr viele verschiedene Mengen.)

— »abstrakt« aber gleichzeitig durch eine geometrische Sprache recht
»anschaulich« (für den, der sich ständig die Begriffe an konkreten
Beispielen klarmacht!).

In diesem Kapitel wird zunächst die lineare Struktur als solche untersucht (3.1) und sie dann auf die *Geometrie* des Euklidschen Raumes $\mathbb{E}_n$
angewendet unter Hinzunahme einer Längen- und einer Volumenmessung („innere und äußere Produkte"). Als »Abfallprodukt« ergibt
sich eine Theorie linearer Gleichungssysteme. Die Anwendung auf
Mengen von *Funktionen* erfolgt in Kap. 4 und 7.


## 3.1 Linearität

### 3.1.1 Lineare Räume

*Ein paar notwendige Grundbegriffe sowie Standardbeispiele, die Sie
»unaufgefordert« auch in den späteren Paragraphen betrachten sollten.*

1. Zur Beschreibung »addierbarer« Größen führen wir die lineare
Struktur ein über Forderungen an zwei Operationen auf einer Menge $\mathbb{V}$.

---

Für alle Elemente $a, b, c$ aus $\mathbb{V}$ und alle Zahlen $\alpha, \beta$ aus $\mathbb{R}$ gilt:

Es gibt eine (eindeutig erklärte)

| (1) Addition | (1') Multiplikation mit Zahlen |
|---|---|
| $\mathbb{V} \times \mathbb{V} \to \mathbb{V}$ | $\mathbb{R} \times \mathbb{V} \to \mathbb{V}$ |
| $a \, , \, b \mapsto a + b$ | $\alpha \, , \, a \mapsto \alpha a$ |

Es gilt die Assoziativität

| (2) $(a + b) + c = a + (b + c)$ | (2') $\alpha(\beta a) = (\alpha\beta)a,$ |
|---|---|

Kommutativität

| (3) $a + b = b + a$ | (3') $\alpha\beta a = \beta\alpha a,$ |
|---|---|

---

Distributivität*)

(4) $\alpha(a + b) = \alpha a + \alpha b$ (4') $(\alpha + \beta)a = \alpha a + \beta a$.

Es gibt ein neutrales Element

(5) $\exists! \, o \in \mathbb{V}: \, \forall a: o + a = a$ (5') $\forall a \in \mathbb{V}: 1 \cdot a = a$

($o$ heißt „Nullvektor" oder „Null von $\mathbb{V}$")

und inverse Elemente

(6) $\forall a \in \mathbb{V}$ (6') $\dfrac{1}{\alpha}(\alpha a) = a$ $(\alpha \neq 0)$,

$\exists! \, -a \in \mathbb{V}: a + (-a) = o$

Möglichkeit der Subtraktion

(7) $\forall a, b \; \exists! \, x \in \mathbb{V}: a + x = b$ $(x =: b - a)$,

Multiplikation mit ganzen Zahlen ist mehrfache Addition

(8) $\forall n \in \mathbb{N}: na = \underbrace{a + \cdots + a}_{n\text{-mal}}; \quad 0 \cdot a = o, \quad -1 \cdot a = -a$

(Vergleichen Sie diese Liste mit den Gesetzen für einen „Körper" in 2.3.2.1.)

Diese Regeln sind nicht logisch unabhängig: (7) oder (5, 6) sind aus den jeweils übrigen Gesetzen herleitbar; (3') folgt aus (2') wegen der Kommutativität von $(\mathbb{R}, \cdot)$; die drei Aussagen von (8) folgen aus (4'), (5') bzw. (4'), (5) bzw. (4'), (6); (6') folgt aus (5'), (2').

**2.** *Definitionen:* Eine Menge $\mathbb{V}$ mit zwei Operationen (1), (1'), die den Gesetzen (2)−(6) und (2'), (4'), (5') genügen, heißt *reeller Vektorraum* oder *reeller Linearer Raum.*

Ersetzt man überall den „Grundkörper" $\mathbb{R}$ durch $\mathbb{C}$, so ist $\mathbb{V}$ ein *komplexer Vektorraum.*

Eine Teilmenge $A \subset \mathbb{V}$, die mit jedem $a$ und $b$ auch $a + b$ und jedes $\alpha a$ enthält:

$$\forall a, b \in A: a + b \in A, \quad \forall a \in A, \; \alpha \in \mathbb{R}: \alpha a \in A,$$

heißt *Vektorteilraum* oder *linearer Teilraum* von $\mathbb{V}$.

---

*) Das Zeichen „$+$" hat hier zwei verschiedene Bedeutungen: $a + b$ ist die durch diese Forderungen eingeführte Vektoraddition, $\alpha + \beta$ ist die »alte« Zahlenaddition.

Eine Teilmenge $A \subset V$ mit der Eigenschaft, daß die Menge $\tilde{A}$ aller Differenzen:

$$\tilde{A} := \{x \in V \mid \exists\, a, b \in A : x = b - a\}$$

einen Vektorteilraum bildet, heißt *affiner Teilraum* von $V$ *parallel* zu $\tilde{A}$. Elemente von $V$ werden oft Vektoren genannt.

**3.** *Verabredung:* Wir werden im folgenden reelle Vektorräume betrachten und verweisen auf die Bemerkungen in 3.3.4.5 und 5.4.1 zu den Unterschieden nach Ersetzen von $\mathbb{R}$ durch $\mathbb{C}$.

**4.** *Bemerkungen:*

Jeder Vektorteilraum ist selbst wieder ein Vektorraum, der allen Gesetzen (1), (1') bis (8) genügt; oder er ist die leere Teilmenge (die verletzt Gesetz (5), da $o \notin \emptyset$ ist).

Wählt man ein Element $a$ eines affinen Teilraumes $A$ aus, so wird jedes Element von $A$ eindeutig in der Form $a + x$ mit $x \in \tilde{A}$ dargestellt.

**5.** *Beispiele:*

(i) »Kräfte als gerichtete Größen«.

Die Menge aller Kräfte, die in einem Punkt $p$ angreifen können, wenn man als „Summe" zweier Kräfte die resultierende Kraft aus dem »Kräfteparallelogramm« bestimmt und als Multiplikation mit $\alpha$ die Änderung des Betrages der Kraft um den Faktor $|\alpha|$ unter Beibehaltung ($\alpha > 0$) bzw. Umkehrung ($\alpha < 0$) der Richtung erklärt. Dies ist das Standardbeispiel der Physiker für $V$; es birgt die Gefahr, physikalisch-anschauliche Argumente mit mathematisch-formalen durcheinanderzuwerfen [Abb. 3.1].

Für einen um $\tilde{0}$ drehbaren starren Körper bilden die Kräfte, die dieselbe Beschleunigung bewirken, einen affinen Teilraum parallel zur Ebene durch $p$ und die Achse $\tilde{0}$ [Abb. 3.2].

(ii) $\mathbb{R}$ und $\mathbb{C}$ selbst sowie $\mathbb{R}^n$ und $\mathbb{C}^n$ („$n$-Tupel" von reellen/komplexen Zahlen), z. B. $\mathbb{R}^2$:

$$a = (a_1; a_2),\ b = (b_1; b_2),\ a + b = (a_1 + b_1; a_2 + b_2),\ \alpha a = (\alpha a_1; \alpha a_2).$$

$\mathbb{C}$ kann man nicht nur als komplexen, sondern auch als reellen Vektorraum auffassen: $z = x + iy$, $z_1 + z_2 = (x_1 + y_1) + i(x_2 + y_2)$, $\alpha z = \alpha x + i\alpha y$. Dabei geht aber ein Teil der Struktur auf $\mathbb{C}$ verloren, nämlich die Möglichkeit, zwei nicht reelle Zahlen $\alpha$ und $z$ zu multiplizieren.

$(\mathbb{R}, +, \cdot)$ nicht als „Körper", sondern als „Vektorraum" aufzufassen, kann physikalisch sehr sinnvoll sein (die durch $\mathbb{R}$ beschreibbare Menge der Ladungen $Q$ läßt Multiplikation mit Zahlen, nicht aber zwischen Ladungen zu; $Q_1 \cdot Q_2$ ist keine Ladung).

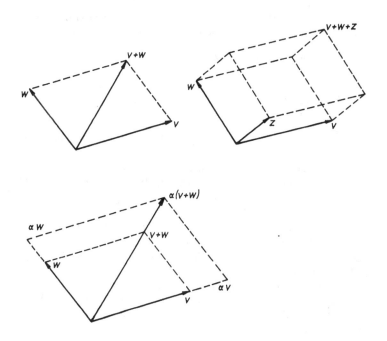

Abb. 3.1. „Gerichtete Größen": Die Addition; Kommutativ- und Assoziativ-
gesetze; Distributivgesetz

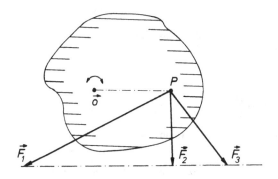

Abb. 3.2. Kräfte, die bezüglich der Achse $\bar{0}$ gleiches Drehmoment erzeugen

Der $\mathbb{R}^n$ ist das Standardbeispiel der Algebraiker, er birgt die Gefahr, den geometrischen Gehalt des Konzeptes »Vektor« zu verschleiern.

(iii) Verschiebungen im $\mathbb{E}_n$ (z. B. $\mathbb{E}_2$:)

$$f:(x_1;x_2)\mapsto(x_1 + a;x_2 + b),\ g:(x_1;x_2)\mapsto(x_1 + \tilde{a};x_2 + \tilde{b})$$
$$f + g:(x_1;x_2)\mapsto(x_1 + (a + \tilde{a});x_2 + (b + \tilde{b}))$$
$$\alpha f:(x_1;x_2)\mapsto(x_1 + \alpha a;x_2 + \alpha b).$$

$f + g$ ist gerade die Hintereinanderschaltung der beiden Abbildungen $f$ und $g$.

Dies ist das Standardbeispiel der Geometer; da eine Verschiebung $f$ bereits eindeutig festgelegt ist durch ihre Wirkung auf einen Punkt, wird sie oft durch einen »Pfeil« von $p$ nach $f(p)$ angegeben (dies sind die „Vektoren" in der Schule).

Sei $\gamma$ eine Gerade im $\mathbb{E}_2$, so ist die Menge aller Verschiebungen, die $\gamma$ in sich überführen, ein Vektorteilraum $A$; sind $\gamma$ und $\delta$ parallele Geraden, so ist die Menge der Verschiebungen, die $\gamma$ in $\delta$ überführen, ein affiner Teilraum parallel zu $A$.

(iv) Die Menge der reellwertigen Funktionen auf einer Definitionsmenge $D$. Für $f,g:D \to \mathbb{R}$ ist dann $f + g$ bzw. $\alpha \cdot f$ diejenige Funktion, die jedem $x \in D$ die Summe der beiden Funktionswerte bzw. das $\alpha$-fache zuordnet:

$$f + g:D \to \mathbb{R} \qquad\qquad \alpha \cdot f:D \to \mathbb{R}$$
$$x \mapsto f(x) + g(x) \qquad\qquad x \mapsto \alpha f(x).$$

Viele wichtige Mengen von Funktionen sind Vektorteilräume $A$ dieser Menge, Beispiele (iv a $-$ c):

(iv a) $D = \mathbb{R}$, $A_n$: Menge der Polynome*) vom Grade $\leqslant n$;

$$A = \bigcup_{n=0}^{\infty} A_n: \text{Menge aller Polynome.}$$

$$p:x \mapsto \sum_{k=0}^{n} a_k x^k, \quad q:x \mapsto \sum_{k=0}^{n} b_k x^k$$

$$p + q:x \mapsto \sum_{k=0}^{\infty} (a_k + b_k)x^k, \quad \alpha p:x \mapsto \sum_{k=0}^{\infty} (\alpha a_k)x^k$$

für $k < l$ ist $A_k$ Vektorteilraum von $A_l$ und von $A$.

---

*) Die Polynome werden (zusammen mit den anderen elementaren Funktionen) in 4.3.2 behandelt, einem Abschnitt, den Sie völlig unabhängig vom übrigen Kap. 4 lesen können.

(iv b) $D = \mathbb{R}^n$ (wir wählen $n = 2$) [Abb. 3.3].

$A$: Menge der linearen Funktionen $\mathscr{L}(\mathbb{R}^n \to \mathbb{R})$

$f:(x_1;x_2) \mapsto a x_1 + b x_2$

$g:(x_1;x_2) \mapsto \tilde{a} x_1 + \tilde{b} x_2$

$f + g:(x_1;x_2) \mapsto (a + \tilde{a})x_1 + (b + \tilde{b})x_2$

$\alpha \cdot f:(x_1;x_2) \mapsto (\alpha a)x_1 + (\alpha b)x_2$.

Als graphische Darstellung von $f$ wählen wir das Eintragen von „Iso-Linien" $f(x) = c$ (vgl. 1.3.5); das führt zu den Geraden $a x_1 + b x_2 = c$. Wegen der Linearität genügt es, ein $c \neq 0$ zu wählen; anschaulich ist es, wählt man $c = 0$ und $c = 1$. Der Graph von $f + g$ kann geometrisch einfach konstruiert werden, da durch die Schnittpunkte von

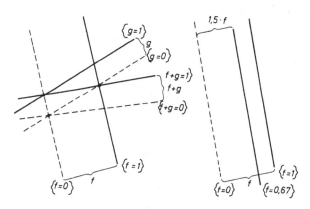

Abb. 3.3. Linearformen: Addition und Multiplikation mit Zahl

$f = 0$ und $g = 1$ bzw. $f = 1$ und $g = 0$ die Gerade $f + g = 1$ laufen muß; ist $f$ proportional zu $g$, versagt dieses Verfahren, man nehme bei $g = \beta \cdot f$ dann $f + g = (1 + \beta)f$. Diese »Geradenpaare« (bzw. »Ebenenpaare« im $\mathbb{R}^3$) sind eine wichtige Alternative zur Veranschaulichung von Vektoren durch Pfeile; wenn Sie sich allerdings das Assoziativgesetz geometrisch einleuchtend machen wollen, sollten Sie in den $\mathbb{R}^3$ »gehen« und drei »Ebenenpaare« und den von ihnen begrenzten „Spat" betrachten und dies mit dem entsprechenden Bild für »Pfeile« an den Spatkanten [Abb. 3.1] vergleichen.

(ivc) $D = \mathbb{R}$, $A$ besteht aus den trigonometrischen Funktionen der Kreisfrequenz $\omega$:

$t \mapsto K \cdot \sin(\omega t + \phi)$   $(K, \phi$ sind Parameter in $A)$

$K_1 \cdot \sin(\omega t + \phi_1) + K_2 \cdot \sin(\omega t + \phi_2) = L \cdot \sin(\omega t + \psi)$

mit   $L^2 = K_1^2 + K_2^2 + 2K_1 \cdot K_2 \cdot \cos(\phi_1 - \phi_2)$

$\tan \psi = (K_1 \cdot \sin \phi_1 + K_2 \cdot \sin \phi_2)/(K_1 \cdot \cos \varphi_1 + K_2 \cdot \cos \varphi_2)$.

(ivd) Spezialfall von (iv): $D = \mathbb{N}$

$\mathbb{V}$ ist dann die Menge aller Folgen reeller Zahlen $\{a_k\} + \{b_k\} = \{a_k + b_k\}$, $\alpha\{a_k\} = \{\alpha a_k\}$.

(v) Ein trivialer Vektorteilraum besteht nur aus dem Nullelement $o$; bei (iii) ist dies die Identität auf dem $\mathbb{E}_n$, bei (iv) die Konstante $x \mapsto 0$.

### 3.1.2 Lineare Abhängigkeit

*Der Umgang mit linearen Räumen ist deshalb so einfach, weil man alle Elemente aus einer geeigneten Teilmenge („Basis") erzeugen („linearkombinieren") kann, d. h. alle Elemente sind von der Basis „abhängig". Diese Teilmenge soll minimal sein, also in sich „unabhängig". Für die notwendige Vertrautheit mit diesem Begriff sollten Sie sich die Aussagen des folgenden Satzes plausibel machen.*

**1. Definitionen**

Eine Summe der Form*)

$$\sum_{k=1}^{n} a^k v_{(k)} \quad \text{mit } a^k \in \mathbb{R}, \quad v_{(k)} \in \mathbb{V}, \quad n \in \mathbb{N}$$

nennt man eine *Linearkombination* der Vektoren $\{v_{(1)}, \ldots, v_{(n)}\}$.

Ein Vektor $w \in \mathbb{V}$ heißt von einer Menge $M \subset \mathbb{V}$ *linear abhängig*, falls er als eine Linearkombination von Vektoren $v_{(k)}$ aus $M$ darstellbar ist.

Eine Menge $M \neq \emptyset$ von Vektoren heißt *linear unabhängig*, wenn kein $v \in M$ von den übrigen, d. h. von $M \setminus \{v\}$ linear abhängig ist. Die Menge aller Vektoren aus $\mathbb{V}$, die als Linearkombinationen von Vektoren

---

*) Bei $a^k$ ist „$k$" kein Exponent, sondern ein „oberer Index"; wie sich noch zeigt, ist es zweckmäßig, zwei mögliche Indexstellungen zuzulassen. Wenn es klar ist, über welche Werte der Summationsindex läuft, können wir abkürzen: statt $\sum_{k=1}^{n}$ nur $\Sigma_k$.

aus einer Teilmenge $M \subset \mathbb{V}$ darstellbar sind, heißt der von $M$ *erzeugte Teilraum* oder die *lineare Hülle* von $M$.

Eine linear unabhängige Teilmenge $M$ von $\mathbb{V}$ heißt *Basis* von $\mathbb{V}$, wenn $M$ ganz $\mathbb{V}$ erzeugt, d. h. jeder Vektor aus $\mathbb{V}$ eine Linearkombination von Vektoren aus $M$ ist.

**2.** *Hinweise:*

Ein Kriterium, wie man durch einfache Rechnung prüfen kann, ob endlich viele Vektoren linear unabhängig sind, wird in 3.2.3.2 gegeben.

Im folgenden Satz werden 14 Aussagen über lineare Abhängigkeit gemacht. Davon sind (1) bis (4) »typisch linear«. (8) bis (14) könnten ohne Bezug auf die Definition „linearer" Abhängigkeit aus (5, 6, 7) logisch gefolgert werden. (5, 6, 7) kann man auch als axiomatische Kennzeichnung des Konzeptes »Abhängigkeit« auffassen, unter das auch »logische Abhängigkeit«, »funktionale Abhängigkeit« u. a. fallen.

**3.** *Satz ( Lineare Abhängigkeit )*

(Alle $v_{\iota k)}$ liegen in $M \subset \mathbb{V}$, auch die $u_{\iota k)}$ und $u$ sind Elemente des linearen Raumes $\mathbb{V}$).

(1) Eine Menge $M$ ist genau dann linear unabhängig, wenn der Nullvektor nur auf „triviale" Weise aus $M$ linearkombiniert werden kann; das soll heißen: Aus $o = \Sigma_k a^k v_{\iota k)}$ und $v_{\iota k)} \in M$ folgt, daß alle $a^k = 0$ sind.

(2) Eine linear unabhängige Teilmenge kann nicht den Nullvektor $o$ enthalten; $o$ ist von jeder Menge $M \neq \emptyset$ linear abhängig.

(3) Ist $M$ linear unabhängig und $w$ von $M$ linear abhängig, so läßt sich $w$ auf genau eine Art linearkombinieren; d. h. die Koeffizienten in $w = \Sigma_k a^k v_{\iota k)}$ sind *eindeutig* bestimmt\*).

(4) Der von einer Menge $M \subset \mathbb{V}$ erzeugte Teilraum ist Vektorteilraum von $\mathbb{V}$.

(5) $w$ ist von jeder Menge $M$ abhängig, die $w$ enthält.

(6) Ist $w$ von $M$ abhängig und jedes $v \in M$ von der Menge $\bar{M}$, so ist $w$ von $\bar{M}$ abhängig ( *Transitivität* ).

(7) Ist $w$ von $M$ abhängig, aber nicht von $M \backslash \{v\}$, so ist umgekehrt $v$ von $(M \backslash \{v\}) \cup \{w\}$ abhängig ( *Austauschprinzip* ).

---

\*) Die Zahlen $a^k$ heißen „Koordinaten" des Vektors $w$ bezüglich der Basis $M$.

(8) Ist $w$ von $M$ abhängig und $M \subset N \subset \mathbb{V}$, so ist $w$ von $N$ abhängig.

(9) Ist $M \setminus \{v\}$ unabhängig, aber nicht $M$, so ist $v$ von $M \setminus \{v\}$ abhängig.

(10) (Austauschsatz von Steinitz) Seien $M = \{v_{(1)}, v_{(2)}, \ldots, v_{(m)}\}$ und $N$ zwei unabhängige Mengen, die beide denselben Teilraum von $\mathbb{V}$ erzeugen (oder zumindest sei der von $M$ erzeugte in dem von $N$ erzeugten enthalten). Dann kann man $v_{(1)}$ gegen ein geeignet gewähltes Element von $N$ (als $u_{(1)}$ bezeichnet) austauschen; d. h. $(N \setminus \{u_{(1)}\})$ $\cup \{v_{(1)}\}$ ist eine unabhängige Menge, die denselben Teilraum wie $N$ erzeugt. Ebenso kann man bis zu $m$ Elemente $\{u_{(1)}, \ldots, u_{(l)}\}$ ($l \leqslant m$) von $N$ gegen $\{v_{(1)}, \ldots, v_{(l)}\}$ austauschen.

(11) Zwei unabhängige Mengen $M$ und $N$ mit endlich vielen Elementen, die denselben Teilraum von $\mathbb{V}$ erzeugen, haben gleichviele Elemente.

(12) Hat $\mathbb{V}$ eine Basis $N = \{u_{(1)}, \ldots u_{(m)}\}$ aus $n$ Vektoren und ist $M$ eine unabhängige Menge von ebenfalls $n$ Vektoren, so ist auch $M$ eine Basis.

(13) Jede [abzählbare]*) Teilmenge $M$ von $\mathbb{V}$ besitzt eine unabhängige Teilmenge $N \subset M$, so daß $N$ ganz $M$ erzeugt (also denselben Teilraum wie $M$ erzeugt).

(14) Jede [endliche]*) unabhängige Teilmenge $M$ von $\mathbb{V}$ kann zu einer Basis $\tilde{M} \supset M$ ergänzt werden [wenn $\mathbb{V}$ eine Basis $N$ aus abzählbar vielen Elementen besitzt]*).

*Zum Beweis:*

(2) Für beliebiges $v \in M$ ist $o = 0 \cdot v$.

(5) $w = 1 \cdot w$.

(6) Ist $w = \Sigma_k a^k v_{(k)}$ und $v_{(k)} = \Sigma_l b_k^l u_{(l)}$ mit $u_{(l)} \in \tilde{M}$, so ist $w = \Sigma_l c^l u_{(l)}$ mit $c^l = \Sigma_k a^k b_k^l$.

(8) Folgt aus (5,6).

Für (1,7,9,10) wird folgendes Argument benutzt: Ist in $w = \Sigma_k a^k v_{(k)}$ ein Koeffizient, sagen wir $a^l$, $\neq 0$, so kann man nach $v_{(l)}$ auflösen:

$$v_{(l)} = \left( \sum_{k=1}^{l-1} + \sum_{l+1}^{n} \right) (-a^k/a^l) v_{(k)} + \frac{1}{a^l} w.$$

---

*) Die beiden Voraussetzungen über die „Abzählbarkeit" können unter Benutzung tiefliegender Resultate der Mengenlehre gestrichen werden; aber diese Verallgemeinerung ist »nichtkonstruktiv« und nützt daher für die Praxis wenig.

Dabei ist für

(1): $w = o$.

(7): Der Koeffizient $a$ von $v$ muß $\neq 0$ sein.

(9): $w = o$, der Koeffizient von $v$ ist $\neq 0$.

(10) Wegen (2) ist $v_{(1)} \neq o$, also ist in einer Darstellung $v_{(1)} = \Sigma_k\, a^k\, w_{(k)}$ mit $w_{(k)} \in N$ zumindest ein $a^l \neq 0$. Das zugehörige $w_{(l)}$ wählen wir als $u_{(1)}$, das ist dann von $N_1 := (N \setminus \{u_{(1)}\}) \cup \{v_{(1)}\}$ abhängig, also erzeugt $N_1$ denselben Teilraum wie $N \cup \{v_{(1)}\}$. Demnach ist $v_{(2)} = \Sigma\, b^k\, w_{(k)}$ mit $w_{(k)} \in N_1$; da $v_{(2)}$ aber von $v_{(1)}$ unabhängig ist, ist ein $b^k \neq 0$ zu einem $w_{(k)} \neq v_{(1)}$, das wird dann $u_{(2)}$, usw.

(11, 12, 14) folgen direkt aus (10) durch vollständigen Austausch von $M$.

(13) ergibt sich durch Durchmustern von $M$ und schrittweises Vergrößern von $N$ soweit möglich.

(3) läßt sich nach einem Prinzip zeigen, das den *Eindeutigkeitsbeweisen* bei *linearen* Strukturen zugrunde liegt und sehr oft benutzt wird. Gestattet $w$ zwei Darstellungen:

$$w = \Sigma_k\, a^k\, v_{(k)} = \Sigma_k\, b^k\, v_{(k)},$$

so bilde man die Differenz:

$$o = \Sigma_k (a^k - b^k)\, v_{(k)}.$$

(Durch Zufügen von Gliedern $0 \cdot v_{(l)}$ ist es natürlich immer möglich, beide Summen mit denselben Vektoren $v_{(k)}$ zu bilden.) Also sind entweder alle $a^k = b^k$ oder die $v_{(k)}$ sind gemäß (1) nicht unabhängig.

(4) $a = \Sigma_k\, a^k\, v_{(k)}$, $b = \Sigma_k\, b^k\, v_{(k)}$,

$\quad a + b = \Sigma (a^k + b^k)\, v_{(k)}$, $\alpha\, a = \Sigma_k (\alpha\, a^k)\, v_{(k)}$. ∎

**4.** *Definition*

Hat $\mathbb{V}$ eine Basis aus $n$ Vektoren, so heißt $n$ die *Dimension* von $\mathbb{V}$, dim $\mathbb{V}$; oft wird dann $\mathbb{V}_n$ geschrieben. Gibt es keine Basis aus endlich vielen Vektoren, schreibt man dim $\mathbb{V} = \infty$. Der triviale Vektorraum $\mathbb{V} = \{\mathbf{0}\}$ hat dim $\mathbb{V} = 0$.

(Satz 3.1.3.7 wird zeigen, daß die lineare Struktur endlichdimensionaler Vektorräume durch die Dimensionszahl $n$ schon vollständig charakterisiert ist.)

**5.** *Beispiele* (vgl. 3.1.1)

Die Räume in (ii, iii, iv b) haben die Dimension $n$. »Natürliche«, wenn auch nicht die einzig möglichen, Basen sind (für $n = 2$):

(ii)     $\mathbb{R}^2$:    $(1;0),(0;1)$.

(iii)    $(x_1;x_2) \mapsto (x_1 + 1;x_2)$,    $(x_1;x_2) \mapsto (x_1;x_2 + 1)$.

(ivb)    $(x_1;x_2) \mapsto 1 \cdot x_1 + 0 \cdot x_2 = x_1$.

$(x_1;x_2) \mapsto 0 \cdot x_1 + 1 \cdot x_2 = x_2$.

(ivc) hat dim $A = 2$, eine Basis ist $t \mapsto \sin \omega t$, $t \mapsto \sin(\omega t + \pi/2)$ $= \cos \omega t$.

$\mathbb{C}$ als *reeller* Vektorraum hat die Dimension 2, eine Basis ist $(1,0) = 1$, $(0,1) = i$, als *komplexer* Vektorraum aber die Dimension 1, eine Basis ist „1".

(iva): dim $A_n = n + 1$, eine Basis sind die Polynome: $x \mapsto x^k (k = 0,...,n)$ (denn $x^l$ übertrifft jedes Polynom von kleinerem als $l$-tem Grade für hinreichend große Werte von $x$, kann also nicht von den $x^k$ $(k < l)$ linear abhängen.

(iv) ist unendlichdimensional, falls $D$ nicht nur aus endlich vielen Punkten besteht.

### 3.1.3 Lineare Funktionen

*Das Konzept »Linearer Raum« ist deshalb so universell verwendbar, weil man nicht nur geometrisch/physikalische Größen durch Elemente von Vektorräumen beschreiben kann, sondern weil — etwa für physikalische Gesetze — die Beziehungen zwischen solchen Größen (also Funktionen auf Vektorräumen) auch eine lineare Struktur besitzen. Die einfachsten, die linearen Funktionen, werden jetzt untersucht.*

Lineare Funktionen sind solche Funktionen auf Vektorräumen, die mit den linearen Operationen vertauscht werden können. Funktionen zweier (oder mehrerer) Veränderlicher, die für jede Veränderliche linear sind, heißen bi- (oder multi-)linear.

**1.** *Definition:* ($\mathbb{V}$, $\tilde{\mathbb{V}}$, $\mathbb{W}$ seien Vektorräume)

$f: \mathbb{V} \to \mathbb{W}$ heißt *linear*, wenn für alle $a, b \in \mathbb{V}$, $\alpha \in \mathbb{R}$ gilt:

$f(a + b) = f(a) + f(b)$     (superponierbar),

$f(\alpha a) = \alpha \cdot f(a)$     (homogen).

$f: \mathbb{V} \times \tilde{\mathbb{V}} \to \mathbb{W}$ heißt *bilinear* wenn für alle $a, b \in \mathbb{V}$, $c, d \in \tilde{\mathbb{V}}$, $\alpha \in \mathbb{R}$ gilt:

$f(a + b;c) = f(a;c) + f(b;c)$,

$f(a;c + d) = f(a;c) + f(a;d)$,

$f(\alpha a;c) = \alpha f(a;c) = f(a;\alpha c)$.

(Entsprechend *multilineare Funktionen*).

Die Mengen dieser Funktionen bezeichnen wir mit $\mathscr{L}(\mathbb{V} \to \mathbb{W})$, $\mathscr{L}(\mathbb{V}, \tilde{\mathbb{V}} \to \mathbb{W})$.

**2.** *Warnung:* Man kann $\mathbb{V} \times \tilde{\mathbb{V}}$ leicht zu einem linearen Raum machen („Summe $\mathbb{V} \oplus \tilde{\mathbb{V}}$") indem man definiert:

$$(v, w) + (v', w') := (v + v', w + w'); \quad \alpha(v, w) := (\alpha v, \alpha w).$$

Eine bilineare Funktion $f$ auf $\mathbb{V} \times \tilde{\mathbb{V}}$ ist *nicht* linear\*) auf $\mathbb{V} \oplus \tilde{\mathbb{V}}$:

$$f(\alpha v, \alpha w) = \alpha^2 f(v, w) \text{ nicht } \alpha f(v, w),$$

$$f(v + v', w + w') = f(v, w) + f(v', w') + \underline{f(v, w') + f(v', w)}. \quad \blacksquare$$

Die wichtigsten *Spezialfälle* sind:

$\mathscr{L}(\mathbb{V} \to \mathbb{R})$, auch $\mathbb{V}^*$ („algebraisch dualer Raum") genannt, Linearformen,

$\mathscr{L}(\mathbb{V}, ..., \mathbb{V} \to \mathbb{R})$ Multilinearformen,

$\mathscr{L}(\mathbb{V} \to \mathbb{V})$ Lineare Transformationen.

**3.** *Beispiele:* (Zielmenge $\mathbb{R}$)

Die meisten einfachen geometrischen Größen, die Vektoren zugeordnet sind, sind *nichtlinear.* Die Länge $\|v\|$ erfüllt: $\|\alpha v\| = \alpha \|v\|$ nur für positive $\alpha$ und $\|v + w\| = \|v\| + \|w\|$ nur in dem Ausnahmefall, daß $v$ und $w$ dieselbe Richtung haben. Ebenso ist weder der Winkel $\measuredangle(v, w)$ noch der Flächeninhalt des von $v$ und $w$ aufgespannten Parallelo-

---

\*) Es gibt die Möglichkeit, $\mathbb{V} \times \tilde{\mathbb{V}}$ als Teilmenge eines linearen Raumes („Tensorprodukt $\mathbb{V} \otimes \tilde{\mathbb{V}}$") zu deuten, auf dem $f$ als lineare Funktion wirkt. In diesem Buch vermeiden wir diese Operationen $\oplus$ und $\otimes$, daher nur ein knapper Hinweis:

$\mathbb{V}$: Sei dim $\mathbb{V} = m$, eine Basis $\{v_{(1)}, ..., v_{(m)}\}$, $v = \Sigma a^k v_{(k)}$
$\tilde{\mathbb{V}}$: Sei dim $\tilde{\mathbb{V}} = n$, eine Basis $\{w_{(1)}, ..., w_{(n)}\}$, $w = \Sigma b^l w_{(l)}$.

Dann ist:

dim $\mathbb{V} \oplus \tilde{\mathbb{V}} = m + n$, $\{v_{(1)}, ..., v_{(m)}, w_{(1)}, ..., w_{(n)}\}$ eine Basis
dim $\mathbb{V} \otimes \tilde{\mathbb{V}} = m \cdot n$, $\{v_{(1)} w_{(1)}, v_{(1)} w_{(2)}, ..., v_{(m)} w_{(n)}\}$ eine Basis
$(v, w) \to \Sigma a^k v_{(k)} + \Sigma b^l w_{(l)} \in \mathbb{V} \oplus \tilde{\mathbb{V}}$; bzw. $(v, w) \to \Sigma \Sigma a^k b^l v_{(k)} w_{(l)} \in \mathbb{V} \otimes \tilde{\mathbb{V}}$.

In $\mathbb{V} \otimes \tilde{\mathbb{V}}$ ist $(v, w) + (v', w') = \Sigma \Sigma (a^k b^l + a'^k b'^l) v_{(k)} w_{(l)}$, also von der Addition in $\mathbb{V} \oplus \tilde{\mathbb{V}}$ ganz verschieden.
Allgemein hat ein Element $t \in \mathbb{V} \otimes \tilde{\mathbb{V}}$ die Form $\Sigma \Sigma t^{kl} v_{(k)} w_{(l)}$.
$f: t \mapsto \Sigma \Sigma t^{kl} f(v_{(k)}, w_{(l)})$ ist lineare Funktion auf $\mathbb{V} \otimes \tilde{\mathbb{V}}$ und zwar die angekündigte Erweiterung der bilinearen Funktion $f$.

gramms — die beiden anschaulichsten Funktionen zweier Vektoren — linear. Linear hingegen ist die Projektion *) $p_w(v)$ von $v$ auf $w$ [Abb. 3.4]:

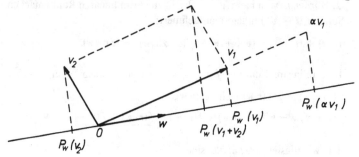

Abb. 3.4. Linearität der Projektion auf einen Vektor $w$
$$p_w(v_1 + v_2) = p_w(v_1) + p_w(v_2),\ p_w(\alpha v_1) = \alpha p_w(v_1).$$

Wir werden später sehen, daß dies schon fast der allgemeine Fall einer Linearform ist. Übrigens läßt sich hier das gerade in der Linearen Algebra wichtige »Spiel« des Rollentauschs: Variable ↔ Parameter vorführen: Oben war $w$ Parameter, man kann aber auch $p$ als Funktion zweier Vektoren $v, w$ auffassen $\mathbb{V} \times \mathbb{V} \to \mathbb{R}$, $(v, w) \mapsto p_w(v)$, die aber nicht bilinear ist, da $p_{\alpha w}(v) = \pm\, p_w(v)$ (je nach den Vorzeichen von $\alpha$) ist, d. h. bei festem $v$ ist $p$ als Funktion von $w$ nicht linear. Wir erhalten eine bilineare Funktion über $(v|w) := \|w\| \cdot p_w(v)$, diese hat gegenüber $p_w(v)$ noch den weiteren »Vorzug«, symmetrisch zu sein: $(v|w) = (w|v)$ **). Die Nichtlinearität wichtiger Funktionen $f$ kann man manchmal umgehen:

(i) $f$ wird aus einer — vielleicht weniger anschaulichen — multilinearen Funktion gewonnen; z. B. ist die Länge $\|v\|$ gleich der Projektion von $v$ auf sich selbst: $\|v\| = p_v(v) = (v|v)/\|v\|$, also $\|v\| = \sqrt{(v|v)}$.

(ii) Annäherung durch lineare Funktionen (siehe Kap. 4).

**4.** Die am häufigsten betrachteten Transformationen (Zielmenge $\mathbb{V}$) sind zum großen Teil linear.

---

*) In diesem Buch ist die Projektion nicht ein Vektor (Komponente von $v$ in Richtung $w$), sondern eine Zahl, nämlich bis auf ein Vorzeichen die Länge der Komponente von $v$ in Richtung $w$.

**) Die Symmetrie folgt geometrisch aus $p_w(v) = \|v\| \cos \measuredangle (v, w)$, sie ergibt zusammen mit der Linearität in einer der beiden Variablen auch Linearität in der anderen Variablen.

Beispiele im $\mathbb{V}_2$:

Drehung $(v_1; v_2) \mapsto (v_1 \cos\varphi - v_2 \sin\varphi;\ v_1 \sin\varphi + v_2 \cos\varphi)$,

Streckung $(v_1; v_2) \mapsto (r v_1; r v_2)$,

Spiegelung $(v_1; v_2) \mapsto (-v_1; v_2)$;

eine Verschiebung $(v_1; v_2) \mapsto (v_1 + a; v_2 + b)$ ist allerdings *nichtlinear* (!).

*Beispiel:* Eine Kraft $\vec{F}$ bewirkt eine Auslenkung eines elastisch aufgehängten Körpers (z. B.: Atom im Kristallgitter); für kleine Kräfte nimmt man ein lineares Verhalten an („Linearisierung"). Proportionalität, d. h. Parallelität von $\vec{F}$ und $\vec{s}$ gilt aber nur dann für jede Kraft $\vec{F}$, wenn die elastische Bindung in allen Richtungen gleich stark ist; im allgemeinen Falle gibt es nur drei Richtungen („Eigenrichtungen"), in denen $\vec{s}$ parallel zu $\vec{F}$ ist.

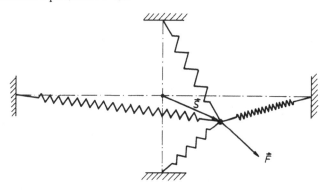

Abb. 3.5. Auslenkung $\vec{s}$ eines elastisch aufgehängten Körpers durch eine Kraft $\vec{F}$

**5.** *Operationen mit linearen Funktionen*

Sei $f \in \mathscr{L}(\mathbb{V} \to \tilde{\mathbb{V}})$ und $g: \mathscr{L}(\tilde{\mathbb{V}} \to \mathbb{W})$, dann ist $g \circ f \in \mathscr{L}(\mathbb{V} \to \mathbb{W})$; falls $f^{-1}$ als Funktion existiert, ist $f^{-1} \in \mathscr{L}(\tilde{\mathbb{V}} \to \mathbb{V})$. Also: Hintereinanderschaltung und Umkehrung linearer Funktionen führt auf lineare Funktionen. (Der Beweis ist einfach: Sei $v' = f(v)$, $w' = f(w)$, dann ist $f^{-1}(\alpha v' + w') = f^{-1}(\alpha f(v) + f(w)) = f^{-1}(f(\alpha v + w)) = \alpha v + w = \alpha f^{-1}(v') + f^{-1}(w')$, usw.).

In diesem Zusammenhang tritt ein weiterer oft nützlicher Begriff *) auf: Sei $T \in \mathscr{L}(\mathbb{V} \to \mathbb{W})$ und $f, g, \ldots \in \mathscr{L}(\mathbb{W} \to \mathbb{R}) = \mathbb{W}^*$, dann gibt $T$

---

*) Er wird in diesem Buch nicht benötigt; nehmen Sie das folgende als Beispiel dafür, wie durch den engen Zusammenhang einiger Linearer Räume eine Operation mehrere andere automatisch »produziert«.

»Anlaß«, Linearformen auf $\mathbb{V}$ zu bilden als $f \cdot T, g \cdot T, \ldots$, wobei $f \circ T(v) = f(T(v))$ ist. Nach Definition der Addition von Funktionen ist $(\alpha f + g) \circ T = \alpha f \circ T + g \circ T$ (denn $(f + g)(T(v)) = f(T(v)) + g(T(v))$ usw.), also erhalten wir durch $T$ eine lineare Funktion, die Linearformen $f, g, \ldots$ Linearformen in $\mathbb{V}^*$ zuordnet; diese Funktion wird $T^*$, die zu $T$ „adjungierte", genannt. Beispiel: $\mathbb{V} = \mathbb{W} = \mathbb{V}_2$, $T$ sei Drehung um $-\varphi$, $f$ sei Projektion auf einen Vektor $w$, dann ist $f \circ T$ Projektion auf den um $\varphi$ aus $w$ gedrehten Vektor; $T^*$ ordnet also jeder Projektion eine andere Projektion, nämlich die auf den um $\varphi$ gedrehten Vektor zu.

*Zusammenfassung*: ($T^{-1}$ natürlich nur, falls $T$ eineindeutig auf $\mathbb{W}$ ist.)

$T: \mathbb{V} \to \mathbb{W}$,

$T^{-1}: \mathbb{W} \to \mathbb{V}, w = T(v) \Leftrightarrow v = T^{-1}(w), T^{-1} \circ T = \mathrm{id}_\mathbb{V}, T \circ T^{-1} = \mathrm{id}_\mathbb{W}$

$T^*: \mathbb{W}^* \to \mathbb{V}^*, \forall f \in \mathbb{W}^*: f \circ T = T^*(f)$, d.h. $f(T(v)) = (T^*(f))(v)$.

**6.** Eine leichte Verallgemeinerung von Beispiel 3.1.1.5 (iv, ivb) ergibt:

*Satz: (Lineare Funktionen)*

Seien $\mathbb{V}, \mathbb{W}$ Vektorräume. Dann gilt:

(1) Die Menge aller Funktionen $\mathscr{F}(\mathbb{V} \to \mathbb{W})$ ist ein Linearer Raum (mit $(f + g)(v) := f(v) + g(v), (\alpha \cdot f)(v) := \alpha \cdot f(v)$).

(2) Die Menge aller linearen Funktionen $\mathscr{L}(\mathbb{V} \to \mathbb{W})$ ist linearer Teilraum von $\mathscr{F}(\mathbb{V} \to \mathbb{W})$.

(3) Die Menge aller Vektoren aus $\mathbb{V}$, die unter einer linearen Funktion in die $\mathbf{0}$ von $\mathbb{W}$ abgebildet werden (die „Nullstellen von $f$", $f^{-1}(\mathbf{0})$) ist Vektorteilraum von $\mathbb{V}$. ($f^{-1}(\mathbf{0})$ wird oft „*Kern von $f$*" Ker($f$) genannt.)

(4) Das Urbild $f^{-1}(w)$ irgendeines Elementes $w \in \mathbb{W}$ zu einer linearen Funktion $f$ ist entweder leer ($\emptyset$) oder ein affiner Teilraum von $\mathbb{V}$ parallel zu $f^{-1}(\mathbf{0})$.

(5) Die Wertemenge $f(\mathbb{V})$ zu einer linearen Funktion $f$ ist linearer Teilraum von $\mathbb{W}$.

*Zum Beweis:* (1) ist durch die Definition von $f + g$ und $\alpha f$ bereits geklärt; (2) bis (5) bestätigt man durch einfaches Nachrechnen; z. B.: $(f + g)(v + w) = f(v + w) + g(v + w)$, für lineare $f$ und $g$ ist dies $= f(v) + f(w) + g(v) + g(w) = (f + g)(v) + (f + g)(w)$. ∎

**7.** Für endlich-dimensionale Vektorräume kann man die Konsequenzen des „Austauschsatzes" 3.1.2.3 benutzen:

*Satz:* *(Lineare Funktionen auf endlich-dimensionalen Räumen)*

Sei dim $\mathbb{V} = n < \infty$, $\mathbb{V}$ und $\mathbb{W}$ Vektorräume.

(1) Genau dann, wenn dim $\mathbb{W} = $ dim $\mathbb{V}$ ist, gibt es eine umkehrbar lineare Abbildung $t$ von $\mathbb{V}$ auf $\mathbb{W}$ ($t$ und $t^{-1}: \mathbb{W} \to \mathbb{V}$ sind beide linear).

(2) Für eine lineare Transformation $t: \mathbb{V} \to \mathbb{V}$ ist gleichwertig:

    (i) $t^{-1}(0) = 0$.

    (ii) Die Bilder linear unabhängiger Vektoren sind linear unabhängig.

    (iii) $t$ ist *eineindeutig*.

    (iv) $t$ ist *auf*.

(3) dim $\mathbb{V}^* = $ dim $\mathbb{V}$.

(4) $(\mathbb{V}^*)^*$ und $\mathbb{V}$ können identifiziert werden.

*Kommentar:* (1) besagt, daß zwei lineare Räume mit gleicher endlicher Dimension bezüglich ihrer linearen Struktur (die also durch $n = $ dim $\mathbb{V}$ eindeutig gekennzeichnet ist) völlig gleich sind, wegen (3) gilt dies insbesondere für $\mathbb{V}$ und seinen dualen Raum $\mathbb{V}^*$.

**8.** *Zum Beweis:*

(1) Seien einerseits $e_{(k)}$, $\tilde{e}_{(l)}(k, l = 1, \dots, n)$ irgendwie gewählte Basen in $\mathbb{V}$ und $\mathbb{W}$. Die Abbildung $t$, eingeführt durch $t(e_{(k)}) = \tilde{e}_{(k)}$, d. h. für $v = \Sigma_k v^k e_{(k)}$ ist $t(v) = \Sigma_k v^k \tilde{e}_{(k)}$, erfüllt die Bedingung in (1). Andererseits, existiert ein umkehrbar lineares $t$, so bilden die Bilder $t(e_{(k)})$ einer Basis von $\mathbb{V}$ eine Basis von $\mathbb{W}$, also dim $\mathbb{W} = n$.

(2) Jede der vier Bedingungen garantiert, daß die Bilder $\tilde{e}_{(k)} := t(e_{(k)})$ einer Basis von $\mathbb{V}$ wieder eine Basis von $\mathbb{V}$ bilden, und umgekehrt gilt, wenn die $t(e_{(k)})$ Basis sind, daß $t$ alle 4 Bedingungen erfüllt. Hier sei dies nur für jeweils eine Bedingung gezeigt:

Ist $t$ eineindeutig, dann folgt aus $t(v) = t(w)$, daß $v = w$ ist. Wären nun die $\tilde{e}_{(k)}$ abhängig, d. h. $\Sigma a^k \tilde{e}_{(k)} = 0$, könnte gelten, ohne daß alle $a^k = 0$ sind, dann wäre $t(v) = \Sigma v^k \tilde{e}_{(k)} = \Sigma v^k \tilde{e}_{(k)} + 0 = \Sigma (v^k + a^k)\tilde{e}_{(k)}$ $= \Sigma w^k e_{(k)} = t(w)$ mit $w^k = v^k + a^k$, d. h. $w \neq v$.

Bilden die $\tilde{e}_{(k)}$ eine Basis, so sind sie nicht abhängig, also erhalten wir $0 = \Sigma v^k \tilde{e}_{(k)}$ nur für $v = 0$, also $t^{-1}(0) = 0$.

(3) Ist eine Basis $e_{(k)}$ in $\mathbb{V}_n$ gewählt, läßt sich eine Linearform $f$, angewendet auf beliebiges $v \in \mathbb{V}: f(v) = \Sigma_k v^k f(e_{(k)})$, durch die $n$ Zahlen $f_k := f(e_{(k)})$ kennzeichnen. Für die trivale Linearform $f \equiv 0$ sind alle $f_k = 0$ (wäre $f_l \neq 0$, so wäre $f(e_{(l)}) \neq 0$). Die $f_k$ sind Koordinaten von $f$ bezüglich des Systems von Linearformen $e^{(k)}$, die definiert sind durch:

**9.** $e^{(k)}(e_{(l)}) = \delta_l^k := \begin{cases} 1 & k = l \\ 0 & k \ne l \end{cases}$.

Ebenso definiert man $\delta_{kl} := \delta^{kl} := \delta_l^k$.
Denn damit ergibt sich:

**10.** $\sum_k f_k\, e^{(k)}(v) = \sum_k \sum_l f_k\, v^l\, e^{(k)}(e_{(l)}) = \sum_k f_k\, v^k = f(v)$, d. h.
$f = \sum_k f_k\, e^{(k)}$.

Da sich jedes $f \in \mathbb{V}^*$ aus den $e^{(k)}$ erzeugen läßt und die Null $f \equiv 0$ nur die triviale Darstellung $\sum_k 0 \cdot e^{(k)}$ hat, ist $e^{(k)}$ tatsächlich eine Basis von $\mathbb{V}^*$, die zu $e_{(k)}$ „duale Basis"\*). Insbesondere hat $\mathbb{V}^*$ genau dieselbe Dimension wie $\mathbb{V}$.

(4) Jeder Vektor $v$ ordnet jeder Linearform eine Zahl zu:

$v: \mathbb{V}^* \to \mathbb{R}$
$\quad f \;\mapsto f(v)$   Diese Zuordnung ist eineindeutig und linear,

$v \ne w \Rightarrow \exists f \in \mathbb{V}^*: f(v) \ne f(w), \alpha f + g \mapsto (\alpha f + g)(v) = \alpha f(v) + g(v)$,
also ist in diesem Sinne $v \in (\mathbb{V}^*)^*$, nach (3) ist $\dim(\mathbb{V}^*)^* = \dim \mathbb{V}^* = \dim \mathbb{V}$,
also folgt aus $\mathbb{V} \subset (\mathbb{V}^*)^*$, daß $\mathbb{V} = (\mathbb{V}^*)^*$ ist.

**11.** *Bemerkung*

Gemäß (4) dieses Satzes und entsprechend der Argumentation in 5 und 3 erhalten wir (unter anderem) folgende Gleichsetzungen von Räumen linearer Funktionen\*\*)

(1)   $\mathbb{V}$             $\leftrightarrow \mathscr{L}(\mathbb{V}^* \to \mathbb{R}) = (\mathbb{V}^*)^*$
      $v$             $f \;\mapsto f(v)$

(2) $\mathscr{L}(\mathbb{V} \to \mathbb{W})$     $\leftrightarrow \mathscr{L}(\mathbb{V}, \mathbb{W}^* \to \mathbb{R})$
   $v \mapsto t(v)$       $v\,,\, f \;\mapsto f(t(v))$

(3) $\mathscr{L}(\mathbb{V}, \tilde{\mathbb{V}} \to \mathbb{R})$   $\leftrightarrow \mathscr{L}(\mathbb{V} \to \tilde{\mathbb{V}}^*)$   $\leftrightarrow \mathscr{L}(\tilde{\mathbb{V}} \to \mathbb{V}^*)$
  $v\,,\, w \mapsto q(v,w)$   $v \mapsto q(v, \cdot)$      $w \mapsto q(\cdot, w)$.

**12.** Wir werden uns daher im nächsten Paragraphen auf folgende Objekte beschränken:

---

\*) Das ist keine Zuordnung der einzelnen Elemente. Ändern wir in einer Basis $\{e_{(k)}\}$ nur $e_{(1)}$, werden in der dualen Basis im allgemeinen alle $e^{(k)}$ zu ändern sein, nicht nur $e^{(1)}$.

\*\*) Etwa so zu lesen: Ist eine Transformation $t: \mathbb{V} \to \mathbb{W}$ gegeben, erhält man zu jedem Vektor $v \in \mathbb{V}$ und zu jeder Linearform $f$ auf $\mathbb{W}$ eine reelle Zahl $f(t(v))$. Wird in einer Bilinearform $q$ nur eine der beiden Leerstellen für die Variablen durch ein $v$ besetzt, bleibt eine Linearform übrig; $q$ ordnet also jedem Vektor $v$ eine Linearform zu.

*Definition*

Eine multilineare Abbildung $t: (\mathbb{V})^r \times (\mathbb{V}^*)^s \to \mathbb{R}$ (d. h. $\mathbb{V} \times \cdots \times \mathbb{V} \times \mathbb{V}^* \times \cdots \times \mathbb{V}^* \to \mathbb{R}$) heißt *Tensor* der Stufe $(s,r)$ oder: *r-fach kovariant* und *s-fach kontravariant.*

Die wichtigsten Fälle sind

$(0,0)$: Zahlen (auch *Skalare* genannt)
$(1,0)$: Vektoren
$(0,1)$: Linearformen (auch Kovektoren genannt)
$(1,1)$: Lineare Transformationen
$(0,2)$: Bilinearformen („Tensoren" im engeren Sinne).

**13.** *Beispiel* (vgl. auch Kap. 4.3.2)

Um zu zeigen, wie die Aussagen von Satz 7 für unendlich-dimensionale Vektorräume verlorengehen, betrachten wir 3.1.1.5 (iva), die Menge $A$ der Polynome und zwei lineare Transformationen $\Sigma_k a_k x^k \mapsto \Sigma_k b_k x^k$:

$$T_1 : b_k = \begin{cases} a_{k/2} & \text{für gerades } k \\ 0 & \text{für ungerade } k \end{cases} \qquad T_2 : b_k = a_{2k}.$$

$T_1$ ist „eineindeutig", aber nicht „auf": $T_1(A)$ ist die Menge der „geraden" Polynome, d. h. $p(-x) = p(x) \quad \forall\, x \in \mathbb{R}$.

$T_2$ ist „auf", aber nicht „eineindeutig": $T_2^{-1}(0)$ ist die Menge der „ungeraden" Polynome $(p(-x) = -p(x))$.

Für jedes $a \in \mathbb{R}$ ist $\delta_a : A \to \mathbb{R}$, $p \mapsto p(a)$ eine Linearform (jedem Polynom wird sein Funktionswert an der Stelle $a$ zugeordnet). Ein Polynom höchstens $n$-ten Grades, also $p \in A_n$ ist durch $n + 1$ Funktionswerte eindeutig festgelegt. Insbesondere gibt es für jede Wahl von Punkten $a_k \in \mathbb{R}$ $(k = 0, \ldots, n)$ Polynome $p_k$ aus $A_n$ mit $p_k(a_l) = \delta_{kl}$; dann ist $p(x) = \Sigma\, p(a_k) \cdot p_k(x)$. Für $(A_n)^*$ bilden die $\delta_{a_k}$ eine Basis; für jedes $f \in A_n^*$ ist $f(p) = \Sigma\, p(a_k) \cdot f(p_k(x))$, also $f = \Sigma\, f(p_k) \cdot \delta_{a_k}$; das sind die „Interpolationspolynome" in 4.3.2.15.

In dem Raum der Linearformen $A^*$ auf den Polynomen $A$ ist die Menge aller $\delta_a (a \in \mathbb{R})$ linear unabhängig.

(Zeigen Sie das unter Benutzung der Tatsache, daß zu je endlich vielen $a_r \in \mathbb{R}$ es Polynome gibt, die alle bis auf eins der $a_r$ als Nullstellen haben.) Also gibt es in $A^*$ eine mehr als abzählbare linear unabhängige Menge (die übrigens noch keine Basis ist), während $A$ selbst ja eine abzählbare Basis „$x \mapsto x^k (k \in \mathbb{N})$" hat, $A^*$ wird also »unangenehm groß«.

### 3.1.4 Tensorkalkül

*Eine sehr knappe Zusammenfassung von Regeln, wie man mit linearen Funktionen rechnen kann, ohne weiter über ihre »Mathematik« nach-*

*denken zu müssen. Nur für Leser, die zur gleichen Zeit in Mechanik, Elektrodynamik o. ä. Aufgaben bearbeiten, die Tensorrechnung erfordern und die ein Bedürfnis haben nach einem Überblick über den mathematischen Kern dessen, was sie gerade betreiben.*

**1.** Durch die Einführung von allerlei (multi-)linearen Abbildungen haben wir uns zu einem vorgegebenen Vektorraum $\mathbb{V}$ viele weitere lineare Räume („Tensorräume") verschafft. Wollen wir mit solchen Objekten *rechnen* und nicht nur *Mathematik* betreiben, so stellt man sie zweckmäßigerweise durch Koordinaten bezüglich einer Basis dar *).

Gesucht wird ein Formalismus:

(1) Operationen mit Tensoren sollen möglichst einfachen Rechnungen mit den Koordinaten entsprechen.

(2) Bei gegebener Basis $e_{(k)}$ in $\mathbb{V}$ geschickte Wahl der zugeordneten Basen in den Tensorräumen.

(3) Klare Regeln für die Umrechnung der Koordinaten bei Basiswechsel.

(4) Die Kennzeichnung des Koordinatenschemas muß die Stufe (d. h. zu welchem Tensorraum das Objekt gehört) und die zugrunde gelegte Basis erkennen lassen.

(5) »Narrensichere« Regeln, was man alles machen darf (d. h. alle wichtigen Operationen zwischen und innerhalb von Tensorräumen ermöglichen, und die formale Erzeugung von geometrisch nicht interpretierbaren Zahlenschemata verbieten).

**2.** *Zugeordnete Basen für Tensorräume*

Sei eine Basis $e_{(k)}$ ($k = 1, \ldots, n$) in $\mathbb{V}$ gewählt (dim $\mathbb{V} = n$), dann gibt 3.1.3.9 die „duale Basis" $e^{(l)}$ in $\mathbb{V}^*$. Entsprechend erhält man etwa für die Bilinearformen, daß $Q: \mathbb{V} \times \mathbb{V} \to \mathbb{R}$, $Q(v, w) = \sum_k \sum_l v^k w^l Q(e_{(k)}, e_{(l)})$ eindeutig gekennzeichnet ist durch die Werte $q_{kl} := Q(e_{(k)}, e_{(l)})$. Führt man Bilinearformen $e^{(k)(l)}$ ein durch: $e^{(k)(l)}(e_{(m)}, e_{(n)}) := \delta^k_m \delta^l_n$, so ist **)
$Q = \sum_k \sum_l q_{kl} e^{(k)(l)}$: d. h. die $e^{(k)(l)}$ sind eine Basis. Für $\mathscr{L}(\mathbb{V} \to \mathbb{V})$ etwa bilden die durch $e^{(k)}_{(l)}(e_{(m)}) = \delta^k_m e_{(l)}$ definierten Transformationen eine

---

*) Da wir auch in diesem Paragraphen Mathematik betreiben und nicht rechnen, geben wir keine konkreten Zahlenschemata, sondern »tun nur so« und arbeiten mit Symbolen für »allgemeine« Koordinaten. So steht denn ein indextragendes Symbol statt eines wirklichen Koordinatenschemas (Matrix o. ä.).

**) Denn $\sum_k \sum_l q_{kl} e^{(k)(l)}(v, w)$
$= \sum_k \sum_l \sum_m \sum_n q_{kl} v^m w^n e^{(k)(l)}(e_{(m)}, e_{(n)}) = \sum_k \sum_l \sum_m \sum_n q_{kl} v^m w^n \delta^k_m \delta^l_n$
$= \sum_k \sum_l q_{kl} v^k w^l = \sum_k \sum_l v^k w^l Q(e_{(k)}, e_{(l)}) = Q(v, w)$.

Basis, die in der Umdeutung $e'^{(k)}_{(l)}(e_{(m)}, e^{(p)}) := (e'^{(k)}_{(l)}(e_{(m)}))(e^{(p)}) = \delta^k_m e_{(l)}(e^{(p)})$
$= \delta^k_m \delta^p_l$ dann auch eine Basis in $\mathscr{L}(\mathbb{V}, \mathbb{V}^* \to \mathbb{R})$ sind.

### 3. Basistransformationen

Für eine umkehrbar eindeutige lineare Transformation $A$ in $\mathbb{V}$:
$e'_{(k)} = \Sigma_l A^l_k \, e_{(l)}*)$ sei $A^{-1}: e_{(l)} =: \Sigma_k A^{k'}_l \, e'_{(k)} = \Sigma_k \Sigma_m A^{k'}_l A^m_k e_{(m)}$, also ist
$\Sigma_k A^{k'}_l A^m_k = \delta^m_l$, ebenso ist $\Sigma_l A^l_k A^{m'}_l = \delta^m_k$. Das ist die Koordinaten-
darstellung von $A \circ A^{-1} = \mathrm{id}_\mathbb{V} = A^{-1} \circ A$.
Die duale Basis $e'^{(k)}$ ist gegeben durch

**4.**   $e'^{(k)} = \Sigma_l A^k_l \, e^{(l)}$,

denn: $e'^{(k)}(e'_{(m)}) = \Sigma_l A^k_l \, e^{(l)}(e'_{(m)}) = \Sigma_l \Sigma_p A^k_l A^p_m \, e^{(l)}(e_{(p)}) = \Sigma_l A^k_l A^l_{m'} = \delta^k_m$.
In $\mathbb{V}_2$ läßt sich das gut graphisch darstellen [Abb. 3.6]: Ausgehend
von einem Basiswechsel

$$e'_{(1)} = \varkappa e_{(1)} + \gamma e_{(2)} \qquad \begin{bmatrix} A^1_1 = \alpha & A^2_{1'} = \gamma \\ A^1_2 = \beta & A^2_2 = \delta \end{bmatrix}$$
$$e'_{(2)} = \beta e_{(1)} + \delta e_{(2)}$$

erhalten wir nach dem Additionsverfahren (von Abb. 3.3) und dem
Strahlensatz:

$$e^{(1)} = \varkappa e'^{(1)} + \beta e'^{(2)}$$
$$e^{(2)} = \gamma e'^{(1)} + \delta e'^{(3)} \quad \text{(nicht eingezeichnet)}.$$

Man beachte, daß das Koeffizientenschema »gespiegelt« auftritt,
und daß unsere Benutzung »oberer« und »unterer« Indizes dieses
automatisch in Formel 4. berücksichtigt.

**5.** *Regeln* (erläutert an einem Tensor der Stufe (1,2) $t$: $\mathbb{V} \times \mathbb{V} \times \mathbb{V}^* \to \mathbb{R}$)

(1) Der Basis $e_{(k)}$ in $\mathbb{V}$ ist eine Basis $e^{(l)(m)}_{(p)}$ zugeordnet mit:

$$e^{(l)(m)}_{(p)}(e_{(q)}, e_{(r)}, e^{(s)}) = \delta^l_q \delta^m_r \delta^s_p.$$

(2) Das Koordinatenschema von $t$ trägt 1 oberen und 2 untere Indizes:
$t^k_{lm}$.

(3) Marken, die eine Basiswahl in $\mathbb{V}$ kennzeichnen, werden an die
Indizes gesetzt: $e'_{(k)}$ ist $e'^{(l)(m)}_{(p)}$ zugeordnet; die darauf bezogenen Koordinaten heißen $t^{k'}_{l'm'}$. (Die verschiedene Markenstellung sagt: $t^{k'}_{l'm'}$ und
$t^k_{lm}$ sind Koordinaten desselben geometrischen Objektes $t$, während
$e_{(k)}$ und $e'_{(k)}$ verschiedene Vektoren sind. Man beachte, daß $v^{1'}$ die
1. Koordinate bezüglich $e'_{(k)}$ ist, nicht etwa eine 1'. Koordinate.)

---

*) D. h.: $A$ bildet die Basis $e_{(l)}$ in die Vektoren $e'_{(k)}$ ab; die dabei auftretenden
Koeffizienten $A^l_{k'}$ kennzeichnen also bei vorgegebener Basis $e_{(l)}$ die Transformation $A$ eindeutig.

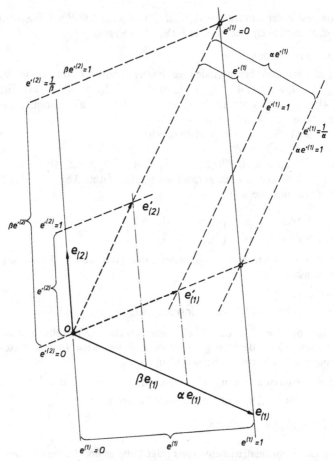

Abb. 3.6. Das Verhalten der dualen Basis $e'^{(k)} \to e^{(k)}$ (nur für $k = 1$ eingezeichnet) bei einer Basistransformation $e_{(k)} \to e'_{(k)}$. Die Elemente der dualen Basis werden als Linearformen $f$ durch die Geraden $\{f(v)\} = 0$ bzw. 1 (gestrichelt gezeichnet – – –) dargestellt

(4) Koordinatentransformationsregeln bei $e'_{(k)} = \Sigma_l A^l_{k'} e_{(l)}$:

$$t^{k'}_{l'\,m'} = \Sigma_q \Sigma_r \Sigma_s A^{k'}_q A^r_{l'} A^s_{m'} t^q_{rs}.$$

## 6. Tensoroperationen

Bei einer festen Basiswahl kann jedes »indizierte Zahlenschema« (Indizes laufen alle von 1 bis $n$) als Koordinaten eines Tensors gedeutet werden, z. B. $3 \times 3 \times 3$ Zahlen als $(1,2)$-stufiger Tensor über dem $\mathbb{V}_3$, oder Längs-, Quer- und Aufwärtsgeschwindigkeit $v^1, v^2, v^3$ eines Körpers oder auch seine Masse, Ladung, Volumen $(m, q, V)$ jeweils als Vektor im $\mathbb{V}_3$; das ist nicht weiter »tiefsinnig«. Eine »geometrische« Bedeutung erweist sich erst bei einer Transformation.

Jedes »indizierte Zahlenschema plus Transformationsregeln« entspricht einem Tensor *) (wenn die Transformationsregeln genau die in Regel 5. sind). Daher sind die Transformationseigenschaften von großer prinzipieller Bedeutung, auch wenn man gar nicht wirklich die Basis wechseln möchte. Erst dann erweist sich, daß $(v^1, v^2, v^3)$ tatsächlich ein Vektor ist, während $(m, q, V)$ drei Zahlenwerte (Tensoren der Stufe $(0,0)$) sind, die nicht geometrisch miteinander verknüpft sind.

**7.** *Die Tensoroperationen im Einzelnen*

(1) Da Tensoren gleicher Stufe einen linearen Raum bilden, können sie *linearkombiniert* werden:

$\alpha t^k_{lm} + \beta u^k_{lm}$ ist wieder Tensor der Stufe $(1,2)$.

(*Warnung!* $t^k_{lm} + u^k_{km}$, $t_{klm} + u^k_{lm}$, $t^k_{lm} + u^{k'}_{l'm'}$, $t_{klm} + u_k$, $t^k_{lm} + u^p_{qr}$ sind alles keine Tensoren!).

(2) *Tensorprodukt:* $t^k_{lm} u^p_q$ ist ein Element von

$(\mathbb{V} \times \mathbb{V} \times \mathbb{V}^*) \times (\mathbb{V} \times \mathbb{V}^*) \to \mathbb{R}$

$v \, , \quad w \, , \quad f, \qquad z \, , \quad g \quad \mapsto t(f, v, w) \cdot u(g, z)$

also ein Tensor der Stufe $(2,3)$, oft mit $t \otimes u$ bezeichnet.

(3) *Verjüngung:* Für je eine obere und untere Indexposition bilde man die Summe über alle Koordinaten mit gleichem Wert der Indizes: $\Sigma_k t^k_{lk} = t^1_{l1} + t^2_{l2} + \ldots t^n_{ln}$ ist Tensor der Stufe $(0,1)$. Besonders wichtige Fälle:

| | |
|---|---|
| Linearform wirkt auf Vektor $v$ | $f(v) : \Sigma_k f_k v^k$ |
| Lineare Transformation $T$ wirkt auf $v$ | $T(v) : \Sigma_l t^k_l v^l$ |
| Hintereinanderschaltung von Transformationen | $T \cdot U : \Sigma_l t^m_l u^l_k$ |
| Bilinearform $Q$ wirkt auf $v$ und $w$ | $Q(v, w) : \Sigma_k \Sigma_l q_{kl} v^k w^l$ |
| „Spur" einer Transformation | Spur $T : \Sigma_k t^k_k$. |

---

*) Manchmal wird dieses sogar als Definition von Tensoren benutzt. Wir haben hier den Standpunkt eingenommen, daß Objekte aus $\mathscr{L}(\mathbb{V}, \mathbb{V} \to \mathbb{R})$ usw. schon »existieren«, bevor überhaupt irgendwelche Basen (für Koordinaten) eingeführt wurden.

*Warnung:* Kein Tensor ist: $v \cdot w := \Sigma_k v^k w^k$. Sind $v$ und $w$ nicht parallel, so gibt es eine Basis mit $e_{(1)} = v$, $e_{(2)} = w$, dann ist $v \cdot w = 0$, in einer Basis mit $e'_{(1)} = v + 2\,w$, $e'_{(2)} = v - w$ ist hingegen $v \cdot w = -1/3$; man kann jeden Wert in $\mathbb{R}$ erhalten! Das sieht man auch an den Transformationsregeln: $\Sigma_k v^{k'} w^{k'} = \Sigma_k \Sigma_l \Sigma_m A_l^{k'} A_m^{k'} v^l w^m$, aber $\Sigma_k A_l^{k'} A_m^{k'}$ ist im Gegensatz zu $\Sigma_k A_l^{k'} A_{k'}^m$ nicht eine Koordinatendarstellung von $\mathrm{id}_V$. Ebenfalls kein Tensor ist Spur $Q : \Sigma_k q_{kk}$.

Die „Adjungierte" $T^*$ hat dieselben Koordinaten wie $T$, denn:

$$f(T(v)) = \Sigma_k f_k(\Sigma_l t_l^k v^l) = \Sigma_k \Sigma_l f_k t_l^k v^l = \Sigma_l (\Sigma_k t_l^k f_k) v^l = (T^*(f))(v).$$

(4) *(Schief-)Symmetrisierung*

Zunächst einige Abkürzungen und Symbole

$t_{(lm)}^k := \frac{1}{2}(t_{lm}^k + t_{ml}^k)$ „symmetrischer Anteil"

$t_{[lm]}^k := \frac{1}{2}(t_{lm}^k - t_{ml}^k)$ „schiefer Anteil"

$t_{[klm]} := \frac{1}{6}(t_{klm} - t_{lkm} + t_{lmk} - t_{mlk} + t_{mkl} - t_{kml}).$

Es gilt:

8.     $t_{lm}^k = t_{(lm)}^k + t_{[lm]}^k$, $t_{(ml)}^k = t_{(lm)}^k$, $t_{[lm]}^k = -t_{[ml]}^k$,

$\Sigma_k \Sigma_l t_{kl} u^{(kl)} = \Sigma_k \Sigma_l t_{(kl)} u^{(kl)}$, insbesondere (da $v^k v^l = v^{(k} v^{l)}$):

$\Sigma_k \Sigma_l q_{kl} v^k v^l = \Sigma_k \Sigma_l q_{(kl)} v^k v^l$ und $\Sigma_k \Sigma_l q_{[kl]} v^k v^l = 0$.

$$\varepsilon_{kl\ldots m} = \varepsilon^{kl\ldots m} := \begin{cases} 0 & \text{falls zwei der Indizes } k, l \ldots m \text{ den-}\\ & \text{selben Wert haben} \\ (-1)^{\sigma(k, l, \ldots, m)} & \text{wobei } \sigma(k \ldots m) \text{ die Anzahl der Fehl-}\\ & \text{stellungen in } (k, \ldots m) \text{ ist.} \end{cases}$$

(Z. B. $\varepsilon_{231} = +1$, $\varepsilon_{321} = -1$, $\varepsilon_{123} = +1$).

Es gilt: $\varepsilon_{kl\ldots m} = \varepsilon_{[kl\ldots m]}$ (wegen Satz 2.1.2.2).

*Warnung:* $\varepsilon_{klm}$ ist kein Tensor, vgl. 3.2.4.

Die symmetrischen bzw. schiefen Anteile von Tensoren bezogen auf Indizes in »gleicher Höhe« sind wieder Tensoren und bilden darüber hinaus lineare Teilräume der entsprechenden Tensorräume.

Z. B.: $2q_{(k'l')} = \Sigma_p \Sigma_r A_{k'}^p A_{l'}^r q_{pr} + \Sigma_p \Sigma_r A_{l'}^p A_{k'}^r q_{pr}$

$= \Sigma_s \Sigma_t A_{k'}^s A_{l'}^t (q_{st} + q_{ts}) = 2 \Sigma_s \Sigma_t A_{k'}^s A_{l'}^t q_{(st)}$; eine Linearkombination symmetrischer Bilinearformen ist wieder symmetrisch.

*Warnung:* $\frac{1}{2}(t_l^k + t_k^l)$ ist kein Tensor, es gibt also keine »symmetrischen« Transformationen in allgemeinen linearen Räumen.

9. *Hinweis:* Die geometrische Bedeutung von Spur $T$ und der Zerlegung in den symmetrischen und schiefen Anteil wird in Kap. 4.4.4 erläutert. Symmetrische und schiefe Bilinearformen spielen im weiteren

eine große Rolle. Beispiele für Basistransformationen konkret vorgegebener Tensoren finden sich in 4.4.

## 3.2 Inneres und äußeres Produkt auf dem $\mathbb{V}_3$

*Aus der Geometrie des $\mathbb{E}_n$ überträgt sich natürlicherweise eine Längen-,
Winkel- und Volumenmessung in den Vektorraum $\mathbb{V}_n$ der Verschiebungen
des $\mathbb{E}_n$.*

### 3.2.0 $\mathbb{E}_3$, $\mathbb{V}_3$, $\mathbb{R}^3$ (vgl. auch 2.2.4)

In der linearen Geometrie betrachtet man drei 3-dimensionale Räume,
die einander »zum Verwechseln« ähnlich sind, aber zwischen denen
auch aus prinzipiellen Gründen unterschieden werden sollte.

$\mathbb{E}_3$ ist »der« Raum, seine Elemente sind Punkte, seine Struktur ist
der Euklidische Abstand; alle Punkte und alle Richtungen sind gleichwertig, kein Punkt ist vor anderen ausgezeichnet.

$\mathbb{V}_3$ ist der lineare Raum der Verschiebungen im $\mathbb{E}_3$ (vgl. 3.1.1 Beispiel
(iii)); wird ein Punkt des $\mathbb{E}_3$ willkürlich als „Ursprung" 0 ausgewählt,
entspricht jeder Verschiebung $v \in \mathbb{V}_3$ genau ein Punkt aus $\mathbb{E}_3$: derjenige,
in den 0 verschoben wird. Die Struktur ist das Hintereinanderaus-
führen $v + w$ und das Verlängern/Verkürzen von Verschiebungen $\alpha \cdot v$;
es gibt ein natürlicherweise ausgezeichnetes Element $o$, die Verschiebung »um nichts«.

Entsprechende algebraische Operationen im $\mathbb{E}_3$ gibt es nicht. Es
ist nicht sinnvoll, Punkte zu addieren oder mit Zahlen zu multiplizieren;
man kann allenfalls eine Art »Subtraktion« einführen:

$$\mathbb{E}_3 \times \mathbb{E}_3 \to \mathbb{V}_3 \quad \text{(nicht } \mathbb{E}_3 \text{!)}$$
$$p \quad , q \mapsto (q - p) :\Leftrightarrow \text{die Verschiebung, die } p \text{ in } q \text{ überführt.}$$

$\mathbb{R}^3$ ist zur Beschreibung der Elemente von $\mathbb{E}_3$ und $\mathbb{V}_3$ sowie zur praktischen Arbeit mit ihnen notwendig: $\mathbb{E}_3$ erhält ein „Koordinatensystem",
d. h.: jedem $p \in \mathbb{E}_3$ wird ein Tripel reeller Zahlen $(p_1; p_2; p_3)$ zugeordnet,
in der linearen Geometrie zumeist „kartesische" (oder wenigstens
geradlinige) Koordinaten, in anderen Fällen oft auch krummlinige
Koordinaten (siehe etwa 4.4.1).

### 3.2.1 Längen und Winkel

**1.** Ein kartesisches Koordinatensystem im $\mathbb{E}_3$ zeichnet drei Verschiebungen aus, die eine »natürliche« Wahl einer Basis im $\mathbb{V}_3$ sind:

$e_{(1)}$: verschiebt $(0;0;0)$ nach $(1;0;0)$,

$e_{(2)}$: verschiebt $(0;0;0)$ nach $(0;1;0)$,

$e_{(3)}$: verschiebt $(0;0;0)$ nach $(0;0;1)$.

Die $e_{(k)}$ verschieben also jeweils um die Länge 1 („normiert") und in zueinander senkrechten Richtungen („orthogonal") und heißen daher „orthonormierte" Basis. Irgendeine beliebige Verschiebung $v$, die $(0;0;0)$ nach $(v^1;v^2;v^3)$ verschiebt, also $v = \Sigma_k v^k e_{(k)}$, verschiebt um die Länge ($\delta_{kl}$ wurde in 3.1.3.9 definiert)

$$\| v \| = \sqrt{(v^1)^2 + (v^2)^2 + (v^3)^2} = \sqrt{\Sigma_k \Sigma_l \delta_{kl} v^k v^l}$$

(nach dem Pythagoras) in eine Richtung, für deren Winkel $\varphi_k$ gegen die $k$-te Koordinatenachse gilt:

$$\| v \| \cdot \cos \varphi_k = v^k.$$

In einer beliebigen, nicht orthonormierten Basis können diese beiden Formeln nicht gelten, da sie z. B. dem zweiten Basisvektor $(0;1;0)$ immer automatisch die Länge 1 und den Winkel $\varphi_1 = 90°$ zuordnen. Formal ausgedrückt: $\delta_{kl}$ sind nicht Koordinaten einer Bilinearform, wenn man allgemeine Basistransformationen zuläßt. Die Form, deren Koordinaten $g_{kl}$ in orthonormierter Basis\*) gerade $\delta_{kl}$ sind, heißt „metrischer Tensor" $g(.;.)$. Statt $g(v;w)$ wird $(v|w)$ (so in diesem Buch) oder $(vw)$, $v \cdot w$ u. a. geschrieben.

Um den Winkel zwischen zwei Verschiebungen $v$ und $w$ zu ermitteln, benutzen wir ein äußerst zweckmäßiges und in der Geometrie laufend angewandtes Verfahren: Man wähle den Verhältnissen besonders angepaßte Koordinaten bzw. Basis; löse das Problem mit einer ggf. stark von der Basiswahl abhängigen Formel; »spiele« so lange mit dieser Formel, bis sie eine formal basisunabhängige Gestalt hat: Dies ist dann die gewünschte Regel.

Wir wählen $e_{(1)}$ in Richtung von $w$, d. h. $w = (w^1;0;0)$, dann ist

$$\| v \| \cos \measuredangle (v,w) = \frac{w^1}{|w^1|} \cdot v^1 = \frac{1}{\| w \|} \cdot \Sigma_k v^k w^k$$

$$= \frac{1}{\| w \|} \cdot \Sigma_k \Sigma_l \delta_{kl} v^k w^l = \frac{1}{\| w \|} \cdot (v|w).$$

---

\*) Diese auch im folgenden benutzte Sprechweise bedeutet: Sei in $\mathbb{V}$ eine orthonormierte Basis $e_{(k)}$ gegeben, so hat die Form $g$ in der zu $e_{(k)}$ gemäß 3.1.4.2 zugeordneten Basis $e^{(k)(l)}$ die Koordinaten $\delta_{kl}$.

Insgesamt erhalten wir den

**2. Satz** *(geometrische Bedeutung des inneren Produktes)*

(1) $\|v\| = \sqrt{(v|v)} = \sqrt{\Sigma_k \Sigma_l g_{kl} v^k v^l}$

in orthonormierter Basis: $\|v\| = \sqrt{\Sigma_k (v^k)^2}$

ist die Länge, um die verschoben wird.

(2) Der Winkel zwischen den Richtungen von $v$ und $w$ ist gegeben durch:

$$\cos \sphericalangle (v,w) = \frac{(v|w)}{\|v\| \cdot \|w\|} = \frac{1}{\|v\| \|w\|} \cdot \Sigma_k \Sigma_l g_{kl} v^k w^l$$

in orthonormierter Basis: $\Sigma_k v^k w^k = \cos(\sphericalangle (v,w)) \cdot \sqrt{\Sigma_k (v^k)^2 \cdot \Sigma_k (w^k)^2}$.

(3) In orthonormierter Basis gilt:

$$\cos \sphericalangle (v, e_{(k)}) = \frac{v^k}{\|v\|} \quad (\text{„Richtungscosinus“}).$$

(4) $v$ und $w$ stehen genau dann senkrecht aufeinander, wenn $(v|w) = 0$ ist.

(5) Die Projektion von $v$ auf $w$ ist

$$\|v\| \cdot \cos \sphericalangle (v,w) = (v|w)/\|w\|.$$

(6) Der Vektor in Richtung von $v$ mit Länge 1 ist

$$\frac{1}{\|v\|} v = \Sigma_k \frac{v^k}{\|v\|} \cdot e_{(k)}.$$

Damit (4) auch für den Trivialfall $w = o$ gilt, vereinbart man:

„Der Nullvektor steht auf jedem Vektor senkrecht“.

**3. Beispiel:** $\mathbb{V}_2$; $e_{(1)}$, $e_{(2)}$ seien orthonormiert; $e'_{(1)} := e_{(1)} + 1/2 e_{(2)}$, $e'_{(2)} = 3/2 e_{(2)}$, also $A_1^1 = 1$, $A_2^1 = 0$, $A_1^2 = 1/2$, $A_2^2 = 3/2$

$g_{k'l'} = \Sigma_p \Sigma_q A_k^p A_l^q \delta_{pq}$ und $e'^{k}_{(l)} = \delta_l^k$, $e'^k_{(l)} = A_l^k$ ergibt:

$g_{1'1'} = 5/4$, $\quad g_{1'2'} = g_{2'1'} = 3/4$, $\quad g_{2'2'} = 9/4$;

wir erhalten: $\|e'_{(1)}\| = \sqrt{5/4}$, $\quad \|e'_{(2)}\| = \sqrt{9/4} = 3/2$.

$(e'_{(1)}|e'_{(2)}) = g_{1'2'} = 3/4$, $\quad \cos \sphericalangle (e'_{(1)}, e'_{(2)}) = 1/\sqrt{5}$, das entspricht $63°$.

Für einen Vektor $v$ mit $v^{1'} = 1 = v^2$ erhalten wir:

$(v|v) = \Sigma_k \Sigma_l g_{k \cdot l} v^k v^{l'} = (5 + 3 + 3 + 9)/4 = 5, \quad \|v\| = \sqrt{5},$

$(v|e'_{(1)}) = g_{1 \cdot 1} v^{1'} + g_{2 \cdot 1} v^2 = 2, \quad (v|e'_{(2)}) = 3,$

$\cos \sphericalangle (v, e'_{(1)}) = 4/5, \quad \cos \sphericalangle (v, e'_{(2)}) = 2/\sqrt{5}.$

### 4. Anmerkung

Bei jedem Vektorraum $\mathbb{V}_n$ mit solchem inneren Produkt $(.|.)$ gibt es eine natürliche eineindeutige Beziehung zwischen $\mathbb{V}$ und $\mathscr{L}(\mathbb{V} \to \mathbb{R})$ $= \mathbb{V}^*$. Jedem $w \in \mathbb{V}$ wird durch $(w|.)$ eine Linearform aus $\mathbb{V}^*$ zugeordnet (nämlich diese: $v \mapsto (w|v)$). Umgekehrt läßt sich zu jedem $f \in \mathbb{V}^*$ solch ein $w \in \mathbb{V}$ finden. Sei $\{e_{(k)}\}$ orthonormierte Basis und $\{e^{(k)}\}$ dazu dual und sei $f = \Sigma_k f_k e^{(k)}$, dann wählen wir als $w$ den Vektor, der bezüglich $e_{(k)}$ dieselben Koordinaten wie $f$ bezüglich $e^{(k)}$ hat: $w^k = f_k$. Dann gilt für jedes $v \in \mathbb{V}$: $f(v) = \Sigma_k f_k v^k = \Sigma_k w^k v^k = \Sigma_k \Sigma_l \delta_{kl} w^k v^l = (w|v)$. Jede Linearform aus $\mathbb{V}^*$ ist also in der Form $(w|.)$ darstellbar, das ist das $\|w\|$-fache der Projektion auf $w$. Die »tensorielle« Formulierung dieser Tatsache ist, daß bezüglich orthogonaler*) Basistransformationen $\delta_{kl}$ Koordinaten eines Tensors $g(.;.)$ sind und daher die Zuordnung $w^k \mapsto f_k = \Sigma_l \delta_{kl} w^l = w^k$ zulässig ist.

Die Umkehrung dieser Abbildung wird durch $\delta^{kl}$ vermittelt: $f_k \mapsto w^k$ $= \Sigma_l \delta^{kl} f_l$. Bei allgemeiner Basis muß man dann die Koordinaten von $g(.;.)$, nämlich $g_{kl}$ und die Umkehrung $g^{kl}$ (mit $\Sigma_l g^{kl} g_{lm} = \delta_m^k$) benutzen zum »Herauf- oder Herunterziehen von Indizes«.

$$w^k \mapsto f_k = \Sigma_l g_{kl} w^l, \quad f_k \mapsto w^k = \Sigma g^{kl} f_l.$$

Ebenso entsprechen einander Lineare Transformationen und Bilinearformen:

$$t_l^k \mapsto t_{kl} = \Sigma_m g_{km} t_l^m,$$

was uns ermöglicht, jetzt auch von „symmetrischen" Transformationen zu sprechen, die in *orthonormierter* Basis $t_l^k = t_k^l$ erfüllen.

**5.** *Warnung:* Sind die Elemente von $\mathbb{V}$ geometrische oder physikalische Größen, so ändert sich diese Zuordnung zwischen $\mathbb{V}$ und $\mathbb{V}^*$ mit einem Wechsel der Maßeinheit in $\mathbb{V}$, da dann nämlich die »Längenmessung« $(v|v)$ sich ändert; vgl. auch 3.2.4.7.

---

*) Eine lineare Transformation heißt „*orthogonal*", wenn sie jede orthonormierte Basis wieder in eine orthonormierte Basis überführt.

### 3.2.2 Inneres Produkt und Norm

*Zusammenstellung von grundlegenden algebraischen Eigenschaften der für den $\mathbb{V}_3$ eingeführten Operationen $(\;|\;)$, $\|\;\|$ auch im Hinblick auf die Verallgemeinerungen in 3.4.*

1. Auf $\mathbb{V}_3$ haben wir in 3.2.1 eingeführt:

$$\mathbb{V} \times \mathbb{V} \to \mathbb{R} \qquad\text{und}\qquad \mathbb{V} \to \mathbb{R}_0^+$$
$$v\;,\;w \mapsto (v\,|\,w) \qquad\qquad\quad v \mapsto \|v\|.$$

Es gilt für alle $v, w, z \in \mathbb{V}$, $\quad \alpha, \beta \in \mathbb{R}$:

(H1) $(v\,|\,v) \geqslant 0$, und zwar $(v\,|\,v) = 0$ genau, wenn $v = o$ (positiv definit);

(H2) $(v\,|\,w) = (w\,|\,v)$ (symmetrisch);

(H3) $(\alpha v + \beta w\,|\,z) = \alpha(v\,|\,z) + \beta(w\,|\,z)$

$\quad\;\;\; (v\,|\,\alpha w + \beta z) = \alpha(v\,|\,w) + \beta(v\,|\,z)$ (bilinear).

Diese Regeln gelten für $(v\,|\,w) = \Sigma_k \Sigma_l g_{kl} v^k w^l$, da $g$ Bilinearform (H3) ist und in einer (daher in jeder) Basis symmetrische Koordinaten hat (H2), deren Diagonalglieder positiv sind (H1), denn $\delta_{kl} = \delta_{lk}$, $\delta_{kk} = 1 > 0$. Aus diesen Regeln folgt weiterhin die *Schwarzsche Ungleichung* [Abb. 3.7].

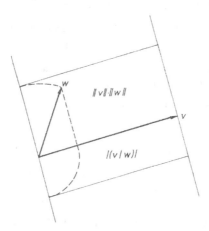

Abb. 3.7. Die *Schwarz*sche Ungleichung im $\mathbb{V}_2$

Die beiden Ausdrücke $\|v\| \cdot \|w\| = \sqrt{(v\,|\,v)(w\,|\,w)}$ und $|(v\,|\,w)|$ durch Rechteckflächen repräsentiert

**2.**  $|(v|w)|^2 \leqslant (v|v)(w|w)$.

*Beweis:* Im $\mathbb{V}_3$ kann man das direkt ausrechnen (vgl. Formel 2.2.3.23), es gibt aber für den allgemeinen Fall einen »Trick«: Ist $v = o$ oder $w = o$, folgt aus (H3), daß $(v|w) = 0$ ist und **2.** stimmt. Im anderen Fall setzen wir: $0 \leqslant (\sqrt{(w|w)}\,v - \sqrt{(v|v)}\,w\,|\,\sqrt{(w|w)}\,v - \sqrt{(v|v)}\,w) = 2(v|v)(w|w) - 2(v|w)\sqrt{(v|v)}\sqrt{(w|w)}$, also $\sqrt{(v|v)}\sqrt{(w|w)} \geqslant (v|w)$. ∎

**3.** Daraus folgt dann die *Dreiecksungleichung*

$$\sqrt{(v + w\,|\,v + w)} \leqslant \sqrt{(v|v)} + \sqrt{(w|w)}.$$

Denn aus **2.** ergibt sich $(v + w|v + w) = (v|v) + 2(v|w) + (w|w)$
$\leqslant (v|v) + 2\sqrt{(v|v)(w|w)} + (w|w) = (\sqrt{(v|v)} + \sqrt{(w|w)})^2$.

**4.** Für die „Norm" $\|v\| = \sqrt{(v|v)}$ folgt daraus direkt:

> (B1) $\|v\| \geqslant 0$, und zwar $\|v\| = 0$ genau wenn $v = o$;
>
> (B2) $\|\alpha v\| = |\alpha| \|v\|$;
>
> (B3) $\|v + w\| \leqslant \|v\| + \|w\|$.

(Denn H3 gibt: $(\alpha v|\alpha v) = \alpha^2(v|v)$, und B3 ist gerade **3**). Die Regeln (B1,2,3) garantieren übrigens, daß ein „Abstand" $\|v - w\|$ die Gesetze 2.2.4.3 für einen metrischen Raum erfüllt, denn

$$\|v - w\| = |-1| \|w - v\| = \|w - v\| \quad \text{(symmetrisch)},$$

$$\|v - w\| + \|w - z\| \geqslant \|v - w + w - z\| = \|v - z\|.$$

**5.** Schließlich möchte man gern den »populärsten« Satz der Geometrie, den „Pythagoras" erhalten. Nun, es gilt

$$(v + w|v + w) = (v|v) + (w|w) + 2(v|w),$$

$$(v - w|v - w) = (v|v) + (w|w) - 2(v|w).$$

Daraus folgt mit $(v|w) = \|v\| \|w\| \cos \measuredangle (v,w)$ der „Kosinussatz"

$$\|v \pm w\|^2 = \|v\|^2 + \|w\|^2 \pm 2\|v\| \|w\| \cos \measuredangle (v,w).$$

Für senkrecht aufeinanderstehende $v$, $w$, d. h. $(v|w) = 0$ ist also

$$\|v + w\|^2 = \|v - w\|^2 = \|v\|^2 + \|w\|^2 \quad \text{(Pythagoras)}.$$

Wir erhalten so eine Bedingung für Orthogonalität mit $\| . \|$ formuliert:

$$\|v + w\| = \|v - w\| \Leftrightarrow (v|w) = 0$$

und schließlich, gewissermaßen eine Formulierung des Pythagoras ohne Voraussetzung der „Rechtwinkligkeit" von $v$ und $w$:

**6.** $\quad \| v + w \|^2 + \| v - w \|^2 = 2 \| v \|^2 + 2 \| w \|^2.$

Diese „*Parallelogrammgleichung*" sagt: die Summe der Quadrate über den 4 Seiten im Parallelogramm ist gleich der Summe der Quadrate über den Diagonalen.

**7.** *Anmerkung* („Orthonormalisierungsverfahren von Schmidt")

Umgekehrt gibt es in jedem Linearen Raum $\mathbb{V}_n$ mit einer positiv definiten symmetrischen Bilinearform $(.\,|\,.)$ immer eine Basis $e'_{(k)}$, in der die Koordinaten gerade $g_{k\,l} = \delta_{kl}$ sind. Unser »Ausgangspunkt« in 3.2.1 ist also nicht wirklich eingeschränkter als die Forderungen H1,2,3. Ausgehend von einer beliebigen Basis $e_{(k)}$ gelangt man über eine orthogonale Basis $\tilde{e}_{(k)}$ zu einer orthonormierten Basis $e_{(k)}$:

$$\tilde{e}_{(1)} := e_{(1)} \qquad\qquad e'_{(1)} := \tilde{e}_{(1)}/\sqrt{(\tilde{e}_{(1)}|\tilde{e}_{(1)})}$$

$$\tilde{e}_{(2)} := e_{(2)} + \alpha\, e'_{(1)} \qquad\qquad e'_{(2)} := \tilde{e}_{(2)}/\sqrt{(\tilde{e}_{(2)}|\tilde{e}_{(2)})}$$

$$\tilde{e}_{(3)} := e_{(3)} + \beta\, e'_{(1)} + \gamma\, e'_{(2)}$$

Dabei sind die $\alpha, \beta, \gamma, \ldots$ so zu wählen, daß $0 = (\tilde{e}_{(2)}|e'_{(1)}) = (\tilde{e}_{(3)}|e'_{(1)})$ $= (\tilde{e}_{(3)}|e'_{(2)}) = \ldots$, also $\alpha = -(e_{(2)}|e'_{(1)})$, $\beta = -(e_{(3)}|e'_{(1)})$, $\gamma = -(e_{(3)}|e'_{(2)})$, $\ldots$

Allgemein läßt sich eine symmetrische Bilinearform $g$ durch geeignete Basiswahl auf »Diagonalgestalt« bringen: $g_{k\,l} = \varepsilon_k \cdot \delta_{kl}$ mit $\varepsilon_k = +1$, $-1$, oder 0. Eine nichtsymmetrische Bilinearform ist in keiner Basis symmetrisch, kann also nicht »diagonal« werden.  ∎

### 3.2.3 Volumina und Determinanten

*Bei dem Bemühen, die Flächeninhalte bzw. Volumina der von zwei bzw. drei Vektoren „aufgespannten" Parallelogramme bzw. Spate durch die Koordinaten der Vektoren in einer orthonormierten Basis auszudrücken, gelangt man zu dem Begriff der Determinanten, die bei den meisten Rechnungen in endlich dimensionalen Vektorräumen eine wichtige Rolle spielen.*

## 1. Vorüberlegung

Versucht man, grundlegende Regeln für den Flächeninhalt $\| v \wedge w \|$ des von $v$ und $w$ aufgespannten Parallelogramms*) zu finden, erhält man Gesetze ähnlich denen für die Länge $\| v \|$:

$$\mathbb{V} \times \mathbb{V} \to \mathbb{R}_0^+$$

$$v \,, \, w \mapsto \| v \wedge w \|.$$

(1) $\| v \wedge w \| = 0$ genau dann, wenn $v$ und $w$ linear abhängig sind.

(2) $\| \alpha v \wedge \beta w \| = |\alpha| \cdot |\beta| \, \| v \wedge w \|$.

$\| v \wedge w \| = \| w \wedge v \|$.

(3) $\| (v + \tilde{v}) \wedge w \| \leqslant \| v \wedge w \| + \| \tilde{v} \wedge w \|$.

Das Entsprechende gilt für das Volumen $\| v \wedge w \wedge z \|$ des von drei Vektoren aufgespannten „Spates" (auch „Parallelflach" genannt). Diese Funktionen sind ebenso wie $\| v \|$ nicht linear. Es ist aber möglich, für das Volumen im $\mathbb{V}_3$ (entsprechend für $n$-Volumina der von $n$ Vektoren aufgespannten Gebilde im $\mathbb{V}_n$) eine *multilineare* Funktion $*(v \wedge w \wedge z)$ zu finden, deren *Betrag* das Volumen ist: $|*(v \wedge w \wedge z)| = \| v \wedge w \wedge z \|$. Wegen der angenehmen Eigenschaften linearer Funktionen wird deshalb mit diesem »vorzeichenbehafteten« „algebraischen Volumen" weitergearbeitet. Weiterhin findet man einen Vektor, dessen Norm gerade $\| v \wedge w \|$ ist.

Aber zunächst soll eine Formel für $\| v \wedge w \| =: F$ im $\mathbb{V}_2$ in kartesischen Koordinaten graphisch begründet werden: In Abb. 3.8 sieht man, daß $F + v^2 w^1 = v^1 w^2$ ist (zumindest in der Lage, die $v$ und $w$ in der Zeichnung haben), also $F = v^1 w^2 - v^2 w^1$. Dabei wird das aus der Schule bekannte „Cavalierische Prinzip" benutzt und Flächen inhaltserhaltend verzerrt; in unserer Terminologie lautet diese Regel: $\| v \wedge w \| = \| (v + \alpha w) \wedge w \|$. Abb. 3.9 soll erläutern, daß zwar $\| (v + w) \wedge z \|$ nicht immer $\| v \wedge z \| + \| w \wedge z \|$, aber bei geeigneter Vorzeichenwahl

---

*) Es gibt keine einheitlichen Bezeichnungsweisen. Hier wird statt eines etwas »farblosen« $F(v;w)$ ein Zeichen gewählt, das mit $\|.\|$ an die Norm erinnert und mit dem „Dach" $\wedge$ das in der mathematischen Literatur übliche Zeichen für solche und ähnliche »Zusammenfügungen« von Vektoren enthält („äußeres Produkt"); aber »lesen« Sie es am besten als „die Flächenfunktion der Vektoren $v$ und $w$".

Die von den Vektoren $v_{(1)}, \ldots, v_{(m)}$ „aufgespannte Teilmenge von $\mathbb{V}$" ist $\{ w \in \mathbb{V} \, | \, w = \sum_{k=1}^{m} \alpha^k v_{(k)}, \, 0 \leqslant \alpha^k \leqslant 1 \}$.

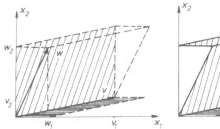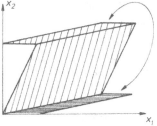

Abb. 3.8. Die Fläche des Parallelogramms $\| v \wedge w \|$.

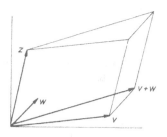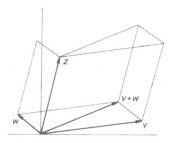

Abb. 3.9. Zur „Additivität" des Flächeninhalts: im zweiten Bild ist
$$\| (v + w) \wedge z \| = \| v \wedge z \| - \| w \wedge z \|$$

gleich $\pm \| v \wedge z \| \pm \| w \wedge z \|$ ist, daß also durch geeignete Vorzeichen Linearität erzielt wird.

Nun, wer Geduld hat, kann diese Herleitung auf den $V_3$ erweitern. Nehmen wir an, $z$ zeigt in die $e_{(3)}$-Richtung, d. h. $z = (0;0;z^3)$; dann ist $\| v \wedge w \wedge z \|$ das Produkt der Fläche des Parallelogramms, das durch Projektion von $v$ und $w$ auf der $e_{(1)}$-$e_{(2)}$-Ebene entsteht („Grundfläche") mal der „Höhe" $|z^3|$: $|(v^1 w^2 - v^2 w^1)z^3|$. Für allgemeine Lage von $z$ bilde man die Volumina für jede Komponente $z^k e_{(k)}$ einzeln: $|(v^2 w^3 - v^3 w^2)z^1|$, usw. Diese müssen dann mit geeigneten Vorzeichen zusammengesetzt werden. Die Vorzeichen ergeben sich aus der Forderung, daß bezüglich der Zerlegung nach Komponenten von $v$ (statt von $z$) dasselbe herauskommen muß:

$$|v^1 w^2 z^3 - v^2 w^1 z^3 + v^3 w^1 z^2 - v^1 w^3 z^2 + v^2 w^3 z^1 - v^3 w^2 z^1|.$$

111

## 2. Eigenschaften von Determinanten

Wir wollen versuchen,

– das algebraische Volumen des $n$-dimensionalen Spates mit den „Kanten" $v_{(k)}$ im $\mathbb{V}_n$ als Multilinearform $*(v_{(1)} \wedge \cdots \wedge v_{(n)})$ zu gewinnen. Dazu werden zunächst drei Forderungen (1,2,3) gestellt und Folgerungen (4–7) aus ihnen gezogen, die zu Satz **6.** führen, der die Existenz von $*(\ldots)$ sichert.

– den Zahlenwert von $*(v_{(1)} \wedge \cdots)$ als Funktion der $n \times n$ Koordinaten $v_l^k$ der $v_{(l)}$ bezüglich einer orthonormierten Basis $e_{(k)}$ darzustellen (Formel **4.**): $\det(v_l^k)$ („Determinante"*) des quadratischen Zahlenschemas $(v_l^k)$).

(1) *Multilinearität:* (Für jede »Stelle« $k$ gilt:)

$$*(v_{(1)} \wedge \cdots \wedge (v_{(k)} + w) \wedge \cdots) = *(v_{(1)} \wedge \cdots \wedge v_{(k)} \wedge \cdots)$$
$$+ *(v_{(1)} \wedge \cdots \wedge w \wedge \cdots)$$

$$*(v_{(1)} \wedge \cdots \wedge \alpha v_{(k)} \wedge \cdots) = \alpha *(v_{(1)} \wedge \cdots \wedge v_{(k)} \wedge \cdots).$$

(2) *Degenerationsfall:* Sind zwei der Vektoren gleich, so spannen die Vektoren $v_{(k)}$ kein Spat mit einem $n$-Volumen größer als Null mehr auf:

$$v_{(k)} = v_{(l)} \Rightarrow *(\cdots \wedge v_{(k)} \wedge \cdots \wedge v_{(l)} \wedge \cdots) = 0.$$

(3) *(Normierung)* Für eine durch kartesische Koordinaten im $\mathbb{E}_n$ ausgezeichnete orthonormierte Basis $e_{(k)}$ (vgl. 3.2.1) ist der Spat gerade der $n$-dimensionale Würfel mit Kantenlänge 1, daher soll gelten:

$$*(e_{(1)} \wedge \cdots \wedge e_{(n)}) = 1.$$

Diese Forderungen führen zwangsläufig auf:

(4) *(Cavalierisches Prinzip)* Addiert man zu einem Vektor $v_{(k)}$ ein Vielfaches eines anderen $\alpha v_{(l)}$ $(l \neq k)$, so ändert sich das Volumen nicht:

$$*(\cdots \wedge (v_{(k)} + \alpha v_{(l)}) \wedge \cdots) = *(\cdots \wedge v_{(k)} \wedge \cdots).$$

(Das folgt aus (1) und (2) und ergibt weiter:)

(5) *(Schiefsymmetrie)* Vertauscht man zwei Vektoren, ändert sich das Vorzeichen:

---

*) Schreibt man das Zahlenschema, die „Matrix" $(v_l^k)$ aus, so wird die Determinante durch senkrechte Striche gekennzeichnet:

$$\det \begin{bmatrix} v_1^1 & v_2^1 \\ v_1^2 & v_2^2 \end{bmatrix} = \begin{vmatrix} v_1^1 & v_2^1 \\ v_1^2 & v_2^2 \end{vmatrix}$$

$$*(\cdots \wedge v_{(k)} \wedge \cdots \wedge v_{(l)} \wedge \cdots) = *(\cdots \wedge v_{(k)} + v_{(l)} \wedge \cdots \wedge v_{(l)} \wedge \cdots) =$$
$$*(\cdots \wedge v_{(k)} + v_{(l)} \wedge \cdots \wedge v_{(l)} - (v_{(k)} + v_{(l)}) \wedge \cdots) =$$
$$*(\cdots \wedge v_{(k)} + v_{(l)} \wedge \cdots \wedge - v_{(k)} \wedge \cdots) =$$
$$*(\cdots \wedge v_{(k)} + v_{(l)} - v_{(k)} \wedge \cdots \wedge - v_{(k)} \wedge \cdots) =$$
$$- *(\cdots \wedge v_{(l)} \wedge \cdots \wedge v_{(k)} \wedge \cdots).$$

(6) (Verallgemeinerung des Degenerationsfalls)

Sind die Vektoren $v_{(k)}$ linear abhängig, so ist $*(v_{(1)} \wedge \cdots \wedge v_{(n)}) = 0.$
(Ist nämlich $v_{(l)} = \Sigma_k \alpha^k v_{(k)}$ mit $\alpha^l = 0$, so ist wegen (4)

$$*(\cdots \wedge v_{(l)} \wedge \cdots) = *(\cdots \wedge v_{(l)} - \Sigma_k \alpha^k v_{(k)} \wedge \cdots) = 0).$$

(7) Sind hingegen die Vektoren $v_{(k)}$ linear unabhängig, so ist $*(v_{(1)} \wedge \cdots)$
$\neq 0$. Man kann dann nämlich die Basis $e_{(k)}$ aus den $v_{(k)}$ linearkombinieren:

$$e_{(k)} = \Sigma_l A_k^{l'} v_{(l)} \qquad (A_k^{l'} \in \mathbb{R}).$$

(3) ergibt: $1 = *(e_{(1)} \wedge \cdots) = \Sigma_l A_1^{l'} *(v_{(l)} \wedge e_{(2)} \wedge \cdots) = \cdots =$
$\Sigma_l \ldots \Sigma_m A_1^{l'} \cdot \cdots \cdot A_n^{m'} *(v_{(l)} \wedge \cdots \wedge v_{(m)}).$

In dieser Summe von $n^n$ Gliedern sind gemäß (2) alle diejenigen bestimmt gleich Null, die ein $*(\ldots)$ mit zwei gleichen Vektoren haben; es bleiben also diejenigen Glieder übrig (nach Satz 2.1.2.1 sind das gerade $n!$ Glieder), bei denen jeder der Vektoren $v_{(k)}$ in $*(\ldots)$ genau einmal auftritt. Nach (5) unterscheiden sich diese Ausdrücke von $*(v_{(1)} \wedge \cdots \wedge v_{(n)})$ noch ggf. um ein Vorzeichen. Also haben wir: $1 = *(v_{(1)} \wedge \cdots \wedge v_{(n)}) \cdot \Sigma_l \ldots \Sigma_m \pm A_1^{l'} \cdot \cdots \cdot A_n^{m'}$, insbesondere kann $*(v_{(1)} \wedge \cdots \wedge v_{(n)})$ nicht Null sein. ∎

3. Wenn wir in dieser letzten Betrachtung einfach die Rollen von $v_{(k)}$ und $e_{(k)}$ vertauschen, erhalten wir eine Formel zum Berechnen des Wertes von $*(v_{(1)} \wedge \cdots)$. Sei $v_{(k)} = \Sigma_l v_k^l e_{(l)}$ und $e_{(k)}$ eine orthonormierte Basis, dann ist $\det(v_k^l) := *(v_{(1)} \wedge \cdots \wedge v_{(n)}) = \Sigma_k \Sigma_l \ldots \Sigma_m v_1^k v_2^l \cdot \cdots \cdot v_n^m \cdot$
$*(e_{(k)} \wedge \cdots \wedge e_{(m)}).$

Bleibt noch der Wert von $*(e_{(k)} \wedge \cdots \wedge e_{(m)})$ zu ermitteln. Wegen (2) brauchen wir nur die $*(\ldots)$ mit lauter verschiedenen $e_{(k)}$ zu betrachten. Erinnern wir uns an Satz 2.1.2.2 und an die Definition von $\varepsilon_{kl \ldots m}$ aus 3.1.4.8: Bei einer Vertauschung zweier Vektoren in $*(e_{(k)} \wedge \cdots \wedge e_{(m)})$ ändert sich die Anzahl $\sigma(k, \ldots, m)$ der Fehlstellungen der Indizes $k, \ldots, m$ um eine ungerade Zahl, also ändert sich $\varepsilon_{k \ldots m} = (-1)^{\sigma(k, \ldots, m)}$ um $-1$, also ebenso wie $*(\ldots)$ gemäß (5). Da aber $*(e_{(k)} \wedge e_{(2)} \wedge \cdots \wedge e_{(n)}) = 1$ ebenso wie $(-1)^{\sigma(1, 2, \ldots n)} = (-1)^0 = 1$, ist also $*(e_{(k)} \wedge \cdots \wedge e_{(m)}) = \varepsilon_{k \ldots m}.$

**4.** $\det(v_l^k) = \Sigma_k \ldots \Sigma_m \, v_1^k \cdot \ldots \cdot v_n^m \, \varepsilon_{k \ldots m}.$

**5.** Sortiert man die Faktoren nach dem oberen Index, macht also Fehlstellungen der $k \ldots m$ rückgängig, schafft man Fehlstellungen der unteren Indizes und erhält dasselbe Resultat:

$$\det(v_l^k) = \det(v_k^l) = \Sigma_k \ldots \Sigma_m \, v_k^1 \cdot \ldots \cdot v_m^n \, \varepsilon^{k \ldots m}.$$

In Worten ausgedrückt: Aus dem Schema der $n \times n$ Koordinaten der $v_{(k)}$ wird $\det(v_l^k)$ gefunden, indem alle Produkte von je $n$ Koordinaten gebildet werden, bei denen jeder Vektor und jede »Koordinatenachse« genau einmal vertreten sind: $v_1^k \cdot \ldots \cdot v_n^m$ (alle $k \ldots, m$ ungleich), diese werden mit dem Vorzeichen $(-1)^{\sigma(k, \ldots, m)}$ versehen und aufsummiert.

**6.** Nun, was haben wir erreicht? Formel **4.** ist eine logische Konsequenz unserer Forderungen $(1, 2, 3)$; wenn also überhaupt die »volumenmessende« Multilinearform $*(\ldots)$ existiert, ist ihr Wert durch **4.** eindeutig bestimmt. Man muß also noch bestätigen, daß der Ausdruck auf der rechten Seite von **4.** tatsächlich den Forderungen $(1, 2, 3)$ genügt. (Tun Sie das; statt (2) ist es vielleicht einfacher, zunächst (5) zu zeigen, daraus folgt (2) sofort.)

*Satz (algebraisches Volumenmaß)*

Durch die Forderungen $(1, 2, 3)$ ist eine Volumenfunktion als schiefsymmetrische Multilinearform $*(v_{(1)} \wedge \cdots \wedge v_{(n)})$ eindeutig festgelegt und existiert. Ihr Wert läßt sich aus den Koordinaten der $v_{(k)}$ bezüglich einer orthonormierten Basis gemäß Formel **4.** als Determinante berechnen.

Eigentlich könnte man damit zufrieden sein. Aber:

– Formel **4.** gilt nur für eine orthonormale Basis (dazu 3.2.4).
– Eine Berechnung von $n!$ Produkten kommt für größere Zahlen $n$ praktisch nicht in Betracht (für $n = 24$ wären in **4.** rund $1{,}5 \cdot 10^{25}$ Rechenoperationen ausführen, für die ein heutiger Computer etwa $10^{11}$ Jahre, mehr als das Alter des Weltalls, benötigen würde; mit dem untenstehenden Satz 7 kommt man auf 8924 Operationen, die Rechenzeit liegt unter einer Hundertstel-Sekunde.)
– Der geometrische »Anlaß« ist der Formel nicht mehr recht anzusehen.

**7.** Dazu gibt es eine rekursive Konstruktion der Determinanten, die unsere geometrischen Vorüberlegungen enthält und zusammen mit Eigenschaft (4) eine praktikable Berechnung ermöglicht:

*Satz (Laplacescher Entwicklungssatz)*

Sei $A$ die Matrix der $n \times n$ Zahlen $a_l^k$ ($a_l^k$ ist das Element in der $l$-ten Spalte und $k$-ten Zeile) und $A_s^r$ die Matrix der $(n-1) \times (n-1)$ Zahlen $a_l^k$ mit $k \neq r$ und $l \neq s$, dann gilt folgende Vorschrift für eine Reduktion der Berechnung von Determinanten einer $n \times n$ Matrix mittels Determinanten von $(n-1) \times (n-1)$ Matrizen:

$$n = 1: \det A = a_1^1;$$

$$n > 1: \det A = \sum_{r=1}^{n} a_1^r \cdot (-1)^{r+1} \cdot \det A_1^r.$$

Für den *Beweis* fasse man in Formel 4. jeweils alle Glieder zusammen, die $v_1^k$ enthalten, und zeige, daß diese gerade

$$v_1^k \cdot (-1)^{k+1} \Sigma_m \ldots \Sigma_p (-1)^{\sigma(m, \ldots, p)} v_2^m \ldots v_n^p$$

sind.

**8.** Eine leichte Verallgemeinerung ist:

$$\sum_{r=1}^{n} (-1)^{q+r} a_p^r \cdot \det A_q^r = \delta_{pq} \det A.$$

Für $p = q$ ist dies Satz 7. plus Schiefsymmetrie. Für $p \neq q$ ist dies Satz 7. für eine Matrix, in der die $q$-te Spalte durch die $p$-te Spalte $a_p^r$ ersetzt wurde, die also zwei gleiche »Vektoren« und daher die Determinante 0 hat.

**9.** *Beispiel* („*Vandermonde*sche Determinante")

(Die »Hochzahlen« sind jetzt wirklich Exponenten!)·

$$\begin{vmatrix} 1 & 1 & 1 & 1 \\ x_1 & x_2 & x_3 & x_4 \\ x_1^2 & x_2^2 & x_3^2 & x_4^2 \\ x_1^3 & x_2^3 & x_3^3 & x_4^3 \end{vmatrix} = \begin{vmatrix} 1 & 1 & 1 & 1 \\ 0 & x_2 - x_1 & x_3 - x_1 & x_4 - x_1 \\ 0 & x_2^2 - x_2 x_1 & x_3^2 - x_3 x_1 & x_4^2 - x_4 x_1 \\ 0 & x_2^3 - x_2^2 x_1 & x_3^3 - x_3^2 x_1 & x_4^3 - x_4^2 x_1 \end{vmatrix}$$

$$= (x_2 - x_1)(x_3 - x_1)(x_4 - x_1) \cdot \begin{vmatrix} 1 & 1 & 1 \\ x_2 & x_3 & x_4 \\ x_2^2 & x_3^2 & x_4^2 \end{vmatrix} = \cdots =$$

$$= (x_2 - x_1)(x_3 - x_1)(x_4 - x_1)(x_3 - x_2)(x_4 - x_2)(x_4 - x_3).$$

(Es wurde Satz 7. und Regel 2(4) benutzt; wie?)

Daraus, daß dieser Ausdruck $\neq 0$ ist, wenn alle vier Zahlen $x_k$ verschieden sind, folgt übrigens die lineare Unabhängigkeit der vier Polynome $x \mapsto x^k$ ($k = 0, 1, 2, 3$). Man wähle vier verschiedene Zahlen

$x_1, \ldots, x_4$ und betrachte die »Vektoren« $(x_l)^k$ $(k = 0, \ldots, 3)$, diese müßten bestimmt abhängig sein, wenn die Funktionen $x \mapsto x^k$ dies sind, dann wäre aber die Determinante $\det((x_l)^k) = 0$.

## 10. Determinanten und lineare Transformationen

Eine lineare Transformation $T: v \mapsto Tv = \Sigma_k \Sigma_l t_l^k v^l e_{(k)}$ bildet eine Basis $e_{(k)}$ (Koordinaten $e_{(k)}^l = \delta_k^l$) in Vektoren $v_{(k)} = T(e_{(k)}) = \Sigma_m \Sigma_l t_l^m \delta_k^l e_{(m)}$ $= \Sigma_l t_k^m e_{(m)}$ ab, deren $l$-te Koordinaten gerade $t_k^l$ sind.

Ist $*(e_{(1)} \wedge \cdots \wedge e_{(n)}) = 1$, so ist $*(v_{(1)} \wedge \cdots \wedge v_{(n)}) = \det(t_k^l)$, d. h. $\det(t_k^l)$ ist der Faktor, der die Volumenänderung durch die Transformation $T$ angibt.

**11.** Eine wichtige und einleuchtende Regel ist:

Seien $T$ und $U$ lineare Transformationen auf $\mathbb{V}_n$, dann ist der Volumenänderungsfaktor von $V := T \circ U$ gleich dem Produkt der Volumenänderungsfaktoren von $T$ und $U$:

$$\det(v_l^k) = \det(\Sigma_m t_m^k u_l^m) = \det(t_l^k) \cdot \det(u_l^k).$$

Das läßt sich auch durch Nachrechnen bestätigen; hier für $n = 2$:

$$\det(v_l^k) = \begin{vmatrix} t_1^1 u_1^1 + t_2^1 u_1^2 & t_1^1 u_2^1 + t_2^1 u_2^2 \\ t_1^2 u_1^1 + t_2^2 u_1^2 & t_1^2 u_2^1 + t_2^2 u_2^2 \end{vmatrix}$$

$$= t_1^1 u_1^1 t_1^2 u_2^1 + t_1^1 u_1^1 t_2^2 u_2^2 + t_2^1 u_1^2 t_1^2 u_2^1 + t_2^1 u_1^2 t_2^2 u_2^2$$

$$- t_1^1 u_2^1 t_1^2 u_1^1 - t_1^1 u_2^1 t_2^2 u_1^2 - t_2^1 u_2^2 t_1^2 u_1^1 - t_2^1 u_2^2 t_2^2 u_1^2$$

$$= t_1^1 t_1^2 (u_1^1 u_2^2 - u_2^1 u_1^2) - t_2^1 t_1^2 (u_1^1 u_2^2 - u_2^1 u_1^2) = \det(t_l^k) \cdot \det(u_l^k).$$

**12.** Ebenso einleuchtend ist die Tatsache, daß $\det(T)$ von der Wahl der Basis unabhängig ist; also unter einem Basiswechsel $A_{l'}^k$ gleich bleibt: Wir haben $\Sigma_l A_{l'}^k A_m^l = \delta_m^k$, also $\det(A_l^k) \cdot \det(A_m^{l'}) = \det(\delta_l^k) = 1$. Also ist nach Regel 3.1.4.5(4):

$$\det(t_{l'}^{k'}) = \det(A_{l'}^p) \det(t_p^m) \det(A_m^{k'}) = \det(t_p^m).$$

**13.** Auch das Koordinatenschema von Bilinearformen hat $n \times n$ Zahlen, aber deren Determinante ist nicht basisunabhängig:

$$\det(q_{k'l'}) = \det(q_{mp}) \cdot [\det(A_{k'}^m)]^2.$$

### 3.2.4 Äußere Produkte im $\mathbb{V}_3$

*Die Ergebnisse von 3.2.3 im Tensorkalkül.*

**1.** Im vorangehenden Paragraphen wurde gezeigt, daß die Frage nach einer Volumenmessung auf eine schiefsymmetrische Multilinearform

*( . ∧ . ∧ . ) führt, deren Koordinaten in einer orthonormierten Basis $e_{(k)}$ gleich $\varepsilon_{klm}$ sind. Die Koordinaten $\eta_{k'l'm'}$ bezüglich einer beliebigen Basis $e_{(k)}'$ finden wir analog zu der Einführung von $g_{kl}$ in 3.2.1:

$$g_{k'l'} = \Sigma_p \Sigma_q A_k^p A_l^q \delta_{pq}$$

$$\eta_{k'l'm'} = \Sigma_p \Sigma_q \Sigma_r A_{k'}^p A_{l'}^q A_{m'}^r \varepsilon_{pqr}.$$

Formel 3.2.3.4 ergibt also: $\eta_{1'2'3'} = \det(A_{k'}^p)$. Aus 3.2.3.13 und $\det(\delta_{pq})$ = *$(e_{(1)} \wedge \cdots \wedge e_{(n)})$ = 1 folgt:

$$g := \det(g_{k'l'}) = \left[\det(A_k^{p'})\right]^2 = (\eta_{1'2'3'})^2.$$

Wegen $\Sigma_l g^{kl} g_{lm} = \delta_m^k$ ist $\det(g^{kl}) = 1/g$. Die Koordinaten von *( . ∧ . ∧ . ) können also nur folgende Werte besitzen:

$$\eta_{klm} = \sqrt{g}, \ -\sqrt{g} \text{ oder } 0, \ \eta^{klm} = \frac{1}{\sqrt{g}}, \ -\frac{1}{\sqrt{g}} \text{ oder } 0, \text{ und zwar gilt:}$$

$$\eta_{klm} = \sqrt{g}\,\varepsilon_{klm}, \quad \eta^{klm} = \frac{1}{\sqrt{g}}\,\varepsilon^{klm}, \text{ falls } \det(A_{l'}^k) > 0 \text{ ist, also bei Einhal-}$$
tung folgender

**2.** *Konvention* (über die *Orientierung* von $\mathbb{V}_n$)

Im $\mathbb{V}_n$ wählen wir eine Basis $e_{(1)}, \ldots, e_{(n)}$ und vereinbaren, daß diese Basis in genau der angegebenen Reihenfolge der $e_{(k)}$ die positive Orientierung festlege. Ein Basiswechsel $A$ führt auf eine positiv orientierte Basis $e_{(k)}'$, wenn $\det(A_{l'}^k) > 0$ ist, auf eine negativ orientierte, wenn $\det(A_{l'}^k) < 0$ ist. Wir benutzen im folgenden nur positive Orientierung. Durch »Drehung« der Basis kann man die Orientierung nicht ändern, nur durch »Spiegelungen«. Hat man eine negativ orientierte Basis, kann man aus ihr eine positiv orientierte gewinnen durch Vertauschung zweier Basisvektoren ($e_{(1)}' = e_{(2)}$, $e_{(2)}' = e_{(1)}$) oder Vorzeichenumkehrung ($e_{(1)}' = -e_{(1)}$); oder man ersetze $\sqrt{g}$ durch $-\sqrt{g}$ in allen Formeln.

**3.** *Äußere Produkte*

Wir betrachten im $\mathbb{V}_3$ folgende beiden „äußeren Produkte" (das ist Bildung des schiefen Anteils in einem Tensorprodukt, durch ein „Dach" ∧ bezeichnet, und/oder Verjüngung mit $\eta_{k\ldots m}$, durch einen „Stern" * bezeichnet):

(i) *$(v \wedge w \wedge z)$: $\Sigma_k \Sigma_l \Sigma_m \eta_{klm} v^k w^l z^m$,

das ist die Zahl $\sqrt{g} \cdot \begin{vmatrix} v^1 & w^1 & z^1 \\ v^2 & w^2 & z^2 \\ v^3 & w^3 & z^3 \end{vmatrix}$.

(„Spatprodukt", auch $[v;w;z]$, $[v;w]\,z$, $(v \times w)z$ und anders bezeichnet).

(ii) $*(v \wedge w)$: $\quad \Sigma_l \Sigma_m \eta_{klm} v^l w^m$ ,

das ist eine Linearform mit den Koordinaten

$$\sqrt{g} \begin{vmatrix} v^2 & w^2 \\ v^3 & w^3 \end{vmatrix}, \quad \sqrt{g} \begin{vmatrix} v^3 & w^3 \\ v^1 & w^1 \end{vmatrix}, \quad \sqrt{g} \begin{vmatrix} v^1 & w^1 \\ v^2 & w^2 \end{vmatrix},$$

die einem Vektor $z$ die reelle Zahl $*(v \wedge w \wedge z)$, das Volumen des von $v$, $w$ und $z$ aufgespannten Spates, zuordnet; insbesondere für jeden Vektor $z$ aus der $v$-$w$-Ebene den Wert 0. Der entsprechende Vektor $\Sigma_k \Sigma_l \Sigma_m g^{kp} \eta_{klm} v^l w^m$ wird das „Vektorprodukt" oder „Kreuzprodukt" genannt und mit $v \times w$ oder $[v; w]$ bezeichnet. Er steht senkrecht auf $v$ und $w$ und erfüllt natürlich $(v \times w | z) = *(v \wedge w \wedge z)$. Seine Länge ermittelt man am besten in einer orthonormierten Basis, deren $e_{(1)}$-$e_{(2)}$-Ebene $v$ und $w$ enthält: $\|v \times w\|$ ist dann $|v^1 w^2 - v^2 w^1|$, die Fläche des von $v$ und $w$ aufgespannten Parallelogramms.

In einer orthonormalen Basis in beliebiger Lage sind die Koordinaten $f_k$ von $*(v \wedge w)$ gleich denen von $v \times w$ und sind gerade die Flächeninhalte der Projektionen des $v$-$w$-Parallelogramms in die $e_{(l)}$-$e_{(m)}$-Ebenen. Auch für diese gilt ein „Pythagoras"; ihre Quadratsumme ist gleich dem Quadrat der Fläche des $v$-$w$-Parallelogramms:

$$(f_1)^2 + (f_2)^2 + (f_3)^2 = \Sigma_k \Sigma_l g^{kl} f_k f_l = \|v \wedge w\|^2.$$

---

**4.** *Satz ( Äußere Produkte auf $\mathbb{V}_3$ )*

Die Funktionen

$$\mathbb{V} \times \mathbb{V} \to \mathbb{V}^* \qquad\qquad \mathbb{V} \times \mathbb{V} \times \mathbb{V} \to \mathbb{R}$$
$$v \;\;, w \mapsto *(v \wedge w) \qquad v \;\;, w \;\;, z \mapsto *(v \wedge w \wedge z)$$

sind

(1) multilinear, z. B.:

$$*((\alpha v + w) \wedge z) = \alpha *(v \wedge z) + (w \wedge z)$$
$$\Sigma_k \Sigma_l \eta_{klm} (\alpha v^k + w^k) z^l = \alpha \Sigma_k \Sigma_l \eta_{klm} v^k z^l + \Sigma_k \Sigma_l \eta_{klm} w^k z^l ;$$

(2) schiefsymmetrisch

$$*(v \wedge w) = -*(w \wedge v) \quad \text{da} \quad \eta_{klm} v^k w^l = -\eta_{lkm} v^k w^l,$$
$$*(v \wedge w \wedge z) = -*(w \wedge v \wedge z) = *(v \wedge z \wedge v) \quad \text{usw.}$$

(3) verschwinden für linear abhängige Vektoren:

118

$*(v \wedge w) = 0$ genau dann, wenn $v$ und $w$ parallel sind,

$*(v \wedge w \wedge z) = 0$ genau dann, wenn $v, w, z$ in einer Ebene liegen.

(4) $\| v \wedge w \wedge z \| = | *(v \wedge w \wedge z)| = \sqrt{g} |\det(v^k, w^k, z^k)|$ ist das Volumen des von $v$, $w$ und $z$ aufgespannten Spates; $\| v \wedge w \| = \| *(v \wedge w) \| = (\Sigma_k \Sigma_l \Sigma_m \Sigma_p \Sigma_q \Sigma_r \, g^{kp} \eta_{klm} \eta_{pqr} v^l w^m v^q w^r)^{1/2}$ ist der Flächeninhalt des von $v$ und $w$ aufgespannten Parallelogramms.

Die *Beweise* finden sich alle schon weiter oben.

**5.** Die »schreckliche« Formel für $\| v \wedge w \|$ in allgemeinen Koordinaten kann man auch ohne spezielle Basiswahl (wie oben) auswerten mit der Hilfsformel:

$$\Sigma_k \Sigma_p \, g^{kp} \eta_{klm} \eta_{pqr} = g_{lq} g_{mr} - g_{lr} g_{mq}.$$

*Beweis* in orthonormaler Basis:

$$\Sigma_k \Sigma_p \, \delta^{kp} \varepsilon_{klm} \varepsilon_{pqr} = \varepsilon_{1lm} \varepsilon_{1qr} + \varepsilon_{2lm} \varepsilon_{2qr} + \varepsilon_{3lm} \varepsilon_{3qr}$$

$$= \left\{ \begin{array}{l} +1 \text{ wenn } l = q \neq m = r \\ -1 \text{ wenn } l = r \neq m = q \\ 0 \text{ sonst} \end{array} \right\} = \delta_{lq} \cdot \delta_{mr} - \delta_{lr} \cdot \delta_{mq}. \quad \blacksquare$$

Damit erhält man

$$\| *(v \wedge w) \|^2 = \Sigma_l \Sigma_m \Sigma_q \Sigma_r \, (g_{lq} v^l v^q g_{mr} w^m w^r - g_{lr} v^l w^r g_{mq} v^m w^q)$$

$$= \| v \|^2 \| w \|^2 - (v|w)^2 = \| v \|^2 \| w \|^2 - \| v \|^2 \| w \|^2 (\cos \measuredangle (v, w))^2$$

$$= \| v \|^2 \| w \|^2 (\sin \measuredangle (v, w))^2.$$

Das ist aber das Quadrat der Parallelogrammfläche. $\quad \blacksquare$

**6.** Rechenregeln für das Kreuzprodukt:

$$(v \times w) \times z = (v|z) w - (w|z) v$$

$$(u \times v | w \times z) = (u|w)(v|z) - (u|z)(v|w)$$

ergeben sich leicht in Koordinaten (mit Hilfe von Formel **5**).

**7.** *Warnung:* Das in der physikalischen Literatur übliche Kreuzprodukt $v \times w$ bringt oft Verwirrung mit sich: Man findet es definiert als ein Vektor, dessen *Länge* gleich der *Fläche* des $v$-$w$-Parallelogramms ist. Haben etwa $v$ und $w$ je eine Länge 1 m, Richtung $x_1$- bzw. $x_2$-Achse, so ist $v \times w$ ein Vektor der Länge 1 m (oder wird seine Länge in *Quadrat*metern gemessen?). Wechselt man die Maßeinheit von m zu cm, muß jetzt $v \times w$ die Länge $100 \times 100 = 10000$ cm haben; er »verlängert« sich auf das 100-fache. Ändert man die Reihenfolge der 1. und 2. Ko-

119

ordinatenachse, so »klappt« er seine Richtung um. Für ein »geometrisches«, also bezugssystemunabhängiges Objekt ein »unerhörtes« Verhalten. Dieser Unfug wird vermieden, wenn man den korrekten Faktor $\sqrt{g}$ bzw. bei negativer Orientierung $-\sqrt{g}$ berücksichtigt und mit der Linearform $*(v \wedge w)$ rechnet, die einem Vektor (Dimension: Länge) ein Volumen (Länge$^3$) zuordnet, also die Dimension Länge$^2$ hat. Dann umgeht man das in 3.2.1.5 angesprochene Problem.

## 3.3 Normalformen

*Zum praktischen Arbeiten mit Objekten aus endlichdimensionalen linearen Räumen werden diese (durch geeignete Basiswahl) in eine Form gebracht, die ihre »geometrischen« Eigenschaften besonders übersichtlich zahlenmäßig kennzeichnet. Das wichtigste Hilfsmittel sind, neben den Determinanten (aus 3.2.3), Lösungen linearer Gleichungssysteme und Eigenwertgleichungen.*

### 3.3.1 Lineare Gleichungssysteme

1. Vorgelegt wird ein System von Gleichungen

$$a_1^1 x^1 + a_2^1 x^2 + \cdots + a_n^1 x^n = b^1 \qquad \text{kurz:}$$
$$(*)\ a_1^2 x^1 + a_2^2 x^2 + \cdots + a_n^2 x^n = b^2 \qquad \Sigma_l\, a_l^k x^l = b^k$$
$$\ldots\ldots\ldots\ldots\ldots\ldots\ldots\ldots\ldots\ldots\ldots\ldots$$
$$\ldots\ldots\ldots\ldots\ldots\ldots\ldots\ldots\ldots\ldots\ldots\ldots \qquad \text{oder}$$
$$a_1^n x^1 + a_2^n x^2 + \cdots + a_n^n x^n = b^n \qquad A \cdot x = b,$$

wobei die Elemente $a_l^k$, $b^k$ der „Koeffizientenmatrix" $A$ und des „Störungsvektors" $b$ gegeben und die $x^l$ des Lösungsvektors $x$ gesucht werden, jeweils alle aus $\mathbb{R}$ (oder aus $\mathbb{C}$).

Das System (*) wird eindeutig gelöst, wenn man es umformen kann auf die Gestalt:

$$x^1 \qquad\quad = c^1 \qquad \text{kurz:}$$
$$x^2 \qquad\quad = c^2 \qquad x^k = \Sigma_l\, \delta_l^k x^l = c^k$$
$$\ldots$$
$$x^n = c^n.$$

Um dieses zu erreichen, darf man in (*) Gleichungen mit Faktoren »durchmultiplizieren«, sie zueinander addieren (oder subtrahieren), kurz: sie linearkombinieren. Die Menge aller linearen Gleichungen, die aus den $n$ vorgelegten Gleichungen logisch folgen, bildet also einen

Linearen Raum. Die Frage ist, ob dieser Raum ein System von Gleichungen der Gestalt $\Sigma_l \delta_l^k x^l = c^k$ ($k = 1, \ldots, n$) enthält. Dieses ist genau dann der Fall, wenn sich aus den „Zeilen" $a^{(k)}$ (mit $a_l^{(k)} := a_l^k$) die Basis $e^{(k)}$ (mit $e_l^{(k)} = \delta_l^k$) linearkombinieren läßt, mit anderen Worten, die $a^{(k)}$ selbst eine Basis bilden, d. h. $*(a^{(1)} \wedge \cdots \wedge a^{(n)}) \neq 0$ bzw. $\det(a_l^k) \neq 0$. Die Zahl $\det(a_l^k)$ heißt „Hauptdeterminante des Gleichungssystems".

Sind hingegen nur $r$ ($< n$) der $a^{(k)}$ linear unabhängig (wir numerieren die Gleichungen in (*) so, daß gerade die ersten $r$ dies seien), lassen sich die übrigen ($n - r$) aus ihnen kombinieren:

$$a^{(r+m)} = \sum_{p=1}^{r} \alpha_p^{r+m} a^{(p)} \quad m = 1, \ldots, n - r, \quad \alpha_p^{r+m} \in \mathbb{R}.$$

Nun sind zwei Fälle zu unterscheiden: Für die »rechten Seiten« der Gleichungen in (*) gilt

(A) *nicht dieselbe Abhängigkeit*; d. h.

$$b^{r+m} \neq \sum_{p=1}^{r} \alpha_p^{r+m} b^p \quad \text{(für mindestens ein } m\text{)}.$$

Dann gibt es einen Widerspruch: Zwei gleiche linke Seiten $\Sigma_k(\Sigma_p \alpha_p^{r+m} a_k^p) x^k$, $\Sigma_k a_k^{r+m} x^k$ können nicht gleichzeitig zwei verschiedenen rechten Seiten $\Sigma_p \alpha_p^{r+m} b^p$, $b^{r+m}$ gleich sein; also: *keine Lösung existiert* für (*).

(B) *dieselbe Abhängigkeit*. Dann kann man die Gleichungen von der ($r + 1$)ten ab fortlassen und erhält ein Gleichungssystem von $r$ Gleichungen für $n$ Unbekannte und *es gibt eine mehrdeutige Lösung*.

## 2. Bemerkung

Im Falle des „homogenen" Systems, dort sind alle $b^k = 0$, ist man an der eindeutigen Lösung im Falle $\det(a_l^k) \neq 0$ kaum interessiert, das ist nämlich die *triviale Lösung* $x^k = 0$. Im Falle $\det(a_l^k) = 0$ gibt es hier immer Lösungen (der obige Fall A kann nicht eintreten).

## 3. Geometrische Deutung (vgl. Sätze 3.1.3.6 und 3.1.3.7)

Betrachten wir den $\mathbb{R}^n$, die Menge der „$n$-Tupel" als Vektorraum, so können die Koeffizienten $a_l^k$ als Koordinaten einer linearen Transformation $A: \mathbb{R}^n \to \mathbb{R}^n$ gedeutet werden. Gesucht wird der „Vektor" $x$, der in $b$ übergeht, d. h.: $x \mapsto A(x) = b$. Genau dann, wenn $A(\mathbb{R}^n)$ ganz $\mathbb{R}^n$ umfaßt (und dies ist gleichwertig mit $\det(a_l^k) \neq 0$), ist $A^{-1}(b)$ genau ein Element $x \in \mathbb{R}^n$.

Eine einzelne »linke Seite« $\Sigma_l a_l^k x^l$ beschreibt die Wirkung einer Linearform $a^{(k)}$ auf $x$; eine Gleichung $a^{(k)}(x) = b^k$ bestimmt also einen affinen Teilraum von $\mathbb{R}^n$, der eine $(n-1)$-dimensionale »Ebene« ist (falls nicht alle $a_1^k = \cdots = a_n^k = 0$ sind). Sollen mehrere solcher Gleichungen gleichzeitig gelöst werden, müssen die entsprechenden Ebenen gemeinsame »Schnittpunkte« haben. Sind die Formen $a^{(k)}$ linear abhängig, so finden wir (ggf. nach Umformen von (*)) entweder parallele Ebenen: keine Lösung, oder zusammenfallende Ebenen: mehrdeutige Lösung.

Ist $A(\mathbb{R}^n)$ $r$-dimensional $(r < n)$, dann sind von den Bildern $A(e^{(k)})$ der Basis $e_l^{(k)} = \delta_l^k$ insgesamt $r$ linear unabhängig. Für den nachfolgenden Satz 4(2). würde man die Unbekannten $x^k$ so numerieren, daß die ersten $r$ es sind; dann ist $\det(a_l^k : k.l = 1, \ldots, r) \neq 0$. Das Urbild $A^{-1}(b)$ jedes Elementes $b \in A(\mathbb{R}^n)$ ist $(n-r)$-dimensional.

Einem Basiswechsel entspricht ein Übergang zu neuen Unbekannten $x^{k'} = \Sigma_l A_l^{k'} x^l$ (wovon besonders dann abzuraten ist, wenn die $x^l$ verschiedenartige physikalische Größen sind). Wir machen von einer solchen Möglichkeit keinen Gebrauch und schreiben daher auch $\mathbb{R}^n$ statt $\mathbb{V}_n$.

---

**4.** *Satz (Lineare Gleichungssysteme)*

(1) Das System (für die $n$ gesuchten Unbekannten $x^l \in \mathbb{R}$)

$$(*) \quad \sum_{l=1}^{n} a_l^k x^l = b^k \quad (k = 1, \ldots, n; \; a_l^k, b^k \in \mathbb{R})$$

hat genau dann eine eindeutige Lösung, wenn $\det(a_l^k) \neq 0$ ist.

(2) Das System

$$\sum_{l=1}^{r} a_l^k x^l = b^k \quad (k = 1, \ldots, n; \; r < n)$$

hat genau dann für jede Wertzuweisung an die »überschüssigen« Unbekannten $x^l$ $(l = r + 1, \ldots, n)$ eine eindeutige Lösung $x^l$ $(l = 1, \ldots, r)$, wenn $\det(a_l^k : k, l = 1, \ldots, r) \neq 0$ ist.

(3) Das homogene System

$$\Sigma_l \, a_l^k x^l = 0 \quad (k, l = 1, \ldots, n)$$

hat genau dann eine nichttriviale Lösung (d. h. nicht alle $x^l = 0$), wenn $\det(a_l^k) = 0$ ist. Die Menge aller Lösungen bildet einen linearen Teilraum von $\mathbb{R}^n$.

(4) Die Differenz zweier Lösungen von (*) ist Lösung des zugehörigen homogenen Systems:

$$\Sigma_l \, a_l^k x^l = b^k = \Sigma_l \, a_l^k \tilde{x}^l \quad \text{ergibt:} \; \Sigma_l a_l^k (x^l - \tilde{x}^l) = 0.$$

Die Menge aller Lösungen von (*) ist ein affiner Teilraum von $\mathbb{R}^n$.

(5) (Cramersche Regel)

Ist $D := \det(a_l^k)$ und $D_m$ die Determinante desjenigen Schemas, das man aus den $(a_l^k)$ erhält, wenn man $a_m^k$ durch $b^k$ ersetzt, dann gilt:

$$D \cdot x^l = D_l \quad (l = 1, \ldots, n).$$

Im Falle $D \neq 0$ erhält man auf diese Art die eindeutige Lösung $x^l = D_l/D$.)

Der *Beweis* für (1)–(4) ergibt sich aus Vorangehendem.

Zu (2): Man bringt die $n - r$ Unbekannten $x^l$ $(l > r)$ »auf die rechte Seite«, weist ihnen beliebige Werte zu und löst dann das $r \times r$ System:

$$a_1^1 x^1 + \cdots + a_r^1 x^r = b^1 - a_{r+1}^1 x^{r+1} - \cdots - a_n^1 x^n$$

$$\ldots \ldots$$

$$\ldots \ldots$$

$$a_1^r x^1 + \cdots + a_r^r x^r = b^r - a_{r+1}^r x^{r+1} - \cdots - a_n^r x^n.$$

(5) Man definiere $A_q^p$ als die Matrix $(a_l^k; k \neq p, l \neq q)$ und erhält aus (*):

$$\Sigma_k (-1)^{k+1} \det(A_1^k)(a_1^k x^1 + \cdots + a_n^k x^n) = \Sigma_k (-1)^{k+1} \det(A_1^k) b^k.$$

Der Laplacesche Entwicklungssatz 3.2.3.7 ergibt:

$$\Sigma_k (-1)^{k+1} \det(A_1^k) \cdot a_l^k = \delta_{l1} \cdot D, \quad \Sigma_k (-1)^{k+1} \det(A_1^k) \cdot b^k = D_1,$$

also $D_1 = \delta_{11} D x^1 + \delta_{21} D x^2 + \cdots = D x^1$ usw. ∎

**5.** *Die inversen Transformationen*

Eine andere Beschreibung der eindeutigen Lösung des Systems $A \cdot x = b$ ist die Benutzung der zu $A$ inversen Transformation: $x = (A^{-1} \circ A) x = A^{-1} b$. Die Definition $A \circ A^{-1} = \text{id}$ schreibt sich in Koordinaten:

$$\Sigma_k a_k^m (a^{-1})_l^k = \delta_l^m,$$

das ist für jedes $l$ ein $n \times n$ Gleichungssystem für die $(a^{-1})_l^k$; die Lösungen (vgl. (5) im obigen Satz und Beweis) sind:

$$D \cdot (a^{-1})_l^k = \Sigma_m (-1)^{k+m} \det(A_k^m) \delta_l^m = (-1)^{k+l} \det(A_k^l).$$

(Achtung: Es ist die Determinante von $A_k^l$, nicht die von $A_l^k$ zu bilden!)

Die Koordinaten $(a^{-1})_l^k$ von $A^{-1}$ können also aus der Determinante $D$ und den $(n - 1)$-reihigen Unterdeterminanten der Matrix $(a_l^k)$ berechnet werden.

### 3.3.2 Die Jordansche Normalform

*Die einfachste Gestalt für lineare Transformationen $\mathbb{V}_n \to \mathbb{V}_n$ wird für $n = 3$ diskutiert.*

**1.** Ein wichtiges Charakteristikum einer Transformation $T$ sind „*invariante Teilräume*" $W \subset \mathbb{V}$, das sind Vektorteilräume, die in sich selbst abgebildet werden: $T(W) \subset W$. Hat man ein solches $W$ mit dim $W = r$, so wähle man eine Basis in $\mathbb{V}$, deren erste $r$ Vektoren in $W$ liegen. Das Koordinatenschema von $T$ sieht dann so aus:

$$
t_l^k: \quad
\begin{array}{c}
k=1 \\ \vdots \\ r \\ \\ r+1 \\ \vdots \\ n
\end{array}
\begin{array}{c}
l = 1\ldots\ldots r \quad r + 1 \ldots n \\
\left[
\begin{array}{ccc}
x\ldots\ldots x & \vline & x\ldots\ldots x \\
 & \vline & \\
x\ldots\ldots x & \vline & x\ldots\ldots x \\
-\,-\,- & \vline & -\,-\,- \\
0\ldots\ldots 0 & \vline & x\ldots\ldots x \\
 & \vline & \\
0\ldots\ldots 0 & \vline & x\ldots\ldots x
\end{array}
\right]
\end{array}
$$

Die „$x\ldots x$" stehen für beliebige Zahlen, in dem »Kästchen« mit „0" stehen nur Nullen.

Kann man zwei invariante Teilräume $W_1$, $W_2$ finden, so daß jedes $v \in \mathbb{V}$ sich schreiben läßt als $\alpha w + \beta \tilde{w} (\alpha, \beta \in \mathbb{R}, \; w \in W_1, \; \tilde{w} \in W_2)$, so erreichen wir:

$$
t_l^k: \quad
\left.
\left[
\begin{array}{ccc}
x\ldots\ldots x & \vline & 0\ldots\ldots 0 \\
x\ldots\ldots x & \vline & 0\ldots\ldots 0 \\
-\,-\,- & \vline & -\,-\,- \\
0\ldots\ldots 0 & \vline & x\ldots\ldots x \\
0\ldots\ldots 0 & \vline & x\ldots\ldots x
\end{array}
\right]
\right\}
\begin{array}{l}
\text{dim } W_1 \\[1.2em]
\text{dim } W_2
\end{array}
$$

$T$ heißt dann „*zerlegbar*". Im günstigsten Falle führt eine solche Zerlegung auf Teilräume der Dimension 1:

$$
t_l^k: \quad
\begin{bmatrix}
\lambda_1 & 0 & \ldots\ldots & 0 \\
0 & \lambda_2 & 0\ldots & 0 \\
 & & \cdot & \\
 & & \cdot & \\
 & & \cdot & \\
0 & \ldots\ldots & 0 & \lambda_n
\end{bmatrix}
$$

Elemente $\neq 0$ stehen nur noch in der „Hauptdiagonalen" ($\lambda_k = 0$ ist nicht ausgeschlossen!)

Wie läßt sich diese Form finden, falls sie existiert? Ein Vektor $a$ in einem der invarianten Teilräume muß, da diese eindimensional sind, ein zu sich proportionales Bild haben: $T(a) = \lambda \cdot a$. Die Koordinaten $a^k$ sind also Lösungen des linearen homogenen Gleichungssystems

**2.** $\Sigma_l t_l^k a^l = \lambda a^k \Leftrightarrow \Sigma_l (t_l^k - \lambda \delta_l^k) a^l = 0.$

Dieses besitzt nichttriviale Lösungen $\boldsymbol{a} \neq 0$ genau dann, wenn:

**3.** $\det(t_l^k - \lambda \delta_l^k) = 0$

ist. Dies ist eine Bedingung für $\lambda$, die (wenn man die Determinante ausschreibt) auf die Bestimmung der Lösungen einer Gleichung $n$-ten Grades bzw. der Nullstellen eines Polynoms $n$-ten Grades hinausläuft. Gleichung 3. heißt „*charakteristische Gleichung*" von $T$, die Lösungen $\lambda$ von 3. heißen *Eigenwerte* von $T$, Lösungen $\boldsymbol{a}$ von 2., d. h.: $T(\boldsymbol{a}) = \lambda \boldsymbol{a}$, heißen *Eigenvektoren*.

Im $\mathbb{V}_3$ lautet 3. so:

$$\begin{vmatrix} t_1^1 - \lambda & t_2^1 & t_3^1 \\ t_1^2 & t_2^2 - \lambda & t_3^2 \\ t_1^3 & t_2^3 & t_3^3 - \lambda \end{vmatrix} = -\lambda^3 + (t_1^1 + t_2^2 + t_3^3)\lambda^2$$

$$- \left( \begin{vmatrix} t_1^1 & t_2^1 \\ t_1^2 & t_2^2 \end{vmatrix} + \begin{vmatrix} t_1^1 & t_3^1 \\ t_1^3 & t_3^3 \end{vmatrix} + \begin{vmatrix} t_2^2 & t_3^2 \\ t_2^3 & t_3^3 \end{vmatrix} \right) \lambda + \begin{vmatrix} t_1^1 & t_2^1 & t_3^1 \\ t_1^2 & t_2^2 & t_3^2 \\ t_1^3 & t_2^3 & t_3^3 \end{vmatrix} = 0.$$

Die Koeffizienten sind: Spur $T$, $-\det(T) \cdot \mathrm{Spur}(T^{-1})$ [hierzu: 3.3.1.5] und $\det(T)$.

**4.** Für die Lösungen gibt es folgende Möglichkeiten:

*Fall* $A_1$: 3 verschiedene reelle Lösungen $\lambda_1, \lambda_2, \lambda_3$:

Die Eigenvektoren zu $\lambda_k$ bilden nach Satz 3.3.1.4(3) jeweils einen 1-dimensionalen Vektorteilraum (wir nehmen jeweils einen von ihnen als $\boldsymbol{a}_{(k)}$, mit $\boldsymbol{a}_{(k)} \neq 0$). Die $\boldsymbol{a}_{(k)}$ sind linear unabhängig:

Aus einer Beziehung: $\quad \alpha \boldsymbol{a}_{(1)} + \beta \boldsymbol{a}_{(2)} + \gamma \boldsymbol{a}_{(3)} = 0$

folgt durch zweimaliges Anwenden von $T$:

$$\lambda_1 \alpha \boldsymbol{a}_{(1)} + \lambda_2 \beta \boldsymbol{a}_{(2)} + \lambda_3 \gamma \boldsymbol{a}_{(3)} = 0.$$
$$\lambda_1^2 \alpha \boldsymbol{a}_{(1)} + \lambda_2^2 \beta \boldsymbol{a}_{(2)} + \lambda_3^2 \gamma \boldsymbol{a}_{(3)} = 0.$$

Durch eine Umformung analog zu der im Beispiel 3.2.3.9 ergibt sich daraus:

$$\alpha \boldsymbol{a}_{(1)} \quad + \beta \boldsymbol{a}_{(2)} \quad + \gamma \boldsymbol{a}_{(3)} = 0$$
$$\beta(\lambda_2 - \lambda_1)\boldsymbol{a}_{(2)} \quad + \gamma(\lambda_3 - \lambda_1)\boldsymbol{a}_{(3)} = 0$$
$$\gamma(\lambda_3 - \lambda_2)(\lambda_3 - \lambda_1)\boldsymbol{a}_{(3)} = 0.$$

Also für $\lambda_1 \neq \lambda_2 \neq \lambda_3 \neq \lambda_1$ muß $\alpha = \beta = \gamma = 0$ sein. Die $\boldsymbol{a}_{(k)}$ sind daher als neue Basis verwendbar; die Basistransformation $A$ wird durch die Koordinaten der $\boldsymbol{a}_{(k)}$ gegeben:

$$a_{(k)} = e'_{(k)} = \Sigma_l A^l_{k'} e_{(l)} = \Sigma d^l_{(k)} e_{(l)}.$$

$T$ hat in dieser neuen Basis die Gestalt:

$$t^{k'}_{l'}: \begin{bmatrix} \lambda_1 & 0 & 0 \\ 0 & \lambda_2 & 0 \\ 0 & 0 & \lambda_3 \end{bmatrix}.$$

Die Wirkung von $T$ besteht in einer Streckung um $|\lambda_k|$ in den Richtungen der Eigenvektoren, bei $\lambda_k < 0$ tritt eine Spiegelung dazu; [vgl. Abb. 3.10].

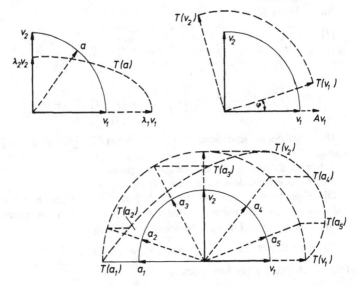

Abb. 3.10. Lineare Transformation im $\mathbb{V}_2$; drei Fälle: zwei verschiedene reelle Eigenwerte, komplexe Eigenwerte, Scherstreckung bei doppeltem Eigenwert

*Fall* $A_2$: 1 reelle, 2 komplexe Lösungen: $\lambda_1, \lambda_{2,3} = \kappa \pm i\omega$

$$t^{k'}_{l'}: \begin{vmatrix} \lambda_1 & 0 & 0 \\ 0 & \kappa & \omega \\ 0 & -\omega & \kappa \end{vmatrix} \quad \begin{aligned} A &:= \sqrt{\kappa^2 + \omega^2} = |\lambda_2| = |\lambda_3| \\ \varphi &:= \arctan\left(\frac{\omega}{\kappa}\right) = \arc(\lambda_2) = -\arc(\lambda_3). \end{aligned}$$

Es findet in einem 2-dimensionalen Vektorteilraum eine Streckung um $A$ und eine Drehung um $\varphi$ statt, in einem 1-dimensionalen Vektorteilraum eine reine Streckung um $\lambda_1$.

*Fall* B: 1 einfache, 1 doppelte reelle Lösung $\lambda_1 \neq \lambda_2 = \lambda_3 =: \lambda$.
Dann kann man $T$ auf eine der beiden Formen bringen:

$$t_{l'}^{k}: \begin{bmatrix} \lambda_1 & 0 & 0 \\ 0 & \lambda & 0 \\ 0 & 0 & \lambda \end{bmatrix} \quad \text{oder } t_{l'}^{k}: \begin{bmatrix} \lambda_1 & 0 & 0 \\ 0 & \lambda & 1 \\ 0 & 0 & \lambda \end{bmatrix}$$

Die zweite Möglichkeit ist eine „Scherstreckung" in einer Ebene [vgl. Abb. 3.10].

*Fall* C: Eine dreifache Nullstelle: $\lambda_1 = \lambda_2 = \lambda_3 =: \lambda$.

$$t_l^k: \begin{bmatrix} \lambda & 0 & 0 \\ 0 & \lambda & 0 \\ 0 & 0 & \lambda \end{bmatrix} \quad \text{oder} \quad \begin{bmatrix} \lambda & 0 & 0 \\ 0 & \lambda & 1 \\ 0 & 0 & \lambda \end{bmatrix} \quad \text{oder} \quad \begin{bmatrix} \lambda & 1 & 0 \\ 0 & \lambda & 1 \\ 0 & 0 & \lambda \end{bmatrix}.$$

(Im dritten Fall liegt eine räumliche Scherstreckung vor.)

*Beispiel* aus 3.1.3.4

Für die Transformation $\vec{F} \mapsto \vec{s}$ ist in Abb. 3.5 die Basis schon so gewählt, daß Diagonalform vorliegt:

$$s^k = \Sigma_l \, \sigma_l^k f^l, \quad \sigma_l^k: \begin{bmatrix} \sigma_1 & 0 \\ 0 & \sigma_2 \end{bmatrix}.$$

Man beachte aber, daß bei $\sigma_1 \neq \sigma_2$ nur für die Kraftvektoren $\vec{F}$ in Richtung $e_{(1)} = (1;0)$ bzw. $e_{(2)} = (0;1)$ gilt, daß $\vec{s}$ parallel zu $\vec{F}$ ist.

### 3.3.3 Hauptachsentransformation

*Transformation symmetrischer Bilinearformen auf Diagonalgestalt.*

**1.** In einem Linearen Raum läßt sich für eine symmetrische Bilinearform $g(\,.\,;\,.\,)$ stets eine Basis $e'_{(k)}$ finden, in der $g_{k'l'} = \varepsilon_k \cdot \delta_{kl}$ ist, wobei die $\varepsilon_k = +1$, $-1$, oder $0$ sind; siehe 3.2.2.7.

Ist $g(\,.\,;\,.\,)$ positiv definit, also ein „inneres Produkt", sind alle $\varepsilon_k = +1$; es läßt sich dann sogar immer noch eine weitere symmetrische Bilinearform $Q$ gleichzeitig mit $g$ auf Diagonalgestalt bringen:

$$(v\,|\,w) = g(v;w) = \Sigma_k \Sigma_l \, \delta_{k'l'} v^{k'} w^{l'}$$

$$Q(v,w) = \Sigma_k \Sigma_l \, \lambda_k \delta_{k'l'} v^{k'} w^{l'}.$$

Bevor wir in **5.** die *Existenz* dieser Gestalt zeigen, hier ein Verfahren zur *Berechnung* (falls diese Gestalt existiert):

**2.** Setzen wir für $v$ einen Basisvektor $e'_{(k)}$ ein, tritt nur noch eines der $\lambda$'s auf, da $e'^{m}_{(k)} = \delta_k^m$ ist:

$$Q(e'_{(k)}, w) = \Sigma_l \Sigma_m \lambda_m \delta_{m'l'} e'^{m'}_{(k)} w^{l'} = \lambda_k(e'_{(k)} \mid w).$$

Da dies für alle $w \in \mathbb{V}$ gilt, erhalten wir:

$$Q(e'_{(k)}, .) = \lambda_k(e'_{(k)} \mid .) \text{ bzw. } \Sigma_l q_{lm} e'^l_{(k)} = \Sigma_l \lambda_k g_{lm} e'^l_{(k)}.$$

**3.** Also erfüllen die $\lambda_k$ und die Koordinaten $e'^l_{(k)}$ eine Gleichung der Form:

$$\sum_{l=1}^{n} (q_{kl} - \lambda g_{kl}) e'^l = 0.$$

**4.** Für eine nichttriviale Lösung $e' \neq 0$ muß gelten:

$$\det(q_{kl} - \lambda g_{kl}) = 0.$$

Entsprechend wie bei linearen Transformationen heißt eine Lösung $\lambda$ von **4.** *Eigenwert* von $Q$ und eine Lösung $e'$ von **3.** *Eigenvektor*.

Eigenvektoren zu verschiedenen Eigenwerten sind nicht nur linear unabhängig, sondern stehen senkrecht aufeinander; man setze in Formel **2.** $k = p, w = e'_{(q)}$ bzw. $k = q$ und $w = e'_{(p)}$, dann ist $\lambda_q(e'_{(p)} \mid e'_{(q)}) = Q(e'_{(q)}, e'_{(p)}) = \lambda_p(e'_{(q)} \mid e'_{(p)})$, also für $\lambda_p \neq \lambda_q$ ist $(e'_{(p)} \mid e'_{(q)}) = 0$. Für einen Eigenvektor zum größten Eigenwert (er sei $\lambda_1$) ist das Verhältnis $Q(v, v)/(v \mid v)$ maximal, und beträgt gerade $\lambda_1$, denn:

$$Q(v, v) = \lambda_1(v^1)^2 + \cdots + \lambda_n(v^{n'})^2 \leqslant \lambda_1[(v^1)^2 + \cdots + (v^{n'})^2] = \lambda_1(v \mid v)$$

**5.** *Die geometrische Bedeutung* (von $e'$ und $\lambda$)

Ein Vektor $v_E$ mit Länge 1, für den $Q$ maximal ist, d. h. $Q(v_E, v_E) =: \mu \geqslant Q(v, v)$ für alle $v \in \mathbb{V}$ mit $(v \mid v) = 1$ wird sich als Eigenvektor und $\mu$ als der größte der Eigenwerte herausstellen[*]). Zunächst betrachten wir ein $v$ und zerlegen es in den zu $v_E$ parallelen bzw. senkrechten Anteil:

$$v = \alpha v_E + \beta w \quad \text{mit} \quad (w \mid w) = 1, \quad (w \mid v_E) = 0, \quad \alpha^2 + \beta^2 = (v \mid v) = 1;$$

$$Q(v_E, v_E) - Q(v; v) = \mu - \alpha^2 \mu - 2\alpha\beta Q(v_E, w) - \beta^2 Q(w, w)$$

$$= \beta^2(\mu - Q(w, w)) - 2\alpha\beta Q(v_E, w)$$

Wäre $Q(v_E, w) \neq 0$, so könnte man $\alpha$ und $\beta$ so wählen, daß die rechte Seite kleiner Null wird, was nach Definition von $v_E$ ausgeschlossen ist. Man setze etwa:

$$\operatorname{sgn} \alpha = \operatorname{sgn} Q(v_E, w), \quad \frac{|\alpha|}{\beta} > \frac{\mu - Q(w, w)}{2|Q(v_E, w)|}.$$

Wir haben also:

$$Q(v, v) = \alpha^2 Q(v_E; v_E) + \beta^2 Q(w, w).$$

---

[*]) Ein kürzerer Beweis findet sich in 4.2.9.12.

Durch Aufsuchen des Vektors mit Länge 1, senkrecht auf $v_E$, für den $Q$ maximal ist, kann der zweite Summand weiter zerlegt werden usw. Wir nehmen diese (insgesamt $n$) Vektoren $v_E, \ldots$ als Basis $e_{(k)}$ und erhalten:

$$Q(v,v) = (v^1)^2 Q(e_{(1)}, e_{(1)}) + \cdots (v^n)^2 Q(e_{(n)}, e_{(n)})$$

$$= (v^1)^2 \cdot \lambda_1 + \cdots + (v^n)^2 \lambda_n, \quad (\lambda_1 \text{ ist das } \mu \text{ von oben}),$$

wobei die $\lambda_k := Q(e_{(k)}, e_{(k)})$ der Größe nach nicht zunehmen: $\lambda_{k+1} \leqslant \lambda_k$. Dies ist aber die gewünschte Diagonalform von $Q$.

### 3.3.4 Zusammenstellung

*Eine sehr knappe Übersicht über „Diagonalformen" und „Eigenwerte".*

**1.** *Problemstellung*

A. Im Zusammenhang mit $n$-dimensionalen (reellen) Vektorräumen finden sich verschiedene Arten von linearen Objekten mit $n^2$ Koordinaten:

1. Lineare Abbildungen $T\colon \mathbb{V}_n \to \mathbb{W}_n$ $\qquad t_l^k$

2. Lineare Transformationen $T\colon \mathbb{V}_n \to \mathbb{V}_n$ $\qquad t_l^k$

3. Symmetrische Bilinearformen $Q\colon \mathbb{V}_n \times \mathbb{V}_n \to \mathbb{R}$ $\qquad q_{kl} = q_{lk}$

4. Schiefe Bilinearformen $Q\colon \mathbb{V}_n \times \mathbb{V}_n \to \mathbb{R}$ $\qquad q_{kl} = -q_{lk}$.

Gefragt wird nach

(i) dem Verhalten von $T$ bzw. $Q$ unter linearen Basistransformationen $A$ in $\mathbb{V}$ bzw. $B$ in $\mathbb{W}$;

(ii) nach einer möglichst einfachen Gestalt von $T$ bzw. $Q$ (d. h.: nach einer geschickten Wahl der Basis, die auf möglichst einfache Koordinaten von $T$ bzw. $Q$ führt);

(iii) nach einer Kennzeichnung von $T$ bzw. $Q$ durch Größen, die von der Basiswahl unabhängig sind (d. h. deren Übereinstimmung für $T$ und $\tilde{T}$ besagt, daß es eine Basistransformation gibt, so daß $t_l^{k'} = \tilde{t}_l^k$ ist.

B. Alle obigen Fragen lassen sich für Vektorräume mit innerem Produkt $(.\,|\,.)$ wiederholen, wobei statt allgemeiner Basen nur noch orthonormierte Basen und statt allgemeiner linearer Transformationen nur noch „orthogonale" $T$ (die das innere Produkt erhalten; d. h. $(T(v)\,|\,T(w)) = (v\,|\,w)$) zugelassen werden.

**2.** *Warnung:* In vielen Physikbüchern wird all dieses nicht deutlich unterschieden und zusätzlich noch der begriffliche Unterschied zwischen geometrischem Objekt und seinen Koordinaten verwischt mit dem

Erfolg, daß man statt der klaren und einfachen Darstellung über lineare Abbildungen ein ziemlich verwirrendes System von Rechenregeln erhält. Für die Koordinatenschemata („Matrizen") wie $t_l^k$, $q_{kl}$ wird die Verjüngung $\Sigma_l a_{kl} b_m^l = c_{km}$ als „Matrizenprodukt" $A \cdot B = C$ geschrieben; um auch $d_{lm} = \Sigma_k b_l^k a_{km}$ so schreiben zu können, führt man die „transponierte Matrix" $B^T$ ein: $(b^T)_i^k = b_k^i$, d. h. die Rolle von Zeilen und Spalten wird vertauscht: $D = B^T \cdot A$ oder $D^T = A^T \cdot B$. Das Inverse $A^{-1}$ wird wie in 3.3.1.5 erklärt. Der *Rang* einer Matrix $A$ ist die größte Zeilenzahl, zu der man Unterdeterminanten*) $\neq 0$ im Schema $(a_{kl})$ finden kann; Rang $T = \dim T(\mathbb{V})$; ebenso bei $Q: \mathbb{V} \to \mathbb{V}^*$: Rang $Q = \dim Q(\mathbb{V})$ (in $\mathbb{V}^*$).

**3.** *Die Liste* (der Antworten zu den Problemen in **1.**)

A 1(i)    $\Sigma_p \Sigma_q a_p^{k'} t_q^p b_l^q = t_{l'}^{k'}$;    $A^{-1} \cdot T \cdot B = T'$;

(ii) $t_{l'}^{k'} = \begin{cases} 1 \text{ oder } 0 \text{ für } k = l \\ 0 \qquad \text{ für } k \neq l \end{cases}$ ;

(iii) Rang $T = \dim T(\mathbb{V}_n) = n - \dim T^{-1}(\mathbf{0}) = $ »Anzahl der „1" in der Normalform (ii)« ist einzige Invariante.

(Die „0" in der Diagonale in (ii) geben an, wie viele Basisvektoren in die $\mathbf{0} \in \mathbb{W}$ übergehen, d. h. wie hoch $\dim T^{-1}(\mathbf{0})$ ist.)

2(i)    $\Sigma_p \Sigma_q a_p^{k'} t_q^p a_{l'}^q = t_{l'}^{k'}$;    $A^{-1} \cdot T \cdot A = T'$;

(ii) Jordansche Normalform: siehe 3.3.2;

(iii) Zu $T$ und $\tilde{T}$ gibt es genau dann ein $A$ mit $\tilde{T} = A^{-1} T A$, wenn $T$ und $\tilde{T}$ dieselbe Jordansche Normalform besitzen; insbesondere müssen sie dieselben Eigenwerte $\lambda_k$ haben. Aus diesen gebildete Invarianten sind auch die Summe der $\lambda_k$: Spur $T$ und das Produkt aller $\lambda_k$: $\det(T)$.

3(i)    $\Sigma_m \Sigma_p a_{k'}^m q_{mp} a_{l'}^p = q_{k'l'}$;    $A^T \cdot Q \cdot A = Q'$;

(ii) $q_{k'l'} = \begin{cases} \pm 1 \text{ oder } 0 \text{ für } k = l \\ 0 \qquad \text{ für } k \neq l \end{cases}$ (vgl. 3.3.3.1);

(iii) Die Anzahl der „+1", der „−1" und der „0" in der »Diagonale« von (ii).

4(i) wie 3(i);

---

*) „Unterdeterminante einer Matrix" $(a_i^k)$ ist jede Determinante eines quadratischen Schemas, das aus $(a_i^k)$ durch Fortlassen kompletter Zeilen und/oder Spalten entsteht.

(ii) Rang $Q$ ist eine gerade Zahl: $2s$. Längs der Diagonalen sind $s$ »Blöcke« der Form $\begin{pmatrix} 0 & 1 \\ -1 & 0 \end{pmatrix}$ aufgereiht, sonst nur „0".

Etwa für $n = 3$ erhalten wir: $\begin{bmatrix} 0 & 1 & 0 \\ -1 & 0 & 0 \\ 0 & 0 & 0 \end{bmatrix}$ oder $\begin{bmatrix} 0 & 0 & 0 \\ 0 & 0 & 0 \\ 0 & 0 & 0 \end{bmatrix}$;

(iii) Rang $Q$.

B Eine Basis ist orthonormal, wenn $g_{kl} = \delta_{kl}$ ist; eine Basistransformation $A$ ist daher orthogonal, wenn $\delta_{k'l'} = \Sigma_p \Sigma_q a_k^p a_l^q \delta_{pq} = \Sigma_p a_k^p a_l^p$ gilt; das ist sozusagen das innere Produkt der beiden »Vektoren«, die die $k$-te bzw. $l$-te Spalte von $A$ bilden. Eine Matrix ist dann „orthogonal", wenn ihre Spalten $a_{(k)}$ als Vektoren aufgefaßt, die Länge 1 haben und aufeinander senkrecht stehen: $(a_{(k)} | a_{(l)}) = \delta_{kl}$. (Dasselbe gilt für die Zeilen.)

$1-4$(i) Die Transformationsregeln sind alle wie bei Fall $A$(i).

$1$(ii) $\quad t_{l'}^{k'} = \begin{cases} 1 \text{ für } k = l \\ 0 \text{ für } k \neq l \end{cases}$;

(iii) Alle $T$ lassen sich auf dieselbe Form (ii) bringen; das ist ein Ergebnis von Satz 3.1.3.7.

$2$(ii,iii) $\quad t_{l'}^{k'} = \begin{cases} \lambda_k & k = l \\ 0 & k \neq l \end{cases}$ $\quad |\lambda_k| = 1$, oft auch $e^{i\varphi_k}$ geschrieben.

Die $\lambda_k$ lösen $\det(t_q^p - \lambda \delta_q^p) = 0$. Da $T$ orthogonal ist, ist $\| T(v) \| = \| v \|$, für Eigenvektoren: $\| \lambda_k v \| = |\lambda_k| \| v \|$ also $|\lambda_k| = 1$. „Scherstreckungen" wie bei A2(ii) können nicht auftreten, da die Winkel unter $T$ erhalten bleiben, auch würde die »Länge« einer Spalte dann $|\lambda|^2 + 1 \neq 1$ sein. Mit jedem komplexen $\lambda_k$ ist auch $\bar{\lambda}_k$ Eigenwert; als reelle Normalform erhalten wir dann statt

$\begin{pmatrix} \lambda_k & 0 \\ 0 & \bar{\lambda}_k \end{pmatrix}$ einen Block $\begin{pmatrix} \cos \varphi_k & \sin \varphi_k \\ -\sin \varphi_k & \cos \varphi_k \end{pmatrix}$ auf der Diagonalen.

$3$(ii,iii) $\quad q_{k'l'} = \begin{cases} \lambda_k & k = l \\ 0 & k \neq l \end{cases}$ $\quad \lambda_k$ ist reell.

Die $\lambda_k$ lösen $\det(q_{kl} - \lambda g_{kl}) = 0$; vgl. 3.3.3.4.

$4$(ii,iii) Analog Fall A4, nur jetzt Blöcke $\begin{pmatrix} 0 & \mu_k \\ -\mu_k & 0 \end{pmatrix}$.

Die $\mu_k$ kennzeichnen $Q$.

**4.** *Anmerkung:* (vgl. Anmerkung 3.2.1.4)

Allgemeine lineare Transformationen auf Räumen mit innerem Produkt lassen sich nicht auf eine der Jordanschen ähnliche Form bringen, wenn die Basis orthonormiert sein soll; das liegt daran, daß die Eigenvektoren im allgemeinen nicht aufeinander senkrecht sind. Da man aber eine natürliche Beziehung $\mathbb{V} \leftrightarrow \mathbb{V}^*$ hat, kann man $t_l^k \leftrightarrow t_{kl}$ in den symmetrischen $\frac{1}{2}(t_l^k + t_k^l)$ und den schiefen Anteil $\frac{1}{2}(t_l^k - t_k^l)$ aufspalten und beide gemäß B3 bzw. B4 behandeln. Der symmetrische Teil verzerrt die Einheitskugel $\{\|v\| = 1\}$ in ein Ellipsoid mit den Hauptachsen der Länge $|\lambda_k|$ in Richtung der Eigenvektoren $e'_{(k)}$. Der schiefe Anteil bewirkt in 2-dimensionalen Ebenen eine Drehung*) um $\pi/2$ und eine gleichmäßige Streckung um $|\mu_k|$. Es gibt im allgemeinen *keine* Basis, in der diese beiden Anteile *gleichzeitig* die Normalgestalt 3(ii) bzw. 4(ii) haben!

**5.** *Zusatz* (Komplexe Vektorräume)

Werden statt reeller komplexe Vektorräume betrachtet, gilt fast alles ebenso oder vereinfacht sich. Da $|z|^2 = z \cdot \bar{z}$ und nicht $z^2$ ist, wählt man als Norm $\|v\|^2 = \Sigma_k v^k \overline{v^k}$ und als inneres Produkt $(v|w) = \Sigma_k \Sigma_l g_{kl} v^k \overline{w^l}$, das $(w|v) = \overline{(v|w)}$ erfüllt („hermitesch" statt „symmetrisch"). Bei der Normalform A3(ii) kann man die „$-1$" durch „1" ersetzen, die „reellen" Normalformen in A2(ii), B2(ii) entfallen.

## 3.4 Hilbert- und Banachräume

*Durch Einführung einer Norm $\|\,.\,\|$ und damit eines Abstandes $\|v - w\|$ auf einem Vektorraum $\mathbb{V}$ ergibt sich die Möglichkeit, den Begriff „Stetigkeit" (von 2.2.4 und 2.2.5) auf $\mathbb{V}$ zu übertragen. In diesem Abschnitt werden grundlegende Eigenschaften normierter Vektorräume für die Anwendungen auf Funktionenräume in Kap. 7 bereitgestellt.*

*Eigentlich ziemlich »langweilig«, da die Ergebnisse kaum überraschen und Anwendungen erst später (Kap. 4 und 7) kommen. Ein »Pflichtprogramm« für den Leser, der die wahre Leistungsfähigkeit der Definition der Ableitung in Kap. 4 abschätzen bzw. einsehen möchte, warum in Kap. 7 das Arbeiten mit nichtkonvergenten Folgen und „δ-Funktionen" kein »fauler Zauber«, sondern begründbar ist.*

---

*) Wie man auch an den Koordinaten einer Drehung um den Winkel $\varphi$ erkennen kann, ist diese die Summe einer reinen Streckung um $\cos \varphi$ und einer Drehung um $\pi/2$ mit Streckung um $\sin \varphi$.

### 3.4.1 Stetigkeitseigenschaften linearer Funktionen

*Dieser Abschnitt schließt sich eng an 3.2.2 an.*

**1.** Zunächst einmal versichern wir uns der Stetigkeit der beiden grundlegenden Rechenoperationen $\| \cdot \|$, $( \cdot | \cdot )$ (falls sie auf $\mathbb{V}$ eingeführt werden). Nach Definition ist $v_n \to v$,
wenn $\| v_n - v \| \to 0$ bzw. $(v_n - v | v_n - v) \to 0$
gilt. Aus $v_n \to v$ und $w_n \to w$ folgt:

$$\| v_n \| - \| v \| = \| v_n - v + v \| - \| v \| \leqslant \| v_n - v \| + \| v \| - \| v \| \to 0$$

$$\| v_n \| - \| v \| = \| v_n \| - \| v - v_n + v_n \| \geqslant \| v_n \| - \| v - v_n \| - \| v_n \| \to 0$$

$$|(v_n | w_n) - (v | w)| = |(v_n - v | w_n) - (v | w - w_n)|$$

$$\leqslant \| v_n - v \| \cdot \| w \| + \| v \| \, \| w - w_n \| \to 0.$$

(Benutzt wurden Dreiecks- und Schwarzsche Ungleichung; haben Sie den »Trick« aus Formel 2.2.3.6, „Differenz von Produkten", wiedererkannt?) Daraus folgt offenbar die Stetigkeit. Die wichtigen weiteren Ergebnisse enthält

**2.** *Satz (Stetigkeit linearer Funktionen)*

$f \colon \mathbb{V} \to \mathbb{W}$ sei eine lineare Funktion zwischen zwei Vektorräumen mit Normen $\| \cdot \|$.

(1) Ist $\mathbb{V}$ endlichdimensional, ist jede lineare Funktion $f$ auf $\mathbb{V}$ stetig.

(2) Die stetigen linearen Funktionen $\mathbb{V} \to \mathbb{W}$ bilden einen Linearen Raum $\mathscr{L}_c(\mathbb{V} \to \mathbb{W})$.

(3) Ist $f$ bei einem Element $v \in \mathbb{V}$ stetig, so ist $f$ auf ganz $\mathbb{V}$ stetig.

(4) Ist $f$ stetig, so ist es sogar „Lipschitz-stetig", d. h. es gibt eine Konstante $K$, so daß für alle $v, w \in \mathbb{V}$ gilt:

(\*) $\| f(v) - f(w) \| \leqslant K \| v - w \|.$

Die entsprechende Aussage für stetige bilineare Funktionen lautet:

$$\| f(v, \tilde{v}) - f(w, \tilde{w}) \| \leqslant K \| v - w \| \cdot \| \tilde{v} - \tilde{w} \|.$$

(5) Die kleinste Konstante $K$, mit der (\*) erfüllt ist, ist

$$K_f := \sup_{\| v \| = 1} \| f(v) \| = \sup_{v \neq 0} \frac{\| f(v) \|}{\| v \|}.$$

(»Der größte Wert, den $f(v)$ für ein $v$ mit der Länge 1 erreichen kann, der maximale Vergrößerungsfaktor der Abbildung $f$«.)

(6) Dieses $K_f$, d. h. die Zuordnung $\mathscr{L}_c(\mathbb{V} \to \mathbb{W}) \to \mathbb{R}, f \mapsto K_f$, erfüllt die Forderungen (B1,2,3) an eine Norm in 3.2.2.4.

$K_f \geqslant 0$ und zwar $K_f = 0$ genau dann, wenn $f \equiv 0$;

$K_{\alpha f} = |\alpha| \cdot K_f$;

$K_{f+g} \leqslant K_f + K_g$.

(7) Erfüllt eine stetige (nicht als linear vorausgesetzte) Funktion $f$: $\mathbb{V} \to \mathbb{W}$ die Superponierbarkeit: $f(v + w) = f(v) + f(w)$ für alle $v, w \in \mathbb{V}$, so auch die Homogenität (d. h. sie ist linear):

$f(\alpha v) = \alpha f(v)$  für alle $\alpha \in \mathbb{R}, v \in \mathbb{V}$.

(7) gilt *nicht* für *komplexe* Vektorräume!

Zum *Beweis:*

(1) In einer Darstellung $f(v) = \overset{n}{\Sigma} v^k f(e_{(k)})$ hängt die (endliche) Summe stetig von den Koordinaten ab.

(2) Wegen der Stetigkeit von Addition und Multiplikation ist eine Linearkombination stetiger Funktionen wieder stetig.

(3) Durch Verschiebung kann man jedes Element $w \in \mathbb{V}$ nach $v$ bringen. Wenn $w_n \to w$ geht, dann $w_n - w + v \to v$ und $\| f(w_n) - f(w) \| = \| f(w_n - w + v) - f(v) \| \to 0$.

(4) Stetigkeit in **0** besagt, daß es für jede Wahl einer Schranke $10^{-k}$ für Schwankungen von $f$ eine Schranke $10^{-l}$ gibt, so daß aus $\| v \| \leqslant 10^{-l}$ dann $\| f(v) \| \leqslant 10^{-k}$ folgt.

Sei $1/\alpha := 10^l \| v - w \| \neq 0$, dann ist $\| \alpha v - \alpha w \| = 10^{-l}$ und $\| f(v) - f(w) \| = \frac{1}{\alpha} \| f(\alpha v - \alpha w) \| \leqslant \frac{1}{\alpha} \cdot 10^{-k} = 10^{l-k} \| v - w \|$; man wähle $K = 10^{l-k}$.

(5) Ebenso wie (4) zu zeigen.

(6) Einfach zu zeigen; z. B.:

$$\sup_{\|v\|=1} \| f(v) + g(v) \| \leqslant \sup_{\|v\|=1} ( \| f(v) \| + \| g(v) \| )$$
$$\leqslant \sup_{\|v\|=1} \| f(v) \| + \sup_{\|w\|=1} \| g(w) \|.$$

(7) Es gilt: $f(2v) = f(v + v) = f(v) + f(v) = 2f(v)$,

$f(v) = f(\frac{1}{2}v + \frac{1}{2}v) = 2f(\frac{1}{2}v)$. In dieser Art zeigt man: $f\left(\dfrac{m}{n}v\right) = \dfrac{m}{n}f(v)$ bzw. $f(dv) = d \cdot f(v)$ für alle rationalen Zahlen $m/n$ bzw. alle Dezimalzahlen $d \in \mathbb{D}$. Sei $\alpha \in \mathbb{R}$ und eine Folge rationaler oder Dezimal-

134

zahlen $\alpha_n$ konvergiere gegen $\alpha$, so ist $\alpha \cdot f(v) = \lim \alpha_n \cdot f(v) = f(\lim \alpha_n v)$ $= f(\alpha v)$ wegen der Stetigkeit von $f$. ∎

**3.** *Warnung:* Unglücklicherweise werden Funktionen, die Bedingung 2.4(*) genügen, in der Theorie Linearer Räume „beschränkt" genannt, obwohl das eigentlich bedeuten sollte: $\sup \|f(v)\| < \infty$ und unter den linearen Funktionen nur die triviale $f \equiv 0$ dies erfüllt.

**4.** *Hinweis:* *Unstetige* lineare Funktionen werden in Kap. 7 auftreten, ein besonders einfaches Beispiel in 7.1.1.

**5.** *Zusatz*

Überraschenderweise gibt es auch physikalische Argumente, die die Benutzung *unstetiger* linearer Funktionen erzwingen. In der Quantentheorie wird für zwei Transformationen $P$ und $Q$ („Orts"- und „Impulsoperator") die „Vertauschungsrelation" (*) id $= P \circ Q - Q \circ P$ (oft auch mit Faktor $h/2\pi$) gefordert. Für $\|Q\| = 0$ ist $Q = \mathbf{0}$ und (*) kann nicht gelten. Durch mehrfache Hintereinanderschaltung von $Q$:

$$Q = Q \circ P \circ Q - Q^2 \circ P = (P \circ Q - \text{id}) \circ Q - Q^2 \circ P,$$

also $2Q = P \circ Q^2 - Q^2 \circ P$, usw. erhalten wir

$$nQ^{n-1} = P \circ Q^n - Q^n \circ P$$

und wegen der Schwarzschen Ungleichung $n\|Q^{n-1}\| \leqslant 2\|P\| \|Q^n\|$ also entweder $n \leqslant 2\|P\| \|Q\|$ oder $\|Q^{n-1}\| = 0$. Die erste Möglichkeit kann bei stetigen $P$ und $Q$ (d. h.: $\|P\|, \|Q\| < \infty$) nicht für alle $n \in \mathbb{N}$ gelten, die zweite Möglichkeit ergäbe $(n-1)\|Q^{n-2}\| \leqslant 2\|P\| \|Q^{n-1}\| = 0$, also $\|Q^{n-2}\| = 0$ usw., führte also auf $\|Q\| = 0$. Die Relation (*) ist also durch stetige $P$ und $Q$ nicht erfüllbar.

### 3.4.2 Hilbert- und Banachräume

**1.** Nach der Einführung der Stetigkeit können zwei wichtige Eigenschaften von $\mathbb{R}$ auch für den $\mathbb{V}_n$ gezeigt werden: (Zur Erinnerung: H/B 1,2,3 stehen in 3.2.2).

---

(H4, B4) *Vollständigkeit*

Das *Cauchy*sche Konvergenzkriterium (vgl. Satz 2.2.5.8) gilt: Sei $\{v_n\}$ eine Folge in $\mathbb{V}$ und

$$\delta_m := \sup_n \{\|v_{m+n} - v_m\|\} \quad \text{bzw.}$$

$$\delta_m := \sup_n \{\sqrt{(v_{m+n} - v_m | v_{m+n} - v_m)}\}.$$

Wenn $\delta_m \to 0$ geht, gibt es ein $v \in \mathbb{V}$, so daß $v_n \to v$ konvergiert.

---

H/B4 ist nichts anderes als Satz 2.2.5.8 für den $\mathbb{R}^n$. Für H/B5 wähle man eine Basis $\{e_{(1)} \ldots e_{(n)}\}$ und bilde alle Linearkombinationen $\Sigma\, d^k e_{(k)}$ mit (abbrechenden) Dezimalzahlen $d^k$; diese Menge läßt sich nach dem Verfahren von Satz 2.1.2.12 durchnumerieren. Zur Bedeutung von H/B4,5 vgl. 2.2.2.5 Bemerkung zu (4) und (5), sowie Anmerkung 2.2.5.9. Auch die »wichtigsten« unendlichdimensionalen Linearen Räume erfüllen (4), größtenteils auch (5).

*Definition:* Sei $\mathbb{V}$ ein linearer Raum. Gibt es eine Funktion $\mathbb{V} \to \mathbb{R}$, $v \mapsto \|v\|$, die (B1,2,3,4) erfüllt, so heißt $(\mathbb{V}, \|.\|)$ *Banachraum*. Gibt es eine Funktion $\mathbb{V} \times \mathbb{V} \to \mathbb{R}$, $v, w \mapsto (v|w)$, die (H1,2,3,4) erfüllt, so heißt $(\mathbb{V}, (.|.))$ *Hilbertraum*. (Insbesondere sind alle endlichdimensionalen Vektorräume mit Norm bzw. innerem Produkt *Banach*- bzw. *Hilbert*-räume).

**2.** Zwei Eigenschaften sorgen dafür, daß separable Hilberträume »fast so einfach« sind wie der endlichdimensionale $\mathbb{V}_n$:

(1) Man kann orthonormierte Basen $e_{(k)}$ wählen bezüglich derer jedes Element zwar nicht mehr als endliche Linearkombination, aber noch als »unendliche Summe« (konvergente Reihe) $\sum\limits_{k=1}^{\infty} v^k e_{(k)}$ dargestellt werden kann; dazu konkrete Beispiele in Kap. 7.1.

(2) Die natürliche eineindeutige Beziehung zwischen $\mathbb{V}$ und $\mathbb{V}^*$ läßt sich »retten«, wenn man als $\mathbb{V}^*$ nur die stetigen Linearformen auf $\mathbb{V}$ nimmt: $\mathbb{V}^* := \mathscr{L}_c(\mathbb{V} \to \mathbb{R})$.

(*Warnung:* Man beachte, daß hier eine neue Definition von „Basis" und von „dualem Raum" benutzt wird!).

*Satz (Der duale Hilbertraum)*

Jede stetige Linearform $f$ auf einem Hilbertraum ist als Vielfaches einer Projektion deutbar; d. h.: Aus $f \in \mathbb{V}^* = \mathscr{L}_c(\mathbb{V} \to \mathbb{R})$ folgt: es gibt ein $w \in \mathbb{V}$, so daß für alle $v \in \mathbb{V}: f(v) = (w|v)$.

*Zum Beweis:*

Ist $f^{-1}(0) = \mathbb{V}$, so ist $f \equiv 0$, man wähle $w = 0$. Ansonsten bilden die Urbilder $f^{-1}(a)$ $(a \in \mathbb{R})$ affine Teilräume parallel zu $f^{-1}(0)$, die $\mathbb{V}$ in parallele »Schichten« zerlegen. Es gibt nun genau eine Richtung senkrecht auf diesen Schichten. Daß es überhaupt eine solche gibt, ist nur über die Stetigkeit von $f$ zu beweisen, bei unstetigen $f$ können diese Schichten sich »arg miteinander verzahnen«. Daß es nicht mehr als eine gibt, liegt daran, daß eine *ein*parametrige Schar $f^{-1}(a)$ (Parameter $a$) paralleler »gleichartiger« Schichten ganz $\mathbb{V}$ überdeckt. Sei $e$ ein Vektor in dieser Richtung mit Länge $(e|e) = 1$; dann wähle man $w := f(e) \cdot e$. Es läßt sich jeder Vektor $v \in \mathbb{V}$ in eine Komponente $z$ innerhalb der Schicht $f^{-1}(0)$ und eine Komponente senkrecht dazu zerlegen: $v = \alpha e + z$, also $f(v) = f(\alpha e) + f(z) = \alpha f(e)$; andererseits ist auch $(w|v) = f(e) \cdot \alpha(e|e) + f(e) \cdot (e|z) = \alpha f(e)$. ∎

### 3. *Zusatz:*

In einem Linearen Raum mit Innerem Produkt $(.|.)$ gibt es eine natürlich zugeordnete Norm $\|v\| = \sqrt{(v|v)}$. Ebenso gibt es in jedem Raum mit Norm einen natürlich zugeordneten Abstand $\delta(v,w) = \|v - w\|$. Das jeweils Umgekehrte gilt nicht allgemein, es müssen zusätzliche Forderungen erfüllt sein:

Ein Abstand $\delta(.,.)$ mit den Eigenschaften M 1,2,3 aus 2.2.4.3 auf einem Linearen Raum läßt sich genau dann aus einer Norm (gemäß (B 1,2,3)) gewinnen, wenn er mit der linearen Struktur »zusammenpaßt«, d. h. wenn er folgendes erfüllt:

(1) Der Abstand zwischen $v$ und $w$ bleibt unter Parallelverschiebung um $z$ erhalten: $\forall\, v,w,z : \delta(v + z, w + z) = \delta(v,w)$.

(2) Der Abstand ist homogen: $\forall\, \alpha \in \mathbb{R}, \; v,w : \delta(\alpha v, \alpha w) = |\alpha|\delta(v,w)$. (Mit (1), (2) und 2.2.4.3 können Sie schnell B 1,2,3 nachweisen.) Die Norm ist dann der Abstand von $0$: $\|v\| = \delta(v,0)$.

Die Norm $\|.\|$ läßt sich genau dann aus einem inneren Produkt gewinnen, wenn sie die Parallelogrammgleichung 3.2.2.6 erfüllt (d. h. daß sie den „Pythagoras" liefert). $(v|w)$ ist dann als $\frac{1}{4}(\|v + w\|^2 - \|v - w\|^2)$ zu erhalten. Daß dieser Ausdruck die Gesetze (H 1,2,3) erfüllt, soll hier als Übung im Umgang mit Normen gezeigt werden:

(H 1) folgt aus $\frac{1}{4}(\|v + v\|^2 - \|v - v\|^2) = \|v\|^2$ und (B 1).

(H 2) gilt wegen $\|v - w\|^2 = \|w - v\|^2$.

(H 3, Superponierbarkeit): Mehrfache Benutzung von 3.2.2.6 ergibt:

$$4(v + w|z) = \|v + w + z\|^2 - \|v + w - z\|^2 =$$
$$\|v + z\|^2 + \|w\|^2 - \tfrac{1}{2}\|v - w + z\|^2$$
$$+ \|v\|^2 + \|w + z\|^2 - \tfrac{1}{2}\| - v + w + z\|^2$$
$$- \|v - z\|^2 - \|w\|^2 + \tfrac{1}{2}\|v - w - z\|^2$$
$$- \|v\|^2 - \|w - z\|^2 + \tfrac{1}{2}\| - v + w - z\|^2 =$$
$$\|v + z\|^2 - \|v - z\|^2 + \|w + z\|^2 - \|w - z\|^2 = 4(v|z) + 4(w|z).$$

(H 3, Homogenität) folgt über Satz 3.4.1.2(7) aus der Stetigkeit von $\|\,.\,\|$ und der Superponierbarkeit.

**4.** *Beispiel*

(i) für einen Abstand der aus keiner Norm stammt: $\mathbb{R}$, Abstand von $x$ und $y := |x^3 - y^3|$.

(ii) für Normen, die von keinem inneren Produkt stammen:

$$\mathbb{V}_n : \|v\|_1 = \Sigma\,|v^k|, \quad \|v\|_\infty = \max|v^k| \quad (\text{mit } n > 1).$$

Sei im $\mathbb{V}_2 : v = (1;0)$ und $w = (0;1)$, dann ist $2\,\|v\|^2 + 2\,\|w\|^2 = 4$, aber $\|v + w\|^2 + \|v - w\|^2$ ist für $\|\,.\,\|_1 : 8$, für $\|\,.\,\|_2 : 4$, für $\|\,.\,\|_\infty : 2$; also erfüllt hier nur die Euklidische Norm $\|\,.\,\|$ die Parallelogrammgleichung. Für $z = (1;2)$ ist $\|z + v\|_\infty = \|z - v\|_\infty = 2$, $z$ liegt also auf der »Mittelsenkrechten« zwischen $v$ und $-v$, aber wegen $\|z + 2v\|_\infty = 3$, $\|z - 2v\|_\infty = 2$ nicht auf der Mittelsenkrechten zwischen $2v$ und $-2v$; das zeigt, daß bei Ungültigkeit der Parallelogrammgleichung eine sinnvolle Definition von »Senkrechtstehen« verhindert wird.

### 3.4.3 Zugeordnete Normen

In 3.1.3 wurde gezeigt, wie ein Vektorraum $\mathbb{V}$ eine Fülle weiterer Linearer Räume (von linearen Abbildungen) erzeugt. Ist $\mathbb{V}$ normiert, so kann man auf den von $\mathbb{V}$ erzeugten Räumen zugeordnete Normen einführen. Die grundlegende Idee dazu liefert Satz 3.4.1.2(5, 6).

**1.** *Definition:* Seien $(\mathbb{V}, \|\,.\,\|_\mathbb{V})$ und $(\mathbb{W}, \|\,.\,\|_\mathbb{W})$ normierte Vektorräume, dann heißt auf der Menge der stetigen linearen Abbildungen $\mathscr{L}_c(\mathbb{V} \to \mathbb{W})$

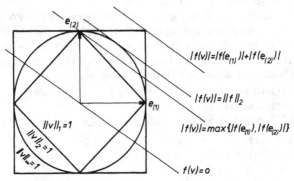

Abb. 3.11. Die zugeordneten Normen auf $\mathbb{V}^*$. Die Linearform $f$ hat konstante Werte auf den mit dünnen Linien gezeichneten Geraden; gesucht ist der maximale Wert von $f$ auf der Menge $\{\|\,.\,\| = 1\}$, vgl. Abb. 2.4

138

$$\|f\| = \sup_{v \neq 0} \frac{\|f(v)\|_W}{\|v\|_V} = \sup_{\|v\|_V = 1} \|f(v)\|_W$$

die *zugeordnete Norm* (die nach 3.4.1.2(6) tatsächlich eine Norm ist!).

**2.** *Beispiele* (vgl. Abb. 3.11)

(i) Welche Norm auf $\mathbb{V}_3^*$ ist der Euklidischen Norm $\|.\|_2$ auf $\mathbb{V}_3$ zugeordnet? Also, gegeben eine Linearform $f$, gesucht ist der Maximalwert $a$, den $f$ für ein $v$ mit $\|v\| = 1$ annimmt. Die „Ebene" $\{f(v) = a\}$ berührt dann die „Kugel" $\{\|v\| = 1\}$ gerade noch in einem Element $v_E$; der »Radiusvektor« $v_E$ steht senkrecht auf der Ebene $\{w|f(w) = \Sigma_k f_k w^k = 0\}$; also ist in orthonormierter Basis $v_E^k = \alpha f_k$ (denn aus $\Sigma f_k w^k = 0$ soll $0 = \Sigma v_E^k w^k = (v_E|w)$ folgen, wobei $\alpha$ so gewählt werden muß, daß $\|v_E\| = 1$ ist, nämlich $1/\alpha = \sqrt{(f_1)^2 + (f_2)^2 + (f_3)^2}$. Wir haben also

$$\|f\| = |f(v_E)| = \Sigma f_k \cdot \alpha f_k = \sqrt{(f_1)^2 + (f_2)^2 + (f_3)^2} ;$$

der Euklidischen Norm auf $\mathbb{V}$ ist die Euklidische Norm auf $\mathbb{V}^*$ zugeordnet.

(ii) Der Norm $\|.\|_\infty$ auf $\mathbb{V}$ ist $\|.\|_1$ auf $\mathbb{V}^*$ zugeordnet, übrigens ebenso $\|.\|_1$ auf $\mathbb{V}$ und $\|.\|_\infty$ auf $\mathbb{V}^*$. Gesucht wird der Maximalwert von $f(v) = \Sigma f_k v^k$ für die Vektoren $v$ mit $|v^k| \leqslant 1$; er wird erreicht für

$$v^k = \begin{cases} -1 & \text{falls} \quad f_k < 0 \\ +1 & \text{falls} \quad f_k > 0 \end{cases} \quad \text{also} \quad \sup_{\|v\|_\infty = 1} \|f(v)\| = |f_1| + |f_2| + |f_3|.$$

(iii) Die $(\mathbb{V}_n, \| \ \|_2)$ zugeordnete Norm auf $\mathscr{L}(\mathbb{V}_n \to \mathbb{V}_n)$ heißt „Spektralnorm". Sie ist der »maximale Vergrößerungsfaktor« der Abbildung $\mathbb{V}_n \to \mathbb{V}_n$. Für die in den Anwendungen besonders wichtigen (bezüglich einer orthonormierten Basis) „symmetrischen" Transformationen $T$ kann man $\|T\|$ direkt in der „Diagonalform" ablesen (vgl. 3.3.4.3/4): $\|T\|$ ist der größte Betrag eines Eigenwertes $\max |\lambda_k|$.

**3.** *Die Schwarzsche Ungleichung* (Normen in »Produkten«)

Alle uns bisher begegneten Produktbildungen genügen (bei Benutzung zugeordneter Normen!) einer Ungleichung $\|a \cdot b\| \leqslant \|a\| \cdot \|b\|$, oft sogar der Gleichung $\|a \cdot b\| = \|a\| \ \|b\|$.

(1) Multiplikation mit Zahl $\|\alpha v\| = |\alpha| \|v\| \quad \alpha \in \mathbb{R}, v \in \mathbb{V}$;

(2) Linearform wirkt auf Vektor: $\|f(v)\| \leqslant \|f\| \cdot \|v\|$ (Definition von $\|f\|$);

(3) Transformation von Vektoren: $\|T(v)\| \leqslant \|T\| \cdot \|v\|$ (Definition von $\|T\|$);

(4) Hintereinandergeschaltete Transformationen („Matrizenprodukt")
$\|T \circ U\| \leqslant \|T\| \cdot \|U\|$; die maximale Gesamtvergrößerung ist nicht
größer als das Produkt der maximalen Einzelvergrößerungen: Sei
$\|v\| = 1$, $z := T(w) := T(U(v)) = (T \circ U)(v)$, dann ist $\|w\| \leqslant \|U\| \cdot \|v\|$
$= \|U\|$ und $\|z\| \leqslant \|T\| \|w\| \leqslant \|T\| \|U\|$, also auch $\sup\limits_{\|v\|=1} \|T \circ U(v)\|$
$\leqslant \|T\| \|U\|$.

(5) Inneres Produkt: $|(v|w)| \leqslant \|v\| \cdot \|w\|$ (Formel 3.2.2.2).
(Elementare Geometrie: $|(v|w)| = \|v\| \|w\| |\cos \sphericalangle (v,w)|$).
(6) Äußere Produkte im $V_3$:
$\|v \wedge w \wedge z\|$; das Volumen eines Spates mit Kantenlängen $\|v\|$,
$\|w\|$, $\|z\|$ ist höchstens $\|v\| \cdot \|w\| \cdot \|z\|$ (nämlich dann, wenn $v, w, z$
senkrecht aufeinanderstehen)

$$\| *(v \wedge w)\| = \sup\limits_{\|z\|=1} \| *(v \wedge w)(z)\| =$$

$$\sup\limits_{\|z\|=1} \|v \wedge w \wedge z\| \leqslant \|v\| \|w\| \|z\| = \|v\| \|w\|.$$

### 3.4.4 Anhang: Transformationsgruppen

*In diesem Kapitel waren eine Reihe von Konzepten aufgetreten, deren
systematische und abstrakte Untersuchung in der modernen Mathematik
eine zentrale Rolle spielt. Hier noch kurz das »populärste«, die „Gruppe",
die hier noch nicht aus dem geometrischen Zusammenhang abstrahiert
wird.*

*Konzept:* Gegeben sei eine Menge $M$ mit einer Struktur. Die Gesamtheit der Selbstabbildungen $T$, die »in beiden Richtungen« ($T$ und $T^{-1}$)

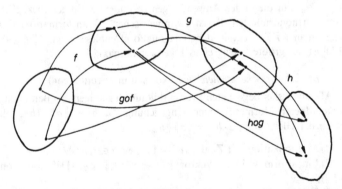

Abb. 3.12. Die Assoziativität der Hintereinanderschaltung von Abbildungen
$f$, $g$ und $h$

die Struktur erhalten, bilden eine Menge $\mathcal{G}$ mit der Hintereinanderschaltung $\circ$ als Struktur.

(1) Mit $T$ und $U$ ist $T \circ U$ auch wieder strukturerhaltend.

(2) Für Hintereinanderschaltungen von Abbildungen gilt stets $T \circ (U \circ V)$
$= (T \circ U) \circ V$ (Abb. 3.12).

(3) Die Identität id mit $\text{id}(x) = x$ für alle $x \in M$ ist natürlich strukturerhaltend.

(4) Gemäß Konzept existiert $T^{-1}$ und erhält die Struktur.

*Definition:* Eine Menge $G$ mit einer Verknüpfung,

| | | |
|---|---|---|
| die | (G1) | $G \times G \to G$ |
| | | $g, h \mapsto g \circ h$ |
| assoziativ ist, | (G2) | $\forall g,h,k \in G: g \circ (h \circ k) = (g \circ h) \circ k$ |
| ein neutrales Element hat, | (G3) | $\exists n: \forall g \in G: n \circ g = g = g \circ n$ |
| und invertierbar ist, | (G4) | $\forall g \, \exists g^{-1}: g \circ g^{-1} = n = g^{-1} \circ g$ |

heißt *Gruppe*.

*Beispiele* (Als Verknüpfung $\circ$ ist jeweils die Hintereinanderschaltung
der Abbildungen zu nehmen).

(i) Die linearen Transformationen $\mathbb{V}_n \to \mathbb{V}_n$ mit $T(\mathbb{V}_n) = \mathbb{V}_n$ (vgl.
3.1.3.7); erhaltene Struktur: Linearität.

(ia) $\mathbb{R} \setminus \{0\}$ mit der Multiplikation als Verknüpfung. (Das ist ein Spezialfall von (i). Wieso? Vgl. 1.4 Stichwort »linear«.)

(ib) Untergruppe von (i): Die Menge der Transformationen aus
$\mathscr{L}(\mathbb{V}_n \to \mathbb{V}_n)$ mit $\det(T) = 1$. Erhaltene Struktur: Linearität und Volumenmaß. Ist $\det(T) = 1 = \det(U)$, so ist $\det(T \circ U) = 1$; vgl. 3.2.3.11.

(ic) Untergruppe von (ib): Die Menge der „orthogonalen" Trans-
formationen mit $\Sigma_l t_k^l t_m^l = \delta_{km}$; erhaltene Struktur: Linearität und inneres
Produkt: $(Tv \,|\, Tw) = (v \,|\, w)$.

(ii) Die „Isometrien" im $\mathbb{E}_n$, die den Abstand erhalten: $\| T(x) - T(y) \|$
$= \| x - y \|$; vgl. 2.2.5.21.

(iia) „Symmetriegruppen", Untergruppen von (ii), die eine bestimmte
Figur in sich überführen; z. B. den Kreis im $\mathbb{E}_2$ führen alle Drehungen
um dessen Mittelpunkt in sich über und alle Spiegelungen an einem
Durchmesser.

(iib) Untergruppe von (ii); neben Abstand wird auch die Richtung
erhalten: die Verschiebungen $\mathbb{V}_n$ mit $+$ als Gruppenverknüpfung.

(iii) Die Menge der affinen Abbildungen des $\mathbb{R}^2$, die den Graphen der Exponentialfunktion $\{(x,y)\,|\,y = e^x\}$ in sich überführen; das sind die Abbildungen der Form

$$T_c: \begin{cases} x \mapsto x + c \\ y \mapsto y\,e^c \end{cases} \qquad T_d \circ T_c: \begin{cases} x \mapsto x + c + d \\ y \mapsto y \cdot e^c \cdot e^d = y \cdot e^{c+d} \end{cases} = T_{d+c}.$$

(iv) Die Menge der strikt monoton wachsenden Funktionen von $\mathbb{R}$ auf $\mathbb{R}$; diese erhalten die Ordnung: $a < b \Leftrightarrow f(a) < f(b)$. (Übrigens, weshalb existiert $f^{-1}$ auf ganz $\mathbb{R}$? Könnte man auch die strikt monoton fallenden dazunehmen? Ja, man erhält dann folgende Gruppe (v):)

(v) Die Menge der umkehrbar stetigen Funktionen $\mathbb{R}$ auf $\mathbb{R}$; $a = \lim a_n \Leftrightarrow f(a) = \lim f(a_n)$.

(vi) Die zur »trivialen« Struktur gehörige Gruppe: Die Menge aller eineindeutigen Funktionen $M$ auf $M$; interessant eigentlich nur für Mengen $M$ mit endlich vielen Elementen: „Permutationsgruppe".

# 4. Differentialrechnung

## 4.0.1 Motivation

Funktionen sind die Entsprechungen der Beziehungen physikalischer Größen untereinander, d. h. sie bilden das »mathematische Skelett« physikalischer Gesetze. Wir haben sie bisher auf zwei völlig verschiedenen Niveaus kennengelernt: *Stetige Funktionen*, von denen wir kaum mehr als die Definition und sehr allgemeine und vage Existenzsätze kennen und *Lineare Funktionen*, über die wir eigentlich alles Interessante wissen. Aufgabe der Differentialrechnung ist die Funktionsdiskussion, d. h. Eigenschaften von weiten Klassen von Funktionen konstruktiv in den Griff zu bekommen. Der Weg dazu besteht schlicht in dem Versuch, die vorgelegte Funktion in der Nähe eines »Arbeitspunktes« durch eine lineare Funktion anzunähern *(„Linearisierung")* und sie dadurch in ihrer Änderungstendenz bei kleinen Abweichungen vom Arbeitspunkt zu beschreiben.

## 4.0.2 Methodische Vorbemerkungen

Dieser Teil steht im Zentrum der in der Physik benutzten Mathematik, er hat eine entsprechende Entwicklung mit tiefen Einsichten (und Irrwegen) und mehreren Zugängen (und überflüssigen Duplizierungen) erlebt.

Entsprechend den Aufgaben dieses Buches werden wir zweigleisig fahren:

Im theoretischen Hauptteil (4.2) benutzen wir das *geometrische Konzept* („*Fréchet*-Ableitung" $f'$), das alle Fälle von Funktionen $\mathbb{R} \to \mathbb{R}$, $\mathbb{C} \to \mathbb{C}$, $\mathbb{E}_m \to \mathbb{V}_n$, $\mathbb{R}_n \to \mathbb{R}_m$ erfaßt, denen sonst in den meisten einführenden Büchern vier verschiedene Kapitel gewidmet sind. Dem Leser wird dabei zugemutet, daß statt Betrag $|.|$ nun Norm $\|.\|$, statt Division $1/f'$ Inverse Transformation $f'^{-1}$, statt Multiplikation „." Hintereinanderschaltung „$\circ$" und statt „max" „sup" auftritt. Von diesem ungewohnten Schriftbild abgesehen gibt es keine Komplikation im Vergleich zur üblichen reellen Analysis ($\mathbb{R} \to \mathbb{R}$), aber erhebliche Vereinfachungen (im Konzept) gegenüber der üblichen Behandlung von Funktionen mehrerer reeller Veränderlicher. Daneben wird der Fall $\mathbb{R} \to \mathbb{R}$ im *dynamischen Konzept* („Differentialquotient" $\dot{f}(t)$) interpretiert. Die Umkehrung der Differentiation („Stammfunktionen") ist vollständig in das spätere Kapitel 5 verschoben worden, um dort die gesamte Integralrechnung zu vereinen, obwohl dadurch in diesem Kapitel (etwa beim Taylorschen Satz) einige Lücken entstehen.

## 4.1 Änderungsgeschwindigkeiten

*Das dynamische Konzept der Ableitung.*

**1.** Sei $f: \mathbb{R} \to \mathbb{R}$ oder $\mathbb{R} \to \mathbb{V}_n$ und $a < b$ (die Variable $t \in \mathbb{R}$ als Zeit gedeutet), so heißt:

$f(b) - f(a)$     *Änderung* $\Delta f$ von $f$ im Zeitraum $[a,b]$;

$\dfrac{f(b) - f(a)}{b - a}$     *(mittlere) Änderungsgeschwindigkeit* $\dfrac{\Delta f}{\Delta t}$ von $f$ im Zeitraum $[a,b]$;

$\lim\limits_{h \to 0} \dfrac{f(a + h) - f(a)}{h}$     *(momentane) Änderungsgeschwindigkeit* $\dot f(a)$ im Zeitpunkt $t = a$, die Ableitung von $f$ nach $t$.

Ist $f: \mathbb{R} \to \mathbb{R}, f(a) \neq 0$, so kann man diese Größen durch $f(a)$ dividieren und erhält die *relativen Änderungen*. Die mittlere Geschwindigkeit ist wohldefiniert; die momentane Geschwindigkeit existiert nicht für beliebige $f$ (falls der Grenzwert in der Definition von $\dot f$ existiert, heißt $f$ für $t = a$ *differenzierbar*), hängt aber nicht von einem Zeitraum (Teilmenge von $\mathbb{R}$), sondern von einem Zeitpunkt (Element von $\mathbb{R}$) ab, was mathematisch von Vorteil ist und auch die physikalischen Gesetze erheblich einfacher formulierbar macht (vgl. 3.0.1). Von der Herkunft von $\dot f$ aus dem Grenzwert von Quotienten („Differenzenquotient") leiten sich folgende Bezeichnungen ab: („Differentialquotient")

$$\dot f = \frac{df}{dt}, \; \dot f(a) = \frac{df}{dt}(a) = \left. \frac{df(t)}{dt} \right|_{t=a} = \left. \frac{df(t)}{dt} \right|_a .$$

Man vermeide die Schreibweise $\dfrac{df(a)}{dt}$, da $f(a)$ keine Funktion, sondern als Funktionswert eine Zahl ist, die man nicht differenzieren kann!

Es gibt immer wieder Studenten, die Zahlen und Konstante verwechseln (vgl. 1.3.5.5) und dann eine Rechnung der folgenden Art aufmachen: $f: x \mapsto x^4; \dot f(1)? \dot f(1) = 4 \cdot 1^3 = 4$, das »weiß man«, 4 ist eine Konstante, die ergibt differenziert 0, also $\ddot f(1) = 0$.

*Zenon* (5. Jh. v. Chr.) hat dazu folgende Paradoxie angegeben: Ein Pfeil befindet sich zu jedem Zeitpunkt $t$ an einem bestimmten festen Ort $f(t)$. Etwas, das sich zu irgendeiner Zeit unverändert an einem Ort aufhält, befindet sich in dieser Zeit in Ruhe. Da sich der Pfeil zu jedem Zeitpunkt in Ruhe befindet, kann er sich nie von der Stelle bewegen.

Die Änderungsgeschwindigkeit $\dot f(a)$ ist nicht aus dem Funktionswert $f(a)$ zu ermitteln, sondern benötigt die Kenntnis von Funktionswerten $f(t)$ aus einer, wenn auch »beliebig kleinen« Umgebung $t \in ]a - 10^{-k}; a + 10^{-k}[$.

**2. Beispiel** (Stetige Verzinsung; vgl. Abb. 4.1)

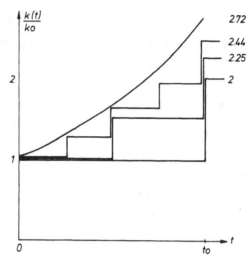

Abb. 4.1. Die Entwicklung des Kapitals bei ein-, zwei-, viermaliger und stetiger Verzinsung im Zeitraum $t_0$

Ein Kapitel $k(t)$ verzinst sich mit einer mittleren relativen Änderungsgeschwindigkeit

$$\frac{k(t_0) - k(0)}{k(0)} =: z$$

($t_0$: Verzinsungszeitraum, welcher als Einheit der Zeit benutzt wird),
($z = p \cdot 100$, mit dem „Zinsfuß" $p$).

Nach der Zeit $t = m \cdot t_0$ ($m \in \mathbb{N}$) ist $k(mt_0) = k(0) \cdot (1 + z)^m$. Wird der Verzinsungszeitraum und entsprechend der Zinsfuß verkleinert: $t_0 \rightarrow t_0/n$, $z \rightarrow z/n$, so erhält man nach $t = mt_0$ bei mittlerer Geschwindigkeit $z$ im Zeitraum $t_0/n$:

$$k(mt_0) = k(0)\left(1 + \frac{z}{n}\right)^{m \cdot n} = k(0)\left[\left(1 + \frac{1}{n/z}\right)^{n/z}\right]^{m \cdot z}.$$

Für $n \rightarrow \infty$ („stetige Verzinsung") ist: $k(t) = k(0) \cdot e^{z \cdot t/t_0}$. Für die Änderungsgeschwindigkeit $z = 1$ erhalten wir im Grenzfall $\frac{\dot{k}(t)}{k(t)} = 1$:

$k(t) = k(0)e^{t/t_0}$. (Die Vertauschung der Übergänge $\lim\limits_{n \to \infty}$ und $\lim\limits_{h \to 0}$ ist zulässig, wie sich zeigen läßt.)

*Die Funktionen mit konstanter Änderungsgeschwindigkeit $a$ sind die Funktionen 1. Grades $t \mapsto at + b$; $\dot{f}(t) = a$.*

Die *Funktionen mit konstanter relativer Änderungsgeschwindigkeit $a$ sind die Exponentialfunktionen* $t \mapsto b \cdot e^{at}$; $\dfrac{\dot{f}(t)}{f(t)} = a$, *die mittlere relative Geschwindigkeit im Zeitraum $t_0$ beträgt* $(e^{at_0} - 1)/t_0$.

## 4.2 Die Lineare Näherung

### 4.2.1 Tangenten

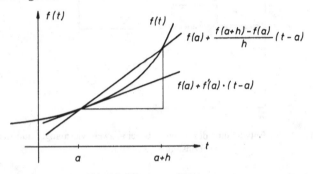

Abb. 4.2. Sekante und Tangente

Bei dem Graphen von $f$ [Abb. 4.2] ist die mittlere Änderungsgeschwindigkeit der Anstieg der Geraden*), der „Sekante", durch die Punkte $(a; f(a))$ und $(b; f(b))$. Für $b \to a$ erhalten wir (falls es eine gibt) als Grenzlage die „Tangente", den Graph der Funktion $\varphi: t \mapsto f(a) + f'(a) \cdot (t - a)$. Unter allen Funktionen 1. Grades ist $\varphi$ bei $a$ am besten an $f$ angepaßt. Es gilt: $[\varphi(t) - f(t)]/(t - a) \to 0$ für $t \to a$, während für jede andere Gerade $\psi: t \mapsto ct + d$ mit $\psi(a) = f(a)$ dieser Quotient gegen einen Wert $\neq 0$ strebt, für $\psi(a) \neq f(a)$ sogar gegen $\pm \infty$. Dieses Konzept, einen Funktionsverlauf zu „linearisieren", läßt sich nun sehr viel besser ver-

---

*) Der Differenzenquotient in 4.1 ist das Verhältnis der Kathetenlängen in einem Dreieck, das für $t \to a$ auf einen Punkt zusammenschrumpft. Es ist also sinnvoll, »rechtzeitig« die Sehne zur Sekante zu »verlängern«, damit bei $t \to a$ »etwas übrigbleiben« kann. Ebenso muß bei der rechnerischen Auswertung von $\Delta f/\Delta t$ gekürzt werden, bevor 0/0 herauskommt, vgl. 4.3.1.

allgemeinern als die „Geschwindigkeit". Für eine Funktion zweier Veränderlicher $x, y$ etwa wird der Graph $z = f(x, y)$ durch eine Tangentialebene angenähert, deren Lage jetzt nicht mehr durch eine, sondern zwei Zahlen gekennzeichnet werden muß; auch gibt es keinen *Differenzenquotienten* mehr, da man durch Elemente von $\mathbb{R}^2$ nicht mehr dividieren kann *).

### 4.2.2 Das Rechnen mit Ordnungen

*Der Formalismus, in dem beschrieben wird, was „Näherung" ist; bei Physikern viel beliebter als bei Mathematikern.*

Betrachtet werden Funktionen $f, g \colon \mathbb{V} \to \mathbb{W}$, wobei $\mathbb{V}, \mathbb{W}$ normierte Vektorräume, also mit Abstandsmessung $\|x - y\|$ sind; wichtigste Spezialfälle $\mathbb{V} = \mathbb{R}^n$, $\mathbb{W} = \mathbb{R}$.

*Definition:* $g$ „tangiert $f$ in $k$-ter Ordnung" in $a \in \mathbb{V}$ ($k \in \mathbb{R}$), wenn $\dfrac{\|f(x) - g(x)\|}{\|x - a\|^k} \to 0$ für $x \to a$ bzw. $a - x =: h \to 0$ geht, symbolisiert durch:

$$f(x) = g(x) + o(\|x - a\|^k) \text{ bzw. } f(a + h) = g(a + h) + o(\|h\|^k).$$

Ist $\dfrac{\|f(x) - g(x)\|}{\|x - a\|^l}$ beschränkt für $x \to a$, so schreibt man $f(x) = g(x) + O(\|x - a\|^l)$.

*Satz (Das Rechnen mit Ordnungen)*

(1) $f = g + o(\|h\|^k)$ hat zur Folge: $f = g + O(\|h\|^l)$ für $l \leqslant k$;
  $f = g + O(\|h\|^k)$ hat zur Folge: $f = g + o(\|h\|^l)$ für $l < k$.

(2) Das Tangieren ist eine Äquivalenzbeziehung [vgl. 1.3.2.3], denn:

$$\frac{\|f(x) - f(x)\|}{\|x - a\|^k} = 0;$$

$$\frac{\|f(x) - g(x)\|}{\|x - a\|^k} \to 0 \Leftrightarrow \frac{\|g(x) - f(x)\|}{\|x - a\|^k} \to 0;$$

$$\frac{\|f(x) - g(x)\|}{\|x - a\|^k} \to 0 \leftarrow \frac{\|g(x) - h(x)\|}{\|x - a\|^k} \to 0 \Rightarrow \frac{\|f(x) - h(x)\|}{\|x - a\|^k} \to 0$$

(wegen Symmetrie und Dreiecksungleichung für $\|a - b\|$).

---

*) Dieser von der Vorstellung noch gut erfaßbare Fall $\mathbb{R}^2 \to \mathbb{R}$ sollte Ihnen als Standardfall für die folgenden Betrachtungen dienen, besonders wenn es um „partielle Ableitungen" gehen wird.

(3) Ist $g(x)$ stetig in $a$ und tangiert $f(x)$ in $a$ in einer Ordnung $k \geqslant 0$, so ist auch $f$ stetig in $a$ und $f(a) = g(a)$.

(4) Ist $f$ linear und $f = o(\|h\|)$, so ist $f \equiv 0$, denn geht für alle $h$

$$\frac{\|f(h)\|}{\|h\|} = \frac{\|f(\alpha h) - f(0)\|}{\|\alpha h - 0\|} \to 0 \text{ für } \alpha \to 0, \text{ so ist } \frac{\|f(h)\|}{\|h\|} = 0.$$

(5) Es gibt höchstens eine Funktion 1. Grades $g(x)$, die ein vorgegebenes $f(x)$ in einer Ordnung $k \geqslant 1$ tangiert. (Linearer Eindeutigkeitsbeweis:)

$$g = f + o(\|x - a\|), \quad \tilde{g} = f + o(\|x - a\|) \text{ ergibt: } g(a) = \tilde{g}(a)$$

und $\tilde{g} - g = o(\|x - a\|)$; aber die Differenz zweier Funktionen ersten Grades mit $g(a) = \tilde{g}(a)$ ist eine lineare Funktion in $(x - a)$, für die (4) anzuwenden ist.

(6) Sei $\alpha, \beta \in \mathbb{R}$ und gelte für $i = 1, 2$: $f_i = g_i + o(\|h\|^k)$, dann ist $\alpha f_1 + \beta f_2 = \alpha g_1 + \beta g_2 + o(\|h\|^k)$ (Linearität).

Sei „$\cdot$" eines der in 3.4.3.3 aufgeführten Produkte, die der Schwarzschen Ungleichung genügen, dann ist $f_1 \cdot f_2 = g_1 \cdot g_2 + o(\|h\|^k)$.

Ist $g_1 \equiv 0 \equiv g_2$, so ist sogar $f_1 \cdot f_2 = o(\|h\|^{2k})$.

(Standardmethode für „Differenzen von Produkten"):

$$\frac{\|f_1 \cdot f_2 - g_1 \cdot g_2\|}{\|x - a\|^k} = \frac{\|f_1(f_2 - g_2) + (f_1 - g_1)g_2\|}{\|x - a\|^k}$$

$$\leqslant \|f_1\| \cdot \frac{\|f_2 - g_2\|}{\|x - a\|^k} + \frac{\|f_1 - g_1\|}{\|x - a\|^k} \cdot \|g_2\| \to 0.$$

Im Vorgriff auf spätere Begriffsbildungen sei ohne Beweis vermerkt:

$$f' = g' + o(\|h\|^k) \Rightarrow f - f(a) = g - g(a) + o(\|h\|^{k+1}).$$

Also: Das „Tangieren" läßt sich »integrieren«, allerdings nicht differenzieren: $f : x \mapsto x^k \cdot \sin(e^{1/x})$ tangiert $g \equiv 0$ in $k$-ter Ordnung. aber $f'$ tangiert $g' \equiv 0$ in keiner Ordnung $l$, auch für negative $l$ nicht.

*Achtung:* $o(\|h\|^k)$ ist nicht irgendeine bestimmte Funktion von $\|h\|^k$, sondern nur ein Zeichen dafür, daß die Differenzen von $f$ und $g$ in der Nähe von $h = 0$ in einem bestimmten Sinne »klein« sind; so ist etwa $o(\|h\|) - o(\|h\|) = o(\|h\|)$, nicht gleich 0. Mathematisch eindeutiger wäre es, angesichts der Aussage (2) ein neues »Gleichheitszeichen«, etwa „$\underset{k}{\widetilde{=}}$", einzuführen.

### 4.2.3 Die Ableitung

*Die Definition und eine Ankündigung über das weitere Vorgehen.*

**1.** *Definition:* Seien $\mathbb{V}$ und $\mathbb{W}$ Banachräume, d. h. vollständige normierte Vektorräume (z. B.: $\mathbb{R}$, $\mathbb{R}^n$, $\mathbb{C}$, $\mathbb{V}_n$) und $f : \mathbb{V} \to \mathbb{W}$ eine Funktion.

tiert eine stetige *) lineare Funktion $\varphi: \mathbb{V} \to \mathbb{W}$, so daß

$(x) = f(a) + \varphi(x - a) + o(\|x - a\|)$

w. $f(a + h) = f(a) + \varphi \cdot h + o(\|h\|)$,

ieißt $\varphi$ die *Ableitung* (*Fréchet*-Ableitung; totales Differential) von
i der Stelle $a$, geschrieben $f'(a)$, und $f$ heißt differenzierbar an der
e $a$.

ie Funktion $f$ heißt differenzierbar, wenn sie an jeder Stelle $a \in \mathbb{V}$
renzierbar ist.

*Achtung:* In $f'(a)$ ist $a$ Parameter einer Schar linearer Funktionen,
n Variable $x - a$ bzw. $h$ ist; ist $f$ für alle $a \in \mathbb{V}$ differenzierbar,
en wir also eine Abbildung

$\to \mathscr{L}(\mathbb{V} \to \mathbb{W})$     bzw.: $\mathbb{V} \times \mathbb{V} \to \mathbb{W}$

$\mapsto f'(a)$     $a$ , $x \mapsto f'(a) \cdot (x - a)$

$f'(a): h \mapsto \varphi(h) = f'(a) \cdot h$

t $\mathbb{V}$ mehrdimensional, so ist „ $\cdot$ " in $f'(a) \cdot h$ also keine Multiplikation,
lern wie die »Matrizenmultiplikation« die Wirkung einer Linearen
runktion.

Für $\mathbb{V} = \mathbb{W} = \mathbb{R}$ gibt $a$ den Berührungspunkt der Tangente an, ist
also Parameter der Schar der Tangenten an den Graphen von $f$, und $h$
ist Variable längs einer einzelnen Tangente. Die Geschwindigkeit $\dot{f}(a)$ ist
eine Zahl (Anstieg der Tangente) im Unterschied **) zu $f'(a)$, das eine
Funktion ist: $h \mapsto f'(a) \cdot h$, die als lineare Funktion allerdings durch
ihren Richtungskoeffizienten $\dot{f}(a)$ eindeutig festgelegt ist.

Dazu folgendes *Beispiel*, das so »trivial« ist, daß es schon wieder
nicht mehr ganz einfach zu verstehen ist: Die lineare Näherung für
die Identität $x \mapsto x$ ist natürlich die Identität selbst: $x \mapsto a + \mathrm{id}(x - a)$
$= x$, also ist doch wohl $f' = f$. Nun weiß man aus der Schule, daß $f' = 1$
und $f'' = 0$ ist, also nicht $f' = f$! Bei festem »Arbeitspunkt« $a$ ist $f'$
als Funktion von $h$ die *Identität*: $f'(a): h \mapsto h$; sie ist aber vom Aufpunkt
unabhängig (alle Punkte der Geraden haben dieselbe Tangente), also
ist $f'$ als Funktion von $x$ eine *Konstante*, die Geschwindigkeit $\dot{f}$ ist 1,
die zweite Ableitung gibt dann wirklich 0 [vgl. Abb. 4.3]. Ein zweites
Beispiel: $f: \mathbb{R} \to \mathbb{R}$, $x \mapsto x^3 + 1$. Die Gleichung der Tangente, also die
Näherung 1. Ordnung ist: $x - a \mapsto a^3 + 1 + 3a^2(x - a)$; bzw. $f'(x)$:

---

*) Im Falle dim $\mathbb{V} < \infty$ liegt Stetigkeit nach Satz 3.4.1.2 automatisch vor.

**) Diese Unterscheidung zwischen $f'$ und $\dot{f}$ ist nicht üblich und wird Ihnen
nicht zur »Nachahmung« empfohlen; sie soll Ihnen nur bei der Lektüre dieses
Buches helfen zu erkennen, welche Art von Objekt Sie gerade vor sich haben.

$h \mapsto 3x^2 \cdot h$, $\dot{f}(x) = 3x^2$. $f$ ist Funktion 3. Grades, $f'$ als Funktion des Arbeitspunktes vom 2. Grad und als Funktion von $h$ linear. Wer die Rechnung ohne Zuhilfenahme der bekannten Differentiationsregeln nachprüfen möchte, muß $f(x) - f(a) - f'(a)(x - a) = o(|x - a|)$ bestätigen: $(x^3 + 1) - (a^3 + 1) - 3a^2(x - a) = (x - a)^2(x + 2a) = O(|x - a|^2)$ $= o(|x - a|)$.

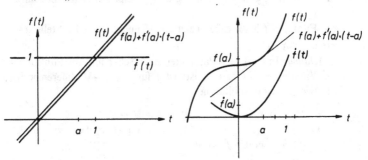

Abb. 4.3. Die Graphen von Funktion $f(x)$, linearer Näherung $f(a) + f'(a)(x - a)$ und Ableitung $\dot{f}(x)$ für $x \mapsto x$ und $x \mapsto x^3 + 1$

In der Differentialquotienten-Sprechweise schreibt man $h = t - a$ als $dt$, $f'(a) \cdot h = \dfrac{df}{dt} \cdot dt = df$ und läßt bei dem „Differential" $df$ sowohl Variable $dt$ als auch Parameter $a$ fort; vgl. Bemerkung in 4.2.6.5.

**3.** *Ankündigung:*

In der Praxis ist $\mathbb{V}$ meist $\mathbb{R}^n$, $\mathbb{W}$ meist $\mathbb{R}$ (oder $\mathbb{R}^n$), die Norm ist dann als Euklidische $\| \, . \, \|$ oder als $\| \, . \, \|_\infty$ zu wählen. Die wirklich geometrischen Probleme $\mathbb{V} = \mathbb{E}_3$, $\mathbb{W} = \mathbb{V}_3$ oder $\mathbb{R}$ werden gesondert in Kap. 4.4 behandelt.

Um mit Ableitungen wirklich rechnen zu können, muß in den nächsten Abschnitten Folgendes geschehen:

(1) Abschätzung des in der Definition auftretenden Fehlers $o(\|h\|)$ nicht nur im Grenzübergang $h \to 0$, sondern für $h \neq 0$. *(Schrankensatz)* 4.2.5.

(2) Die Koordinaten-Darstellung der linearen Funktion $f'$ im Anschluß an die Kalküle der linearen Algebra *(Partielle Ableitungen)* 4.2.6.

(3) Bestimmung der Ableitungen grundlegender Funktionen und der aus ihnen komponierten Funktionen: 4.2.4 und 4.3.1.

(4) Bemerkungen zur numerischen Berechnung von Ableitungen in 4.2.10.

Darüber hinaus werden

(5) zur Annäherung von Funktionen in höherer Ordnung höhere Ableitungen untersucht (Satz von Taylor): 4.2.7,

(6) zur Funktionsdiskussion eine Methode zum Ermitteln von Nullstellen und Kriterien für Extrema gegeben: 4.2.8/9,

(7) im späteren Kapitel 5 die Frage nach der Umkehrung der Ableitung erörtert.

**4.** *Bemerkungen*

Da die Ableitungen von Funktionen auch wieder Abbildungen zwischen Vektorräumen sind, können sie auch selbst differenzierbar sein („höhere Ableitungen").

**5.** Während der Prozeß des Ableitens auf allen normierten Vektorräumen analog verläuft, gibt es bei der Frage nach der Umkehrung erhebliche Unterschiede.

*Definition:* Gilt $F' = f$, so heißt $F$ eine *Stammfunktion* von $f$.

Für jede stetige Funktion $f: \mathbb{R} \to \mathbb{R}$ gibt es eine Stammfunktion (siehe Kap. 5), sogar für einige unstetige $f$.

Für $f: \mathbb{C} \to \mathbb{C}$ ist die Existenz einer Stammfunktion gleichwertig mit der Existenz einer Ableitung (vgl. 5.4.2), woraus sich sofort die eigentümliche Konsequenz ergibt, daß aus der Existenz von $f'$ die von $(f')'$ usw. folgt, denn da $f'$ eine Stammfunktion, nämlich $f$, hat, hat es demgemäß auch eine Ableitung.

Für $f: \mathbb{V}_3 \to \mathbb{V}_3$ muß eine spezielle Differentialgleichung erfüllt sein (rot $f = 0$; siehe 5.3.3).

Für $f: \mathbb{R}^2 \to \mathbb{R}$ kann es überhaupt keine Stammfunktion $F$ geben (jede Ableitung einer auf $\mathbb{R}^2$ definierten Funktion benötigt mindestens 2 reelle Zahlen zur Kennzeichnung der Lage der Tangentialebene; die Ableitung $F' = \left( \dfrac{\partial F}{\partial x_1}, \dfrac{\partial F}{\partial x_2} \right)$ benötigt für 2 Koordinaten einen zweidimensionalen Raum als Zielmenge). Das gleiche gilt für viele andere Kombinationen von Definitions- und Zielmengen $\mathbb{V}, \mathbb{W}$.

**4.2.4 Grundregeln**

*Ableitung der Kompositionen von Funktionen.*

**1.** Aus den Regeln für das Rechnen mit Ordnungen (4.2.2) folgt

*Satz (Summen-, Produkt-, Kettenregel)*

(1) Die Ableitung ist eindeutig bestimmt (falls sie existiert). Existiert die Ableitung $f'(a)$, so ist die Funktion $f$ stetig in $x = a$.

*(2) Linearität*

$(f_1 + f_2)' = f_1' + f_2'; \quad (a f)' = a \cdot f' \quad (a \in \mathbb{R}).$

(3) Sei „ $\cdot$ " ein *Produkt* $\mathbb{V} \times \mathbb{V} \to \mathbb{W}$, das die Schwarzsche Ungleichung erfüllt (etwa Multiplikation, inneres oder äußeres Produkt usw., vgl. 3.4.3.3), dann ist

$(f_1 \cdot f_2)' = f_1' \cdot f_2 + f_1 \cdot f_2'$

*Beweis:*

$(f_1 \cdot f_2)(a + h) = f_1(a + h) \cdot f_2(a + h) =$

$(f_1(a) + f_1'(a) \cdot h + o(\|h\|)) \cdot (f_2(a) + f_2'(a) \cdot h + o(\|h\|)) =$

$f_1(a) \cdot f_2(a) + f_2(a)(f_1'(a) \cdot h) + f_1(a)(f_2'(a) \cdot h) + o(\|h\|).$

Insbesondere:

(4) Ist $f$ konstant, so ist $f' = 0$; ist $f(x)$ linear, so ist $f'(x)$ konstant (als Funktion von $x$); für $f: \mathbb{R} \to \mathbb{R}, \ x \mapsto x^n$ ist $f'(x) = n \cdot x^{n-1}$, d. h. $f'(x) \cdot h = n \cdot x^{n-1} \cdot h$ (Induktionsbeweis mit der Regel (3). Beispiel: für $x \mapsto x^2$ ergibt (3): $f'(x): h \mapsto x \cdot (1 \cdot h) + (1 \cdot h) \cdot x = 2x \cdot h$. Für $f: D \to \mathbb{R} \backslash \{0\}$ ist $1/f$ definiert; aus $f \cdot 1/f = 1$ folgt aus (3): $0 = f' \cdot 1/f + f \cdot (1/f)'$, also $(1/f)' = -\dfrac{1}{f^2} \cdot f'$.

(5) $f: \mathbb{V} \to \tilde{\mathbb{V}}: g: \tilde{\mathbb{V}} \to \mathbb{W}$, also $g \circ f: \mathbb{V} \to \mathbb{W}$
$(g \circ f)'(a) = g'(f(a)) \circ f'(a).$ („Kettenregel")

Für $\mathbb{V} = \tilde{\mathbb{V}} = \mathbb{W} = \mathbb{R}$ ist das *Hintereinanderschalten* zweier linearer Funktionen deren Multiplikation:

$\dfrac{\mathrm{d}}{\mathrm{d}t} g(f(t)) = g'(f(t)) \cdot f'(t)$

oder suggestiv aber recht vage:

$\dfrac{\mathrm{d}g}{\mathrm{d}t} = \dfrac{\mathrm{d}g}{\mathrm{d}f} \cdot \dfrac{\mathrm{d}f}{\mathrm{d}t}.$

*Beweis:* Zweimalige Anwendung der Definition für $f'$ und $g'$:

$(g \circ f)(a + h) = g(f(a) + f'(a) \cdot h + o(\|h\|))$
$= g(f(a)) + g'(f(a)) \circ (f'(a) \cdot h + o(\|h\|)) + o(f'(a) \cdot h + o(\|h\|))$
$= g(f(a)) + g'(f(a)) \circ (f'(a) \cdot h) + o(\|h\|),$

152

da $o(f'(a) \cdot h + o(\|h\|)) = o(O(\|h\|)) + o(\|h\|)) = o(\|h\|)$ ist und die *lineare* Funktion $g' \circ (f' \cdot h + o(h))$ aufgelöst werden kann zu $g' \circ (f' \cdot h) + g' \circ (o(h)) = g' \circ (f' \cdot h) + o(h)$.

Daraus folgen:

(6) Quotientenregel

$$f,g : \mathbb{R} \rightarrow \mathbb{R}, \ g(a) \neq 0, \ (f/g)' = \left( \frac{f' \cdot g - f \cdot g'}{g^2} \right).$$

(7) Umkehrfunktionen [vgl. Abb. 4.4]

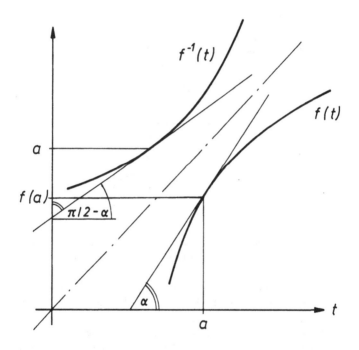

Abb. 4.4. Ableitung der Umkehrfunktion $f^{-1}$: $(f^{-1})'(f(a)) = 1/f'(a)$. Man benutze, daß $\tan(\pi/2 - \alpha) = (\tan \alpha)^{-1}$ ist.

Falls die Funktion $f^{-1}$ existiert, ist $x = (f^{-1} \circ f)(x)$; differenziert ergibt dies:

$$(f^{-1})'(f(a)) \circ f'(a) = 1.$$

Im Falle $V = \mathbb{R}$ auch schreibbar: $(f^{-1})'(f(a)) = \dfrac{1}{f'(a)}$

bzw. $\dfrac{dx}{df} = \dfrac{1}{\dfrac{df}{dx}}$.

**2.** *Bemerkungen* [vgl. Abb. 4.5]

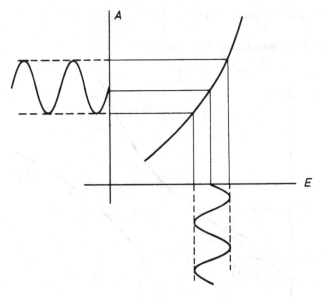

Abb. 4.5. Die Ableitung der Funktion („Kennlinie einer black box") als Verstärkungsfaktor kleiner Schwankungen um einen Arbeitspunkt

Wir hatten Funktionen (bes. $\mathbb{R} \to \mathbb{R}$) auch als „black boxes" (z. B. Verstärker) gedeutet. »Wobbelt« man die Eingangsgröße um den »Arbeitspunkt« $a$: $a + A \sin t$, wobei $A$ so klein ist, daß $f(a + h)$ im Bereich $[a - A, a + A]$ durch $f(a) + f'(a) \cdot h$ gut angenähert ist (keine nichtlineare „Verzerrung"), so ist der Ausgang $\approx f(a) + f'(a) \cdot A \sin t$, d. h. $f'(a)$ ist der „Verstärkungsfaktor". Beim Hintereinanderschalten ergibt sich als Ausgang $g(f(a)) + f'(a) \cdot g'(f(a)) \cdot A \cdot \sin t$, die Kettenregel (5) hat die plausible Interpretation: Die Gesamtverstärkung ist Produkt der einzelnen Verstärkungsfaktoren. In Parallelschaltungen mit Summation der Ausgänge erhalten wir: $f(a) + g(a) + (f'(a) + g'(a)) \cdot A \sin t$, die Verstärkungsfaktoren addieren sich. Das Multiplizieren ist eine wesentlich nichtlineare Operation, die auch für kleine $A$ starke Ver-

154

zerrung bewirken kann; etwa für $f(a) = 0 = g(a)$ ist der Ausgang*)
$\frac{A^2}{2} \cdot f' \cdot g' \cdot (1 - \cos 2t)$, der keine Proportionalität mit dem Eingang mehr hat.

### 4.2.5 Der Schrankensatz (Mittelwertsatz)

*Jetzt soll der „Fehler" $o(h)$ in der Definition von $f'$ abgeschätzt werden. Die Aussage des Satzes dazu läßt sich wie folgt formulieren: Ist während der Zeitspanne $[a,b]$ die momentane Geschwindigkeit dem Betrag nach stets $\leqslant M$, so ist auch die mittlere Geschwindigkeit während $[a,b]$ durch $M$ beschränkt. Diese fast selbstverständliche Feststellung gestattet eine Fülle von Abschätzungen und ist der wichtigste Hilfssatz der Analysis.*

**1.** *Satz (Schrankensatz* für Funktionen auf $\mathbb{R}$)

Sei $f: [a;b] \to \mathbb{W}$ und $\|f'\| < M$. Dann ist $\|f(b) - f(a)\| \leqslant M(b - a)$.

*Beweis:* Man untersucht, für welche Zahlen $x \in [a;b]$ die Aussage des Satzes, $p(x): \|f(x) - f(a)\| \leqslant M(x - a)$ gilt. Nun, $p(a)$ ist wahr; weiterhin: gilt $p(x_n)$, so auch $p(\lim x_n)$ wegen der Stetigkeit von $f$ (und der Stetigkeit der Norm $\| . \|$), es gibt also ein $c := \max_{x \in [a;b]} \{p(x) \text{ ist wahr}\}$.

Ist $c = b$, so ist der Satz bewiesen. Wäre $c < b$, so gäbe es ein $d$ zwischen $c$ und $b$ mit

$$\|f(d) - f(c) - f'(c) \cdot (d - c)\| < [M - \|f'(c)\|] \cdot (d - c);$$

das folgt aus der Definition von $f'(c)$, $[M - \|f'(c)\|] \cdot (d - c)$ ist nämlich größer als $o(\|d - c\|)$ für ein $d$ hinreichend nahe an $c$. Dann folgte aber $p(d)$ im Widerspruch zur Definition von $c$: $\|f(d) - f(c) + f(c) - f(a)\| \leqslant \|f(d) - f(c)\| + \|f(c) - f(a)\| \leqslant [M - \|f'(c)\|](d - c) + \|f'(c)(d - c)\| + M(c - a) \leqslant M(d - a)$. ∎

*Kommentar:* Im Sinne der Interpretation im »Vorspann« zu diesem Satz lautet die Idee dieses Widerspruchsbeweises: In $c$ müßte eine Größe $f$ mit einer Geschwindigkeit kleiner als $M$ eine Größe $M(x - a)$, die konstante Geschwindigkeit $M$ hat, überholen.

**2.** Daraus folgt weiter:

*Satz (Schrankensatz* für Abbildungen zwischen normierten Linearen Räumen)

Sei $f: \mathbb{V} \to \mathbb{W}$ differenzierbar und seien $a, h \in \mathbb{V}$, dann ist:

$$\|f(a + h) - f(a)\| \leqslant \sup_{0 \leqslant \vartheta \leqslant 1} \|f'(a + \vartheta h)\| \cdot \|h\|.$$

---

*) Unter Benutzung der Formel $(\sin t)^2 = (1 - \cos 2t)/2$.

(Man betrachte den Ausdruck $f(a + \vartheta h)$ als Funktion von $\vartheta$ und benutze Satz 1. für $[a,b] = [0,1]$.)

**3.** *Folgerung* (Genauigkeit der linearen Näherung)

Es gilt:

$$\| f(a + h) - f(a) - f'(a) \cdot h \| \leqslant \sup_{0 \leqslant \vartheta \leqslant 1} \| f'(a + \vartheta h) - f'(a) \| \cdot \| h \|.$$

(Der Schrankensatz angewendet auf die Funktion $\tilde{f}(x) := f(x) - f'(a) \cdot (x - a)$ im Intervall $[a; a + h]$; es ist $\tilde{f}'(x) = f'(x) - f'(a)$.)

**4.** *Folgerung* (für reelle Funktionen)

$f: \mathbb{R} \to \mathbb{R}, f$ sei stetig differenzierbar in $[a,b]$. Dann gilt:

$$\inf_{x \in [a;b]} f'(x) \cdot (b - a) \leqslant f(b) - f(a) \leqslant \sup_{x \in [a;b]} f'(x) \cdot (b - a),$$

und der Zwischenwertsatz 2.2.5.19 besagt, daß es ein $c \in [a,b]$ gibt, so daß $\dfrac{f(b) - f(a)}{b - a} = f'(c)$ ist.

Diese letzte, noch recht übliche Fassung des *Mittelwertsatzes* stammt offenbar aus einer Zeit, in der man lieber mit Gleichungen arbeitete, auch wenn die wesentliche Aussage eine Abschätzung, d. h. Ungleichung war. Da der Zwischenwertsatz nur für $f: \mathbb{R} \to \mathbb{R}$ gilt, ließ sich für die anderen Fälle $\mathbb{C} \to \mathbb{C}$, $\mathbb{R}^n \to \mathbb{R}$, $\mathbb{V} \to \mathbb{W}$ usw. der Aufbau der Analysis, der wesentlich auf dem Mittelwertsatz beruhte, nicht analog vollziehen, und es waren andere Zugänge notwendig, obwohl die Kernaussage, nämlich die Abschätzung, wie man sieht, leicht verallgemeinert werden konnte.

Im übrigen sei noch vermerkt, daß dieses $c$ im allgemeinen nicht bekannt ist, weder ist es generell eindeutig festgelegt noch stetig von $a$ und $b$ abhängig.

**5.** *Hinweis:* Der Schrankensatz wird in diesem Buch zum Beweis weiterer wichtiger Sätze der Analysis benutzt: Satz 4.2.6.4 (partielle Ableitungen), Satz 4.2.7.5 (*Taylor*), Satz 4.2.8.8 (Inverse Funktionen), Satz 5.2.1.1 (Hauptsatz der Differential- und Integralrechnung), Sätze in 6.1.3 (Existenzsätze zu Differentialgleichungen).

**6.** *Folgerung*

Ist $f'$ längs einer Strecke in $\mathbb{V}$ gleich Null, so ist $f$ konstant längs dieser Strecke. Sei $A$ eine offene zusammenhängende Teilmenge von $\mathbb{V}$, und ist $f: A \to \mathbb{W}$ eine Funktion mit der Ableitung $f' \equiv 0$, dann ist $f$ konstant auf $A$.

Je zwei Punkte in solchem $A$ lassen sich durch Streckenzüge verbinden; für Strecken aber liefert der Schrankensatz für $f' \equiv 0$:

$$\|f(b) - f(a)\| \leqslant \sup \|f'\| \cdot \|b - a\| = 0, \text{ also } f(b) = f(a). \quad \blacksquare$$

### 7. *Folgerung*

Stimmen die Ableitungen zweier Funktionen $g_1, g_2$ auf einer offenen zusammenhängenden Menge $A$ überein, so ist die Differenz $g_1 - g_2$ konstant. (Denn $(g_1 - g_2)' = g_1' - g_2' = 0$.) Zwei Stammfunktionen $F_1, F_2$ einer Funktion $f$ auf $A$ unterscheiden sich also um eine Konstante.

**8.** Für $f\colon \mathbb{R} \to \mathbb{R}$ kann der Mittelwertsatz auch Abschätzungen ohne vorherige Normbildung $\|.\|$ liefern und so Monotonie-Eigenschaften durch Ableitungen kennzeichnen.

### *Folgerung*

Sei $f\colon \mathbb{R} \to \mathbb{R}$ differenzierbar auf $[a,b]$, so ist $f$ genau dann monoton nicht fallend auf $[a,b]$, wenn $\dot{f}(t) \geqslant 0$ für alle $t \in [a,b]$ ist.

*Beweis:* Aus der Monotonie folgt für alle $c, d \in [a,b]$:

$\dfrac{f(c) - f(d)}{c - d} \geqslant 0$, also ist auch $\dot{f}$ als Grenzwert solcher Ausdrücke nicht kleiner als 0. Umgekehrt ergibt Folgerung **4.** für $a \leqslant c \leqslant d \leqslant b$ über $0 \leqslant \min\limits_{t \in [a,b]} \dot{f}(t)(d - c) \leqslant f(d) - f(c)$ die Monotonie.

### 9. *Folgerung*

Seien $f, g\colon \mathbb{R} \to \mathbb{R}$ beide differenzierbar auf $[a,b]$ und gelte dort $\dot{f}(t) \leqslant \dot{g}(t)$, dann ist dort $f(t) - f(a) \leqslant g(t) - g(a)$ (Folgerung **8.** für $(g - f)$).

**10.** Zur Einübung in die Unterschiede und die Analogien zwischen $\mathbb{R}$ und $\mathbb{R}^n$ ($\mathbb{E}_n$, $\mathbb{V}_n$) noch folgendes:

Ist $f\colon \mathbb{R} \to \mathbb{R}^n$, so ist $\|f\|\colon \mathbb{R} \to \mathbb{R}$ (z. B. $f\colon \mathbb{R} \to \mathbb{E}_3$, $f(t)$ sei der Ort eines Körpers zur Zeit $t$, $\dot{f}$ ist dann der Geschwindigkeitsvektor, $\|\dot{f}(t)\|$ ist die Bahngeschwindigkeit, $\|f\|'(t)$ die Geschwindigkeit des Abstands vom Koordinatenursprung, „Radialgeschwindigkeit", die im Gegensatz zu $\|\dot{f}\|$ auch $< 0$ sein kann). Es gilt:

### *Folgerung*

$f\colon \mathbb{R} \to \mathbb{W}$, dann ist $\|f\|^{\cdot} \leqslant \|\dot{f}\|$. Also ist die Radial- nie größer als die Bahngeschwindigkeit. $\Big($ Die Dreiecksungleichung ergibt für $h > 0$:

$$\dfrac{\|f(a + h)\| - \|f(a)\|}{h} \leqslant \dfrac{\|f(a + h) - f(a)\|}{h} \Big).$$

**11.** Aus einer Abschätzung $\| \dot{f} \| \geqslant M$ kann man über $\| f \|$ nichts schließen (hohe Bahngeschwindigkeit führt nicht zwangsläufig auf große Entfernung vom Ursprung), wohl aber aus $\| \dot{f} \| \leqslant M$, daß $\| f(t) - f(0) \| \leqslant M \cdot t$ ist (Folgerung **10.** oder den Schrankensatz direkt anwenden). Über die Kettenregel kann man sogar Ungleichungen $\| \dot{f} \| < \dot{g}$ auswerten. Das Beweisprinzip für die nachfolgende Folgerung ist dabei: $\dot{g}$ muß sinnvollerweise $> 0$ sein, also ist $u = g(t)$ monotone Funktion der Zeit $t$ und kann als neue Zeitskala benutzt werden; damit entsteht der obige Fall $\left\| \dfrac{df}{du} \right\| < 1$.

*Folgerung*

$f: \mathbb{R} \to \mathbb{W}, \, g: \mathbb{R} \to \mathbb{R}$. Aus $\| \dot{f} \| < \dot{g}$ folgt $\| f(t) - f(0) \| < g(t) - g(0)$.

*Beweis:* (Mit der Kettenregel: Satz 4.2.4.1(5, 7).)

Sei $u := g(t), \quad u_0 := g(0), \quad$ also $t = g^{-1}(u), \quad$ dann ist

$$\left\| \frac{d}{du} f(g^{-1}(u)) \right\| = \left\| \dot{f}(t) \cdot \frac{d}{du} g^{-1}(u) \right\| = \left\| \dot{f}(t) \cdot \frac{1}{\dot{g}(t)} \right\| = \frac{\| \dot{f}(t) \|}{\dot{g}(t)} < 1,$$

und daher $\| f(g^{-1}(u)) - f(g^{-1}(u_0)) \| < 1 \cdot \| u - u_0 \| = g(t) - g(0)$. ∎

**12.** *Folgerung*

Sei $f: \mathbb{R} \to \mathbb{W}$ differenzierbar und gelte $\| \dot{f}(t) \| < a|t|^n \, (a \in \mathbb{R})$, so ist $\| f(t) - f(0) \| < a|t|^{n+1}/(n+1)$.

(Folgerung **11.**; bei $t > 0$ für $g(t) = at^{n+1}/(n+1)$ also $\dot{g} = at^n$; bei $t < 0$ ersetze man $t$ durch $-t$.)

### 4.2.6 Die Koordinatendarstellung der Ableitung

*Partielle Ableitungen*

**1.** Hat man Funktionen in mehreren Veränderlichen oder auf mehrdimensionalen Definitionsmengen ($\mathbb{R}^n$ bzw. $\mathbb{V}_n$), so versagt das dynamische Konzept der Ableitung; man kann es nur retten, indem die Funktionen auf $\mathbb{R}^n$ in Funktionsscharen auf $\mathbb{R}$ mit $(n-1)$ Parametern umgedeutet werden und dann „partiell" abgeleitet wird.

*Definition:* Sei $f: \mathbb{R}^n \to \mathbb{W}_m$, dann nennt man, falls es existiert

$$\lim_{h \to 0} \frac{f(a_1, \ldots, a_k + h, \ldots, a_n) - f(a_1, \ldots, a_k, \ldots, a_n)}{h} =: \frac{\partial f}{\partial x_k}(a) =: \partial_k f(a)$$

die „*partielle Ableitung*" von $f$ nach $x_k$ an der Stelle $a = (a_1,\ldots,a_n)$. Die Schreibweise $\partial_k$ ist nur möglich, wenn man die *Reihenfolge* der Variablen festgelegt hat!

**2.** Im Gegensatz dazu gibt es im geometrischen Konzept\*) eine wohldefinierte »totale« Ableitung $f'$. Allerdings, wenn wir mit $f'$ rechnen wollen, müssen wir diese lineare Funktion wie im Tensorkalkül in der linearen Algebra in einer Koordinatendarstellung angeben, und dieses führt genau auf die partiellen Ableitungen.

Ist $f\colon \mathbb{R}^n \to W_m$, dann ist $f'(a)\colon \mathbb{R}^n \to W_m$ bei festem $a$ eine lineare Funktion auf $\mathbb{R}^n$, also eindeutig durch die Werte für eine Basis $e_{(k)}^l = \delta_k^l$, d.h.: $e_{(1)} = (1;0;\ldots;0), e_{(2)} = (0;1;\ldots,0)$ usw. bestimmt: $f_k' = f'(a)\cdot e_{(k)}$. Wegen $f(a + h\,e_{(k)}) = f(a) + f'(a)\cdot h\cdot e_{(k)} + o(\|h\|)$ folgt in Koordinatendarstellung sofort: $f_k' = \dfrac{\partial f}{\partial x_k} = \partial_k f$.

**3.** *Warnung*: Die partiellen Ableitungen legen die Ableitung $f'$ eindeutig fest, ihre Existenz garantiert aber nicht die Existenz von $f'$.

Beispiel: $f\colon \mathbb{R}^2 \to \mathbb{R}$ $(x,y) \mapsto \begin{cases} 0 & \text{für} \quad x = 0 = y \\[2mm] \dfrac{x\cdot y}{(x^2 + y^2)^{1/2}} & \text{sonst} \end{cases}$

$$\frac{\partial f}{\partial x} = \begin{cases} 0 & \text{für} \quad 0 = y \\[2mm] \dfrac{y^3}{(x^2 + y^2)^{3/2}} & \text{sonst.} \end{cases}$$

$\dfrac{\partial f}{\partial y}$ lautet entsprechend. Beide partiellen Ableitungen sind stetig in jeder Variablen einzeln, allerdings nicht stetig auf $\mathbb{R}^2$ in $(0,0)$, denn längs der $x$-Achse ist $\dfrac{\partial f}{\partial x} = 0$, auf der Geraden $x = y$ ist $\dfrac{\partial f}{\partial x} = 2^{-3/2}$. Beide partielle Ableitungen sind in $(0,0)$ gleich 0, aber die Ableitung in Richtung $\{x = y\}$, d.h. in Richtung $e_{(1)} + e_{(2)}$ ist $2^{-1/2}$, also existiert keine Tangentialebene an den Graphen von $f$. Die Existenz von $f'$ besagt die Existenz einer Tangentialebene, die von $\partial_1 f$ nur, daß die Kurven, in denen die Ebenen parallel zur $x$-$z$-Ebene den Graphen

---

\*) Zunächst soll die eigentliche Geometrie in den Hintergrund treten; wir betrachten unseren Definitionsraum $V_n$ als mit festen kartesischen Koordinaten bzw. einer Basis versehen, also als $\mathbb{R}^n$. Die Frage nach den Eigenschaften von Objekten, die unabhängig von Koordinaten- bzw. Basiswahl sind, oder anders gesagt nach dem Transformationsverhalten, wird auf 4.4 verschoben.

$z = f(x, y)$ schneiden, glatt sind (Tangenten haben), nichts darüber, wie diese Kurven »nebeneinanderliegen«.

**4.** Es ist keine wesentliche Eigenschaft, partielle Ableitungen zu besitzen; allerdings ist sie leicht nachprüfbar und liefert ein daher nützliches Kriterium:

*Satz (Stetige Differenzierbarkeit)*

Eine Funktion $f$: $\mathbb{R}^n \to \mathsf{W}$ hat genau dann eine stetige Ableitung $f'$, wenn alle partiellen Ableitungen $\partial_k f$ existieren und (auf $\mathbb{R}^n$) stetig sind. (Die Aussage bleibt gültig, wenn man eine offene Teilmenge $A \subset \mathbb{R}^n$ als Definitionsbereich von $f$ nimmt.)

Den *Beweis* wollen wir für $\mathbb{R}^2 \to \mathsf{W}_m$ führen:

Schwieriger ist nur, zu zeigen, daß stetige $\partial_k f$ die Existenz von $f'$ garantieren. Dazu gehen wir von $f(a_1, a_2)$ nach $f(a_1 + h_1, a_2 + h_2)$ über $f(a_1 + h_1, a_2)$, was mittels partieller Ableitungen möglich ist:

$$\| f(a_1 + h_1, a_2 + h_2) - f(a_1, a_2) - \partial_1 f(a_1, a_2) \cdot h_1 - \partial_2 f(a_1, a_2) \cdot h_2 \|$$
$$\leqslant \| f(a_1 + h_1, a_2 + h_2) - f(a_1 + h_1, a_2) - \partial_2 f(a_1 + h_1, a_2) \cdot h_2 \|$$
$$+ \| f(a_1 + h_1, a_2) - f(a_1, a_2) - \partial_1 f(a_1, a_2) \cdot h_1 \|$$
$$+ \| \partial_2 f(a_1 + h_1, a_2) - \partial_2 f(a_1, a_2) \| \cdot | h_2 |$$
$$\leqslant o(|h_2|) + o(|h_1|) + |h_2| \cdot A(h_1).$$

Dabei ist $A(h_1)$ ein Ausdruck, der wegen der vorausgesetzten Existenz und Stetigkeit von $\partial_2 f$ für $h_1 \to 0$ gegen 0 geht; also ist der gesamte Ausdruck wie gewünscht $\leqslant o(\| h \|)$, d. h. $\partial_1 f \cdot h_1 + \partial_2 f \cdot h_2$ ist wirklich lineare Näherung. ∎

*Hinweis:* Funktionen mit existierender, aber unstetiger Ableitung, z. B.:

$$f \colon x \mapsto \begin{cases} x^2 \cdot \sin \dfrac{1}{x^2} & (x \neq 0) \\ 0 & (x = 0) \end{cases} \quad , \quad \dot{f} \colon x \mapsto \begin{cases} -\dfrac{2}{x} \cos \dfrac{1}{x^2} + 2x \sin \dfrac{1}{x^2} \\ 0 \qquad\quad (x = 0) \end{cases}$$

sind für die Praxis belanglos im Gegensatz zu Funktionen, die an einzelnen Stellen keine Ableitung haben, z. B.: $\sqrt[3]{x}$, insbesondere zu solchen, die bei einseitiger Annäherung von »links« bzw. von »rechts« Grenzwerte der Ableitung besitzen, z. B.: $|x| = \sqrt{x^2}$ oder $\text{sgn}(x)$.

**5.** *Bemerkung* („Differentiale")

Eine besonders in Physikbüchern häufige Schreibweise ersetzt $h_i$ durch $dx^i$ und $f' \cdot h$ durch $df$

$$\mathrm{d}f = \sum_k \frac{\partial f}{\partial x^k}\, \mathrm{d}x^k \quad \text{(„Totales Differential")},$$

wobei unterschlagen wird, daß $\mathrm{d}f$ eine Funktionsschar (Parameter $a$, Variable $\mathrm{d}x$) ist. Häufig sagt man, die $\mathrm{d}x^k$ sind „infinitesimal klein", was natürlich Unsinn ist, denn es gibt keine reellen Zahlen $\neq 0$, die unvergleichlich viel kleiner wären als andere; gemeint ist, daß bei vorgegebener Genauigkeit nur für hinreichend kleine $\mathrm{d}x$ die Funktion $f(a) + f'(a)\cdot \mathrm{d}x$ eine gute Näherung für $f(a + \mathrm{d}x)$ ist.

Da die partielle Ableitung keine neue Rechenoperation darstellt, sondern eine gewöhnliche Ableitung nach Umdeutung von Variablen als Parameter, brauchen wir keine neuen Rechenregeln für sie. Nur ein häufig auftretender Spezialfall der Kettenregel sei erwähnt:

$$g\colon \mathbb{R} \to \mathbb{R}^m, \quad f\colon \mathbb{R}^m \to \mathbb{R} \quad f\circ g\colon \mathbb{R} \to \mathbb{R}$$

$$(f\circ g)' = f'(g(t))\cdot g'(t) \quad \text{oder}$$

$$\frac{\mathrm{d}}{\mathrm{d}t} f(g(t)) = \Sigma_k\, \partial_k f(g^l(t)) \frac{\mathrm{d}g^k}{\mathrm{d}t} = \Sigma_k \frac{\partial f}{\partial g^k} \cdot \frac{\mathrm{d}g^k}{\mathrm{d}t}.$$

Zum Schluß noch ein »Physikbuch-Beispiel«:
(Ideales Gas, $v$, $R$ Konstante)

$$p(V,T) = v\cdot R\, T/V, \frac{\partial p}{\partial T} = \frac{v\cdot R}{V}, \frac{\partial p}{\partial V} = -v\cdot R\,\frac{T}{V^2}.$$

Betrachtet man einen bestimmten Vorgang, bei dem $T$ durch $V$ festgelegt wird, und zwar durch $T = a\cdot V^b$ ($b = \kappa$: „adiabatisch", $b = 0$ „isotherm") $(a,b \in \mathbb{R})$, so ist

$$p(V,T(V)) = v\cdot R\cdot V^{b-1}\cdot a; \quad \frac{\mathrm{d}p}{\mathrm{d}V} = (b-1)v\cdot R\cdot V^{b-2}\cdot a,$$

zum selben Ergebnis führt:

$$\frac{\mathrm{d}p}{\mathrm{d}V} = \frac{\partial p}{\partial V} + \frac{\partial p}{\partial T}\cdot \frac{\mathrm{d}T}{\mathrm{d}V} = v\cdot R\left(-\frac{aV^b}{V^2} + \frac{a\cdot b\,V^{b-1}}{V}\right)$$
$$= v\cdot R\,a(b-1)\,V^{b-2}.$$

Übrigens, schreibt man $V(p,T) = v\cdot R\cdot T/p$ und $T(V,p) = p\cdot V/(v\cdot R)$, so ist $\frac{\partial p}{\partial T} \cdot \frac{\partial T}{\partial V} \cdot \frac{\partial V}{\partial p} = \frac{v\cdot R}{V} \cdot \frac{p}{vR}\left(-\frac{vRT}{p^2}\right) = -1.$

Hier zeigen sich die Gefahren des Brauchs in der Physik, funktionale Zusammenhänge durch die abhängige physikalische Größe, nicht durch die mathematische Form der Abhängigkeit zu benennen: Die beiden mathematisch völlig verschiedenen Funktionen

$$\mathbb{R}^2 \to \mathbb{R} \qquad \text{und} \qquad \mathbb{R} \to \mathbb{R}$$
$$(V,T) \mapsto v\,R \cdot T/V \qquad\qquad V \mapsto v \cdot R\,a \cdot V^{b-1}$$

werden durch denselben Buchstaben $p$ gekennzeichnet. Eine konsequente mathematische Schreibweise ist:

$$p = f(V,T) = v \cdot R \cdot T/V \quad \text{bzw.} \quad p = g(V) = v \cdot R \cdot a \cdot V^{b-1}$$

und $\dfrac{\partial f}{\partial V} = \partial_1 f$ statt $\dfrac{\partial p}{\partial V}$ bzw. $\dfrac{\mathrm{d}g}{\mathrm{d}V} = g'$ statt $\dfrac{\mathrm{d}p}{\mathrm{d}V}$.

Weiterhin zeigt sich, daß das Behandeln von Ableitungen als „Quotienten" auch als heuristische »Merkregel« nicht immer taugt. Andererseits ist die »physikalische« Schreibweise sehr einprägsam und macht physikalische Gesetze und ihre Herleitungen viel übersichtlicher, so daß es sich oft lohnt, sie zu benutzen, wenn man sich nur ihrer »Gefahren« bewußt ist.

### 4.2.7 Höhere Ableitungen und der Satz von Taylor

*Zwei Aufgaben führen zum gleichen Ergebnis: Die Ableitungen, die ja auch Funktionen sind, selbst zu differenzieren und für die Ausgangsfunktion Näherungen höherer Ordnung durch Funktionen entsprechenden Grades zu finden.*

**1.** Da Ableitungen $f'(x) \cdot h$ Funktionen des Berührungspunktes $x$ sind, sind höhere Ableitungen $f'' := (f')'$ einfach zu definieren; für die $n$-te Ableitung schreibt man $f^{(n)}$ ($n$-te „Ordnung")

$f: \mathbb{R}^n \to \mathbb{W}$

$f': \mathbb{R}^n \times \mathbb{R}^n \to \mathbb{W}$ mit $\|f(x+h) - f(x) - f'(x)\cdot h\| = o(\|h\|)$
$\quad x \;\;,\;\; h \;\; \mapsto f'(x) \cdot h$

$f'': \mathbb{R}^n \times \mathbb{R}^n \times \mathbb{R}^n \to \mathbb{W}$
$\quad (x \;\;,\;\; h) \;\;,\;\; k \;\; \mapsto (f''(x) \cdot h) \cdot k$

mit $\|f'(x+k) \cdot h - f'(x) \cdot h - (f''(x) \cdot h) \cdot k\| = o(\|k\|)$

usw.

Die Koordinaten*) von $f''$ sind $\dfrac{\partial}{\partial x^l}\left(\dfrac{\partial f}{\partial x^m}\right) =: \dfrac{\partial^2 f}{\partial x^l\,\partial x^m} = \partial_l \partial_m f$; für $n = 1$ ist das $\ddot{f}$.

---

*) Als Basis wählt man selbstverständlich wie oben in **1** im $\mathbb{R}^n$ die aus 3.1.2.5(ii) und dann für Funktionen auf $\mathbb{R}^n$ die gemäß 3.1.4.2 zugeordneten Basen.

**2.** Die Abbildung $h, k \mapsto (f''(a) \cdot h) \cdot k$ ist natürlich bilinear und sogar symmetrisch (das folgern wir aus der simplen Tatsache, daß $f(x + h + k) = f(x + k + h)$ ist):

*Satz (Symmetrie der höheren partiellen Ableitungen)*

Ist $f$ an der Stelle $a$ zweimal differenzierbar, so ist

$\partial_l \partial_m f(a) = \partial_m \partial_l f(a)$, d. h. $(f''(a) \cdot h) \cdot k = (f''(a) \cdot k) \cdot h$.

(Wir schreiben daher $f''(a) \cdot h \cdot k$, und für $h = k$: $f''(a) \cdot h^{(2)} := f''(a) \cdot h \cdot h$).

*Beweis*

$$f(x + h + k) = f(x + h) + f'(x + h)k + o(\|k\|)$$
$$= f(x) + f'(x) \cdot h + (f'(x) + f''(x) \cdot h) \cdot k$$
$$+ o(\|k\|) + o(\|h\|).$$

Ebenso:

$$f(x + k + h) = f(x) + f'(x) \cdot k + f'(x) \cdot h + (f''(x) \cdot k) \cdot h$$
$$+ o(\|h\|) + o(\|k\|).$$

Subtraktion ergibt: $(f''(x)h)k - (f''(x)k)h = o(\|h\|) + o(\|k\|)$.

Ist die Differenz zweier (bi-)linearer Funktionen klein von der Ordnung $o(\|h\|) + o(\|k\|)$, so ist sie entsprechend zu Satz 4.2.2(4) gleich Null. ∎

**3.** Auch hier gilt das bei partiellen Ableitungen 1. Ordnung Gesagte: Aus der Existenz der partiellen Ableitungen folgt noch nicht die Existenz von $f''$ und übrigens auch nicht die Symmetrie. Z. B. ist $f(x, y) = x \cdot y(x + y)(x - y)(x^2 + y^2)^{-1}$, $f(0,0) = 0$ differenzierbar und hat partielle Ableitungen 2. Ordnung, die in $(0,0)$ nicht symmetrisch sind. Aber die Stetigkeit der partiellen Ableitungen auf $\mathbb{R}^n$ hat ihre Symmetrie und die Existenz und Stetigkeit von $f''$ zur Folge. Entsprechende Symmetrie-Eigenschaften gelten auch für die höheren partiellen Ableitungen.

**4.** Soviel zur *Definition* und *Berechnung* der höheren Ableitungen. Ihre *Bedeutung* gewinnen sie daraus, daß mit ihrer Hilfe Funktionen $f$ durch einfache Näherungsfunktionen in höherer Ordnung approximiert werden können. Hierfür zunächst eine Bemerkung über die Beziehung von Koeffizienten von ganzrationalen Funktionen $n$-ten Grades („Polynomen") und ihren Ableitungen:

Sei $p: x \mapsto \sum\limits_{k=0}^{n} a_k x^k$ (ein Polynom $n$-ten Grades, $a_k \in \mathbb{R} \mid \mathbb{C}$), dann ist $p$ beliebig oft differenzierbar. Es ist $p^{(n+k)}(x) \equiv 0$ für $k > 0$, und für jedes $a$ gilt (mit der 0-ten Ableitung $f^{(0)}$ sei die Funktion $f$ selbst gemeint)

$$p(x) = \sum_{k=0}^{n} \frac{p^{(k)}(a)}{k!} \cdot (x - a)^k \quad \text{bzw.} \quad p(a + h) = \sum_{k=0}^{n} \frac{p^{(k)}(a)}{k!} \cdot h^k.$$

(Einfaches Nachrechnen und Induktionsbeweis, vgl. 4.2.4.1(4).)

5. Die Vermutung ist nun, daß das Polynom $n$-ten Grades, das einer Funktion $f$ in $a$ am besten »angepaßt« ist (vgl. 4.2.1), in den Ableitungen bis zur $n$-ten Ordnung mit denen von $f$ in $a$ übereinstimmt:

*Satz (Taylorsche Formel)*

Sei $f: \mathbb{V} \to \mathbb{W}$ $n$-mal stetig differenzierbar. Dann gilt:

6.     $f(a + h) = p_n(a;h) + R_{n+1}(a;h)$ mit

7.     $p_n(a;h) = f(a) + f'(a) \cdot h + \cdots + \dfrac{f^{(n)}(a)}{n!} \cdot h^{(n)}$

            $= \sum_{k=0}^{n} \dfrac{f^{(k)}(a)}{k!} \cdot h^{(k)}$

(„Näherungspolynom $n$-ten Grades").

Über das „Restglied" kann man folgendes aussagen:

8.     $\| R_{n+1}(a;h) \| = o(\| h \|^n)$

also: $f(x) = p_n(a; x - a) + o(\| x - a \|^n)$. (Tangieren in $n$-ter Ordnung). *Existiert eine $(n+1)$-te Ableitung*, so ist

9.     $\| R_{n+1}(a;h) \| \leqslant \sup\limits_{0 \leqslant \vartheta \leqslant 1} \| f^{(n+1)}(a + \vartheta h) \| \cdot \dfrac{\| h \|^{n+1}}{(n+1)!}$,

insbesondere: $f(x) = p_n(a; x - a) + O(\| x - a \|^{n+1})$.

Man kann noch folgende Darstellungen von $R_{n+1}$ beweisen:

10.     $R_{n+1}(a;h) = \left( \int_0^1 \dfrac{(1 - \vartheta)^n}{n!} f^{(n+1)}(a + \vartheta h) d\vartheta \right) \cdot h^{(n+1)}$ (vgl. 5.2.2.7)

und im Falle $f: \mathbb{R} \to \mathbb{R}$ genau wie beim Mittelwertsatz: Bei festem $a$ und $h$ existiert mindestens ein $\vartheta \in [0,1]$, für das gilt:

11.     $R_{n+1}(a;h) = \dfrac{f^{(n+1)}(a + \vartheta h)}{(n+1)!} \cdot h^{n+1}$    (Lagrange).

*Beweis:*

Zunächst zeigen wir 6. mit 8. für ein $f: \mathbb{R} \to \mathbb{W}$. Wir hatten das Polynom $p_n$ so konstruiert, daß es in allen Ableitungen bis zur $n$-ten Ordnung mit $f$ übereinstimmt, also daß für $r(h) := R_{n+1}(a;h)$ die Ableitungen $r(0) = r'(0) = \ldots r^{(n)}(0) = 0$ sind. Nach dem Schrankensatz ist für $k < n$:

$$\| r^{(k)}(t) \| = \| r^{(k)}(t) - r^{(k)}(0) \| \leqslant \sup_{0 \leqslant \vartheta \leqslant 1} \| r^{(k+1)}(\vartheta t) \| \cdot |t| .$$

Mit $M(h) := \sup\limits_{0 \leqslant \vartheta \leqslant 1} \| r^{(n)}(\vartheta h) \|$ ist $\| r^{(n-1)}(t) \| \leqslant M(h) \cdot |t|$ für $t \in [0, h]$

und nach Folgerung 4.2.5.12 ist $\| r^{(n-2)}(t) \| \leqslant M(h) \cdot \dfrac{|t|^2}{2}$ usw. bis $\| r(t) \| \leqslant M(h) \cdot \dfrac{|t|^n}{n!}$; wegen der Stetigkeit von $r^{(n)}$ ist $M(h) < \infty$ und $\lim\limits_{h \to 0} M(h) = 0$; also $\| r(h) \| = o(|h|^n)$.

Existiert $f^{(n+1)}(x)$, so ist $r^{(n+1)}(h) = f^{(n+1)}(a+h)$, da die $(n+1)$-te Ableitung eines Polynoms $n$-ten Grades $p_n$ verschwindet. Startet man obigen Prozeß mit $M := \sup\limits_{0 \leqslant \vartheta \leqslant 1} \| f^{(n+1)}(a + \vartheta h) \|$, $\| r^{(n)}(t) \| \leqslant M \cdot |t|, \ldots ,$ so ergibt sich $\| r(h) \| \leqslant M \cdot \dfrac{|h|^{n+1}}{(n+1)!}$, dann folgt **9.**

Das Restglied **11.** folgt mit dem Zwischenwertsatz; **10.** läßt sich nach Einführung von Integralen durch partielle Integration herleiten.

Der *allgemeine Fall* $f: \mathbb{V} \to \mathbb{W}$ läßt sich einfach auf obigen Fall zurückführen. Bei gewähltem $a$ und $h$ ist $\varphi: \mathbb{R} \to \mathbb{W}$, $\varphi(\vartheta) := f(a + \vartheta h)$ eine Funktion, auf die sich obiger Beweis anwenden läßt. Wegen der Kettenregel $\dfrac{d\varphi}{d\vartheta} = \dfrac{df}{dx}(a + \vartheta h) \cdot \dfrac{d(a + \vartheta h)}{d\vartheta}$ bzw. $\varphi'(\vartheta) = f'(a + \vartheta h) \cdot h$ und ebenso $\varphi^{(k)}(\vartheta) = f^{(k)}(a + \vartheta h) \cdot h^{(k)}$ und wegen $\varphi(1) = f(a + h)$ gilt **6.** mit **8./9./10.** für $f$, wenn es für $\varphi$ gilt.

**12.** *Kommentar:*

Als Verallgemeinerung der Definition der Ableitung [**6** mit **8**] bzw. des Schrankensatzes [**6** mit **9**] auf das Tangieren von Funktionen in $n$-ter Ordnung hat dieser Satz eine entsprechende Bedeutung und dieselben Anwendungsgebiete. Darüber hinaus eröffnet die Möglichkeit, mit $n \to \infty$ zu gehen, eines der wichtigsten Gebiete der mathematischen Physik: „Taylorreihen", vgl. 4.3.3.

**13.** Für die Rechenpraxis sehr nützlich ist die Anwendung von Schrankensatz bzw. Taylorscher Formel auf die

*Auswertung von Grenzwerten*

Ähnlich wie bei der momentanen Geschwindigkeit $\lim\limits_{h \to 0} \dfrac{f(a+h) - f(h)}{h}$ werden häufig Grenzwerte von Quotienten benötigt, bei denen Zähler und Nenner gegen 0 gehen. Indem für Zähler und Nenner getrennt die Taylorsche Formel benutzt wird, läßt sich oft das Grenzverhalten ermitteln:

*Folgerung (L'Hospital-Bernoulli)*

Seien $f, g: \mathbb{R} \to \mathbb{R}$, beide differenzierbar, und $f(a) = 0 = g(a)$, aber $\dot{g}(a) \neq 0$, dann ist

$$\lim_{x \to a} \frac{f(x)}{g(x)} = \lim_{h \to 0} \frac{\dot{f}(a) \cdot h + o(h)}{\dot{g}(a) \cdot h + o(h)} = \frac{\dot{f}(a)}{\dot{g}(a)}.$$

Nach diesem Prinzip lassen sich viele weitere Formeln herleiten:

- ist auch $\dot{f}(a) = 0 = \dot{g}(a)$, kann man $\ddot{f}(a)/\ddot{g}(a)$ nehmen usw.
- ist $\dot{f}(a) \neq 0 = \dot{g}(a) = f(a) = g(a)$, so existiert $\lim\limits_{x \to a} f(x)/g(x)$ nicht, vielmehr geht $|f(x)/g(x)| \to \infty$.
- Die gleiche Regel gilt für »$a = \infty$«, falls $\lim\limits_{x \to +\infty}$ für $\dot{f}(x)$ und $\dot{g}(x)$ existiert und für $f(x)$ und $g(x)$ gleich 0 ist. Man setze dann $x = 1/z$ und erhält

$$\frac{df}{dz}(x(z)) = \dot{f}(1/z) \cdot (-1/z^2), \text{ also } \lim_{x \to \infty} f(x)/g(x) = \lim_{z \to 0} \dot{f}(1/z)/\dot{g}(1/z).$$

- Andere „unbestimmte Ausdrücke" lassen sich auf diesen Fall 0/0 zurückführen:

$$\frac{\infty}{\infty} = \frac{1/0}{1/0} = \frac{0}{0}, \quad 0 \cdot \infty = 0 \cdot \frac{1}{0}, \quad 0^0 = e^{0 \ln 0} = e^{-0 \cdot \infty} = e^{-0/0}.$$

Mit diesen natürlich völlig unzulässigen Schreibweisen ist folgendes gemeint: Seien $f, g: \,]a, b] \to \mathbb{R}$ differenzierbar, aber für $x \to a$ gehen $f(x)$ und $g(x) \to \infty$, dann ist (falls es existiert) $\lim\limits_{x \to a} \dfrac{f(x)}{g(x)} = \lim\limits_{x \to a} \dfrac{1/g(x)}{1/f(x)}$

$$= \lim_{x \to a} \frac{(1/g(x))^{\cdot}}{(1/f(x))^{\cdot}}; \text{ usw.}$$

### 4.2.8 Ermittlung von Nullstellen (nach Newton)

*Eigentlich ein »Unding«, das Prinzip eines numerischen Verfahrens, noch dazu ohne Rechnungsbeispiel, in diesem Buch zu bringen. Demonstriert werden soll die »Praxisnähe« der Definition der Ableitung als lineare Näherung, die enge Beziehung zwischen Konvergenzuntersuchungen für Näherungsverfahren und grundlegenden konstruktiven Existenzbeweisen (hier für Satz 8.) und, natürlich, auch wieder die Reichweite des Schrankensatzes und die Tragfähigkeit des »geometrischen Konzeptes«, das uns ein oft nur für $\mathbb{R} \to \mathbb{R}$ vorgeführtes Verfahren gleich auf beliebigen Banachräumen liefert.*

**1.** Die Bestimmung der Nullstellen einer Funktion $f \colon \mathbb{V} \to \mathbb{W}$, d. h. die Lösung einer Gleichung $f(x_N) = 0$, kann im allgemeinen nicht *formelmäßig* durch $x_N = f^{-1}(0)$ erfolgen, da $f^{-1}$ meist nicht explizit angebbar ist. Da $f^{-1}$ für Funktionen 1. Grades leicht zu ermitteln ist, liegt es nahe, die Nullstelle $x_1$ der linearen Näherung $f(x_0) + f'(x_0) \cdot (x - x_0)$ an einer Stelle $x_0$ zu ermitteln und an diesem $x_1$ dann wieder die lineare Näherung zu untersuchen usw. Die Hoffnung ist, daß diese Folge $\{x_n\}$ konvergiert und $\lim x_n$ tatsächlich Lösung ist: $f(\lim x_n) = 0$. Dieses ist im Folgenden zu bestätigen und (für ein numerisches Verfahren wichtig) eine Fehlerabschätzung zu geben.

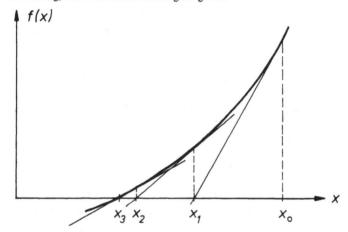

Abb. 4.6. Drei Schritte einer Newtonschen Annäherung an eine Nullstelle von $f(x)$

2. Die Rekursionsvorschrift lautet demnach [Abb. 4.6].
$$0 = f(x_k) + f'(x_k) \cdot (x_{k+1} - x_k); \text{ explizit *):}$$
$$x_{k+1} = \varphi(x_k) := x_k - f'(x_k)^{-1} \cdot f(x_k).$$

3. Aus dem Schrankensatz 4.2.5.3 ergeben sich folgende Abschätzungen:

$$\|f(x_{k+1})\| = \|f(x_{k+1}) - f(x_k) - f'(x_k)(x_{k+1} - x_k)\|$$
$$\leqslant \sup_{a,b} \|f'(a) - f'(b)\| \cdot \|x_{k+1} - x_k\|$$
$$\leqslant \sup_a \|f''(a)\| \cdot \|x_{k+1} - x_k\|^2,$$

---

*) Man beachte: $f^{-1}(0)$ ist der *Wert* der Umkehrfunktion von $f$ bei $0$; $f'(a)^{-1}$ ist die Umkehr*funktion* zu $h \mapsto f'(a) \cdot h$, daher darf nicht $f'^{-1}(a)$ geschrieben werden.

(wobei $a,b$ auf der Strecke zwischen $x_k$ und $x_{k+1}$: $\{x_k + \vartheta(x_{k+1} - x_k) \mid 0 \leqslant \vartheta \leqslant 1\}$ liegen), die zweite Abschätzung natürlich nur, wenn $f''$ existiert.

Daraus folgt mit der Schwarzschen Ungleichung und Vorschrift 2

$$\|x_{k+1} - x_k\| \leqslant \|f(x_k)\| \cdot \|f'(x_k)^{-1}\|$$

$$\text{(a)} \quad \leqslant \begin{cases} \sup\limits_{a,b} \|f'(a) - f'(b)\| \cdot \|f'(x_k)^{-1}\| \, \|x_k - x_{k-1}\| \\ \sup\limits_{a} \|f''(a)\| \cdot \|x_k - x_{k-1}\|^2 \, \|f'(x_k)^{-1}\| \end{cases}$$
$$\text{(b)}$$

**4.** *Die Folge* $\{x_k\}$ *ist definiert*, wenn $f'(x)^{-1}$ für alle $x = x_n$ existiert, d. h. im Falle $f: \mathbb{R} \to \mathbb{R}$, daß $f'(x) \neq 0$ ist, im Falle $f: \mathbb{V}_n \to \mathbb{V}_n$, daß die lineare Transformation $f'$ invertierbar und damit das lineare Gleichungssystem in Formel **2.** für $x_{k+1}$: $\Sigma_q \partial_q f^p(x_k) \cdot x^q_{k+1} = \Sigma_q \partial_q f^p(x_k) x^q_k - f^p(x_k)$ lösbar ist, d. h. $\det(\partial_q f^p) \neq 0$ ist.

**5.** Die *Konvergenz* der Folge ist garantiert, wenn es ein $M < 1$ gibt, so daß für alle $k$ gilt

$$\|x_{k+1} - x_k\| \leqslant M \cdot \|x_k - x_{k-1}\|,$$

denn daraus folgt durch Induktion

$$\|x_{k+1} - x_k\| \leqslant M^k \cdot \|x_1 - x_0\|$$

und mit Dreiecksungleichung, der Formel für geometrische Reihen:

$$\|x_{n+m} - x_n\| \leqslant \sum_{k=n}^{n+m-1} \|x_{k+1} - x_k\| \leqslant \|x_1 - x_0\| \cdot \sum_{k=n}^{n+m-1} M^k$$

$$= \|x_1 - x_0\| \cdot M^n \frac{1 - M^m}{1 - M}$$

und $\lim\limits_{n \to \infty} M^n = 0$ die Cauchykonvergenz von $\{x_n\}$ und daher in dem vollständigen Linearen Raum $\mathbb{V}$ die Konvergenz. Es gilt für alle $n \in \mathbb{N}$:

(a) $\|x_n - x_0\| \leqslant \dfrac{\|x_1 - x_0\|}{1 - M}$

(b) $\|f(x_n)\| \leqslant \sup\limits_{a,b} \|f'(a) - f'(b)\| \, \|\check{x}_1 - x_0\| \cdot M^n$

Für stetiges $f, f'$ ist $f(\lim x_n) = \lim f(x_n) = 0$. Also ist der Grenzwert der Folge $\{x_n\}$ tatsächlich *Lösung der Gleichung* $f(x) = 0$.

**6.** Gemäß **3.** kann $\sup \|f'(a) - f'(b)\| \cdot \sup \|f'(c)^{-1}\|$ als $M$ verwendet werden, wobei dieses Supremum genommen werden soll über alle Punkte, die von $x_0$ höchstens den Abstand $\|x_1 - x_0\|/(1 - M)$ haben, da sich die Folge $\{x_n\}$ wegen 5(a) bestimmt in diesem Bereich »aufhält«.

Ist $f'$ stetig und existiert $f'^{-1}$ bei $x_N$, so kann die Bedingung $M < 1$ immer erfüllt werden, wenn man einen genügend guten Ausgangswert $x_0$ hat, dann ist nämlich $\| f'(a) - f'(b) \|$ hinreichend klein.

Die Geschwindigkeit der Konvergenz wächst erfreulicherweise ständig, da nach 3(b) die Differenzen quadratisch abnehmen.

In Abb. 4.7 noch Beispiele für Nichtkonvergenz bei Vorliegen einer Nullstelle ($f'^{-1}$ wird zu groß) bzw. für Konvergenz bei Fehlen einer Nullstelle ($f'$ ist unstetig).

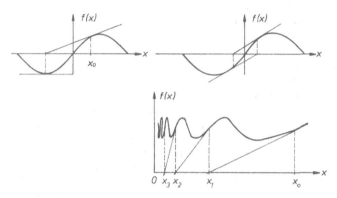

Abb. 4.7. Versagen des *Newton*schen Verfahrens: Abbruch der Rekursion bei $f(x) = \sin x, x_0 - \tan x_0 = -\pi/2$; Oszillieren der Werte bei $f(x) = \sin x$, $2 x_0 = \tan x_0$; Konvergenz gegen eine Nichtnullstelle bei $f = A \cdot \sin(2\pi \log x)$ $+ 1$ mit $A = e[2\pi(e - 1)]^{-1}$; $x_0 = 1$, $x_k = e^{-k} \to 0$, $f(x_k) = 1$, $f'(x_k) = $
$$e^{k+1}/(e - 1) \to \infty$$

**7.** *Bemerkungen:* Die gewählte Darstellung zeigt, daß das oft nur für $f \colon \mathbb{R} \to \mathbb{R}$ vorgeführte Verfahren ohne jeden prinzipiellen Mehraufwand verallgemeinert werden kann für die Lösung nichtlinearer Gleichungssysteme $f \colon \mathbb{R}^m \to \mathbb{R}^m$ (der Rechenaufwand wächst natürlich erheblich; im ersteren Fall benötigt der Schritt: $x_k \to x_{k+1}$ eine Division $f(x_k)/f'(x_k)$, im zweiten Fall ist ein $m \times m$ Gleichungssystem zu lösen).

**8.** Und dann zu der angekündigten »theoretischen Anwendung«:

---

*Satz (Existenz von Umkehrfunktionen)*

Habe $f \colon \mathbb{V}_n \to \mathbb{W}_n$ eine stetige Ableitung $f'$ (zumindest in einer offenen Menge, die $a \in \mathbb{V}$ enthält) und sei $f'(a)$ invertierbar (als lineare Funktion $\mathbb{V}_n \to \mathbb{W}_n$: $h \mapsto f'(a) \cdot h$), dann ist $f$ umkehrbar »in der Nähe« von $a$.

169

Das soll heißen: Es gibt ein Gebiet $A \subset \mathbb{V}$ von der Form $\{\|x - a\| < \delta\}$ mit $\delta > 0$, das von $f$ eineindeutig nach $\mathbb{W}$ abgebildet wird, und ein Gebiet $B \subset \mathbb{W}$ von der Form $\{\|y - f(a)\| < \varepsilon\}$ mit $\varepsilon > 0$, das in $f(A)$ liegt, in dem also jeder Punkt durch die Abbildung $f$ von genau einem Punkt aus $A$ getroffen wird.

*Beweis:* Das *Ergebnis* ist plausibel: Ist die lineare Näherung umkehrbar, so auch die Funktion selbst, zumindest in der Nähe des Berührungspunktes. Das *Verfahren* ist folgendes: Wir »rechnen« die Werte von $f^{-1}(y)$ einfach mit dem *Newton*-Verfahren aus*).

Wir wählen zunächst unser $A$ bzw. $\delta$, so daß

$$M := \sup \|f'(b) - f'(c)\| \cdot \|f'(f(d))^{-1}\| < 1$$

(das Supremum genommen über alle $b,c,d$ aus $A$); das kann unter den Voraussetzungen über $f$ und $f'$ stets erreicht werden. Zweitens wählen wir ein $B$ so, daß alle Glieder $x_n$ der Iterationsfolgen bei der Lösung von $f^{-1}(x) = y$ mit $y \in B$ innerhalb von $A$ liegen; Formel 5. garantiert dies, wenn man $x_0 = a$ wählt und $\|x_1 - a\| < \delta(1 - M)$ halten kann. Wegen Formel 2. ist $\|x_1 - a\| = \|f'(a)^{-1}\| \cdot \|f(a) - y\|$; für $\varepsilon < \delta(1 - M)/\|f'(a)^{-1}\|$ ist dann wirklich $\|x_1 - a\| < \delta(1 - M)$.

Für $y \in B$ ist also die Existenz eines $x \in A$ mit $f(x) = y$ gesichert, bleibt die Eindeutigkeit zu zeigen. Unsere Voraussetzung $M < 1$ und $\|f'^{-1}\| \cdot \|f'\| \geq \|f'^{-1} \circ f'\| = 1$ geben mit Folgerung 4.2.5.3 für $x \neq \tilde{x}$; $x, \tilde{x} \in A$:

$$\|f(\tilde{x}) - f(x) - f'(x)(\tilde{x} - x)\| \leq \sup_{b,c} \|f'(b) - f'(c)\| \cdot \|\tilde{x} - x\|$$

$$= M \cdot \inf_d \left( \frac{1}{\|f'(f(d))\|} \right) \|\tilde{x} - x\| < \inf_d \|f'(d)\| \cdot \|\tilde{x} - x\|,$$

$f(\tilde{x}) = f(x)$ würde dann auf den Widerspruch $\|f'(x)\| < \inf_d \|f'(d)\|$ führen. ∎

### 4.2.9 Die Lage von extremalen Werten

*Die wichtigste Anwendung der Differentialrechnung in der theoretischen Diskussion von Funktionsverläufen ist das Aufstellen von Kriterien für die Lage der Extrema (Maxima, Minima).*

**1.** Man beachte den Unterschied zu 4.2.8; das dort diskutierte Verfahren sagt weder etwas über das Wesen noch über die Existenz von

---

*) Wir lösen die Gleichung $f(x) - y = 0$, müssen also in den Formeln **2** bis **5** überall $f(x)$ durch $f(x) - y$ ersetzen; da $y$ festgehalten wird, ist $(f(x) - y)' = f'(x)$.

Nullstellen aus, nur wie man einen sehr genauen Zahlenwert für sie berechnen kann, wenn man sie schon ungefähr kennt.

**2.** *Definitionen:*

Sei $A \subset \mathbb{V}, f\colon A \to \mathbb{R}$; gibt es ein $a \in A$, so daß

$$f(a) \geqslant f(x) \quad \text{für alle } x \in A$$
$$[\text{bzw. } f(a) > f(x) \quad \text{für alle } x \in A,\ x \neq a],$$

so *nimmt f an der Stelle a ein Maximum* [bzw. ein striktes oder starkes Maximum] auf $A$ an. Man sagt für „Maxima" auch „schwache Maxima"\*) oder „absolute Maxima" im Unterschied zu folgendem Fall:

Gibt es ein $r > 0$, so daß $f$ in $a$ auf der Menge $\{x \in A \mid \|x - a\| < r\}$ ein Maximum annimmt, so hat es ein *relatives* Maximum in $a$.

Da wir auf $\mathbb{R}^n, \mathbb{E}_n, \mathbb{V}_n (n > 1)$ keine Ordnung „$<$" eingeführt haben, können wir diese Definition nicht auf $f\colon A \to \mathbb{W}$ verallgemeinern.

**3.** Es folgen *Existenzsätze*, Kriterien für die Lage und *Hilfssätze* für nützliche Umformtechniken.

Wir kennen schon den Satz von Weierstraß 2.2.5.20 (Stetige Funktionen auf kompakter Menge):

*Kriterium:*

Sei $f\colon A \to \mathbb{R}$ stetig und sei $A$ beschränkte und abgeschlossene Teilmenge von $\mathbb{V}$ (d. h. $\exists\, r\colon A \subset \{x \in \mathbb{V} \mid \|x\| \leqslant r\}$, sowie: aus $a_n \in A$ folgt $\lim a_n \in A$). Dann nimmt $f$ an einer Stelle $a \in A$ ein (schwaches absolutes) Maximum auf $A$ an.

**4.** *Beispiele:*

Zum Verständnis der Voraussetzungen sehen Sie sich die Funktionen auf Maxima hin an:

$$A = {]}0,1], t \mapsto 1/t \quad \text{und} \quad A = [0,2],\ t \mapsto \begin{cases} t & t < 1 \\ 0 & t \geqslant 1 \end{cases}.$$

**5.** *Kriterium:* (Monotone Funktionen)

Sei $f\colon [a,b] \to \mathbb{R}$ monoton nicht fallend [bzw. wachsend], dann nimmt $f$ in $b$ ein Maximum [bzw. striktes Maximum] an.

---

\*) Selbst wenn starke dabei sind; gemeint ist mit „schwach" also nicht „nicht stark", sondern „nicht notwendigerweise stark"; ein hübsches Beispiel für typisch mathematischen Sprachgebrauch.

Und hier noch ein weniger hübsches: In der Schulmathematik wird die Stelle $a$ oft „Extremwert" genannt, höchst widersinnig, denn der extremale Wert ist $f(a)$!

**6.** *Kriterium:*

Sei $g: \mathbb{R} \to \mathbb{R}$ strikt monoton, $f: A \to \mathbb{R}$, dann hat $g \circ f$ dieselben *Lagen* der Extrema wie $f$.

*Achtung:* Ist $g$ monoton fallend, vertauschen sich Maximum und Minimum. Die extremalen *Werte* ändern sich natürlich im allgemeinen. Für $f \circ g$ gilt nichts Ähnliches, z. B.: Sei $g: t \mapsto t^3, f(a) \geqslant f(x)$, ergibt sich $[f(a)]^3 \geqslant [f(x)]^3$ aber nicht allgemein $f(a^3) \geqslant f(x^3)$.

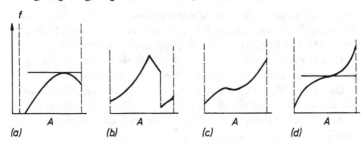

Abb. 4.8. Die drei Fälle von Satz 7. für ein Maximum sowie in (d) eine Stelle mit $f' = 0$, an der kein Maximum vorliegt

**7.** *Satz* (*Extrema und erste Ableitung*; vgl. Abb. 4.8)

Sei $A \subset \mathbb{V}, f: A \to \mathbb{R}$, $f$ nehme in $a \subset A$ ein relatives Maximum auf $A$ an. Dann liegt (mindestens) einer der drei Fälle vor:

(A) $f'(a) = 0$;

(B) $f'(a)$ existiert nicht (besser: $f$ ist nicht differenzierbar in $a$)

(C) $a$ ist Randpunkt von $A$ in $\mathbb{V}$ (es gibt kein $r > 0$, so daß $\{x \in \mathbb{V} \mid \|x - a\| < r\} \subset A$ ist).

*Beweis:*

Zu zeigen ist, daß, wenn (B) und (C) nicht zutreffen, (A) gilt. Es gibt dann ein $s > 0$, so daß $f$ in $a$ ein Maximum auf $\{x \in \mathbb{V} \mid \|x - a\| < s\} \subset A$ annimmt; also für $\|h\| < s$ ist

$$0 \geqslant f(a \pm h) - f(a) = f'(a) \cdot (\pm h) + o(\|h\|),$$
$$\text{daher:} \quad f'(a) \cdot h \leqslant o(\|h\|), \quad -f'(a) \cdot h \leqslant o(\|h\|),$$

das ergibt $f'(a) \cdot h = o(\|h\|)$ und nach Satz 4.2.2(4) $f'(a) \equiv 0$. ∎

*Kommentar:* Für $A \subset \mathbb{R}$ hängt dieses mit Satz 4.2.8.8 zusammen: Ist die Funktion $f$ bei $f(a)$ nicht umkehrbar (und bei einem Extremum, das nicht auf dem Rande liegt, ist sie das nicht), aber differenzierbar, so kann auch die lineare Näherung nicht umkehrbar sein, d. h. $f' = 0$.

**8.** Umgekehrt folgt aber aus $f'(a) = 0$ nicht, daß $f(a)$ ein Extremum ist. Für dim $\mathbb{V} > 1$ interessant ist in diesem Zusammenhang der

*Satz (Extrema und zweite Ableitung)*

Sei $f$ in $a$ zweimal differenzierbar und $f'(a) = 0$.

Für die verschiedenen Typen der symmetrischen Bilinearform $h \mapsto f'' \cdot h^{(2)} = \Sigma_k \Sigma_l \partial_k \partial_l f(a) h^k h^l$ gilt:

*$f''$ positiv definit* (d. h.: $f'' \cdot h \cdot h > 0$ für alle $h \neq 0$):

bei $a$ liegt ein relatives striktes Minimum,

*$f''$ negativ definit* (d. h. $f'' \cdot h \cdot h < 0$ für alle $h \neq 0$):

bei $a$ liegt ein relatives striktes Maximum,

*$f''$ indefinit* (d. h. es gibt ein $h$ und ein $\tilde{h}$ mit: $f'' \cdot h \cdot h > 0, f'' \cdot \tilde{h} \cdot \tilde{h} < 0$):

bei $a$ liegt kein Extremum,

*$f''$ positiv semidefinit* (d. h.: $f'' \cdot h \cdot h \geqslant 0$ für alle $h, f'' \neq 0$):

bei $a$ liegt ein Minimum oder kein Extremum,

*$f''$ negativ semidefinit* (d. h.: $f'' \cdot h \cdot h \leqslant 0$ für alle $h, f'' \neq 0$):

bei $a$ liegt ein Maximum oder kein Extremum,

$f'' = 0$ (d. h.: $f \cdot h \cdot h \; U \; 0$ für alle $h$) läßt alle drei Möglichkeiten offen.

(Diese Aussagen folgen aus: $f(a + h) = f(a) + f''(a) \cdot h \cdot h + o(\|h\|^2)$).

**9.** *Bemerkung:*

Im Falle $\mathbb{V} = \mathbb{R}$ haben wir nur die Fälle: $f'' > 0, f'' < 0, f'' = 0$; der indefinite Fall („Sattelpunkt" vgl. Beispiel unten) tritt nicht auf. Bei $f'' = 0$ kann ein Minimum oder Maximum oder Wendepunkt vorliegen; z. B. $t \mapsto + t^4, t \mapsto -t^4, t \mapsto t^3$. Eine Analyse der höheren Ableitungen bei $f'' = 0$ ist natürlich möglich, führt aber auch im Falle beliebig oft differenzierbarer Funktionen nicht immer zur eindeutigen Entscheidung.

Z. B.*) $f: \mathbb{R} \to \mathbb{R}$

$$t \mapsto \begin{cases} e^{-1/t^2} & t \neq 0 \\ 0 & t = 0 \end{cases}.$$

---

*) Von allen »Gegenbeispielen« in der Differentialrechnung das wichtigste, es repräsentiert eine Klasse von Funktionen, die beliebig oft differenzierbar, aber nicht durch die Ableitungen an einer Stelle festgelegt sind; vgl.: 4.3.4 und 7.2.

Man überzeuge sich, daß alle Ableitungen (gemäß Ketten- und Produktregel) für $t \neq 0$ existieren, und die Form $p\left(\dfrac{1}{t}\right) \cdot e^{-1/t^2}$ haben, wobei $p\left(\dfrac{1}{t}\right)$ ein Polynom in $\dfrac{1}{t}$ ist. Nach der Formel von *L'Hospital* 4.2.7.13 ist $\lim\limits_{t \to 0}\left(\dfrac{1}{t}\right)^n e^{-1/t^2} = \lim\limits_{z \to \infty} z^n/e^{z^2} = \lim\limits_{z \to \infty} n z^{n-1}/(2z e^{z^2}) = \lim \dfrac{n \cdot z^{n-2}}{2 e^{z^2}}$

$= \cdots = \lim\limits_{z \to \infty} 0/e^{z^2} = 0$, also existiert $f^{(n)}(0) = \lim\limits_{h \to 0} \dfrac{f^{(n-1)}(h) - 0}{h} = 0$.

$f(t)$ hat in 0 ein Minimum, $-f(t)$ ein Maximum, $t \cdot f(t)$ einen Wendepunkt, aber alle Ableitungen sind gleich 0 bei $t = 0$.

**10.** *Beispiele* im Falle $f: \mathbb{R}^2 \to \mathbb{R}$, $a = (0,0)$, $\boldsymbol{h} = (h^1, h^2)$; [vgl. Abb. 4.9] ($Q$ ist die Gleichung\*) der tangierenden Fläche 2. Grades.)

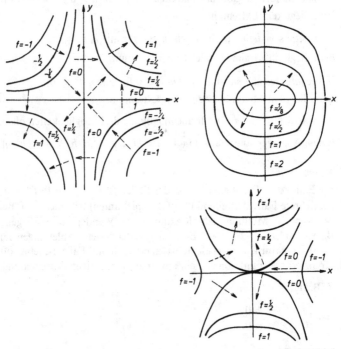

Abb. 4.9. Die Isolinien der Funktionen $(x, y) \mapsto x \cdot y$ bzw. $y^2 + x^4$ bzw. $y^2 - x^4$. Einige gestrichelte Pfeile geben die Richtung des stärksten Zuwachses an

---

\*) Die Klassifikation dieser Flächen ist in diesem Buch nicht durchgeführt.

(i) $(x,y) \mapsto \sin(x^2 + y^2)$, $f''(0) \cdot h^{(2)} = 2(h^1)^2 + 2(h^2)^2$.

$f''$ pos. definit: Minimum bei $(0,0)$; $Q: \frac{1}{2}z = x^2 + y^2$, Rotationsparaboloid. Auf den Kreisen $x^2 + y^2 = \pi(n + \frac{1}{2})$ abwechselnd schwache Maxima und Minima.

(ii) $(x,y) \mapsto x \cdot y$, $f''(0) \cdot h^{(2)} = 2h^1 \cdot h^2$.

$f''$ indefinit, kein Extremum, $Q: 2z = (x + y)^2 - (x - y)^2$, ein hyperbolisches Paraboloid; $(0,0)$ ist ein Sattelpunkt".

(iii) $(x,y) \mapsto e^{(x+y)^2}$, $f''(0) \cdot h^{(2)} = 2(h^2)^2 + 4h^1 \cdot h^2 + 2(h^2)^2$.

$f''$ pos. semidefinit (für $h^1 = -h^2$ ist $f'' \cdot h^{(2)} = 0$ sonst $f'' \cdot h^{(2)} > 0$); schwaches Minimum an allen Punkten auf der Geraden $\{y = -x\}$; $Q: z - 1 = (x + y)^2$, ein parabolischer Zylinder.

(iv) $(x,y) \mapsto y^2 \pm x^4$  $f''(0) \cdot h^{(2)} = 2(h^2)^2$.

$f''$ pos. semidefinit, $Q: z = y^2$ parabolischer Zylinder. Für $y^2 + x^4$ liegt striktes Minimum vor, für $y^2 - x^4$ liegt kein Extremum vor.

**11.** Häufig sucht man nach Extrema von Funktionen unter zusätzlichen *Nebenbedingungen*:

$$f, \varphi : \mathbb{R}^2 \to \mathbb{R}$$

$f(x,y)$ soll maximal sein.

(A) Die Nebenbedingung $\varphi(x,y) = 0$ soll erfüllt sein.

Natürlich kann man versuchen aufzulösen, d. h. $\varphi$ in die Form $y = g(x)$ zu bringen und dann $\tilde{f}(x) := f(x, g(x))$ zu untersuchen nach Stellen $x_E$ mit $\tilde{f}'(x_E) = 0$;

$$\text{(B)} \quad 0 = \frac{d\tilde{f}}{dx}(x_E) = \frac{\partial f}{\partial x}(x_E) + \frac{\partial f}{\partial y}(x_E)g'(x_E).$$

Es gilt natürlich $\varphi(x, g(x)) \equiv 0$ also

$$\text{(C)} \quad 0 = \frac{d\varphi}{dx} = \frac{\partial \varphi}{\partial x} + \frac{\partial \varphi}{\partial y} \cdot g'.$$

Aus (B) und (C) läßt sich $g'$ eliminieren,

$$\text{(D)} \quad \partial_x f \cdot \partial_y \varphi = \partial_y f \cdot \partial_x \varphi,$$

also muß man (A) gar nicht explizit auflösen (was manchmal erhebliche rechnerische Schwierigkeiten macht), sondern nur (A, B, C) als Gleichungssystem für $x_E$, $y_E$, $g'(x_E)$ auffassen.

Eine andere Lesart von (D) ist: Man suche die Extrema von $F(x, y, \lambda) := f(x,y) - \lambda \varphi(x, y)$, also $F' = 0$, in Komponenten:

(E) $\partial_x f - \lambda \partial_x \varphi = 0$, $\partial_y f - \lambda \partial_y \varphi = 0$, $-\varphi = 0$.

Dieses Gleichungssystem (E) für $x, y, \lambda$ ist gleichwertig mit (A, D). Eine geometrische Interpretation von (E) wird in 4.4.2.8 gegeben.

Das ganze Verfahren funktioniert offensichtlich für:

$$f: \mathbb{R}^n \times \mathbb{R}^m \to \mathbb{R}, \quad \varphi: \mathbb{R}^n \times \mathbb{R}^m \to \mathbb{R}^m, \quad \lambda \in \mathbb{R}^m$$

($m$ Nebenbedingungen, $\tilde{f}$ hat $n$ unabhängige Variable).

Physikalische Anwendungen gibt es bei der Behandlung von Zwangsbedingungen ($\lambda$: „Lagrange Multiplikator").

**12. Beispiel:**

Die Hauptachsentransformation in 3.3.3.5.

Gesucht wird ein Vektor mit $(v|v) = 1$ für den $Q(v,v)$ maximal ist.

$$F(v^k, \lambda) = Q(v,v) - \lambda[(v|v) - 1] = \Sigma_l \Sigma_m (q_{lm} - \lambda g_{lm}) v^l v^m + \lambda;$$

$$0 = \frac{\partial F}{\partial v^k} = \Sigma_l(q_{lk} - \lambda g_{lk}) v^l + \Sigma_m(q_{km} - \lambda g_{km}) v^m = 2 \Sigma_l(q_{kl} - \lambda g_{kl}) v^l$$

(denn $q_{lk} = q_{kl}$). Das ist die „charakteristische Gleichung" 3.3.3.3; damit haben wir ein in 3.3.3 viel mühsamer ermitteltes Ergebnis noch einmal erhalten.

### 4.2.10 Das Differenzieren als unstetige Operation

**1.** Zum Abschluß der allgemeinen Diskussion der Ableitung sei auf eine interessante, aber unangenehme Eigenschaft aufmerksam gemacht: Eine Folge $f_n$ von differenzierbaren Funktionen kann gegen eine Funktion $f$ konvergieren ($\forall x: \lim f_n(x) = f(x)$), ohne daß die zugehörigen $f_n'$ gegen $f'$ konvergieren. Allerdings gilt: konvergieren die $f_n'(x)$ für alle $x$ gegen eine Funktion $g(x)$, so ist $g = f'$.

**2. Beispiel:**

$f_n(x) = \frac{1}{n} \sin(nx)$, $f \equiv 0$.

$f_n(x) \to f(x)$, sogar $\max_{x \in \mathbb{R}} |f_n(x) - f(x)| = \frac{1}{n} \to 0$, aber die Ableitungen verhalten sich unregelmäßig, für einige Stellen konvergieren sie (z. B.: $x = 0: f_n'(x) = 1$), aber nicht gegen $f'$; an fast allen Stellen schwanken sie irgendwie zwischen $-1$ und $+1$ hin und her. So kann man etwa mit einem Wechselstrom $I_0 \cdot \sin \omega t$ beliebig kleinen Maximalwertes $I_0$ in einer Spule große Magnetfelder $L \cdot I_0 \cdot \omega \cos \omega t$ erzeugen, wenn man nur $\omega$ geeignet groß macht.

**3.** Bei der numerischen Berechnung von Ableitungen aus den Funktionswerten verwendet man statt der Differenzenquotienten $\Delta_h f :=$ $\frac{f(a+h) - f(a)}{h}$ besser die symmetrischen $\tilde{\Delta}_h f := \frac{f(a+h/2) - f(a-h/2)}{h}$.

176

Denn nach dem Satz von Taylor ist $|h \cdot \tilde{\Delta}_h f - f'(a) \cdot h| =$

$$\left| f\left(a + \frac{h}{2}\right) - f(a) - f'(a) \cdot \frac{h}{2} - \frac{1}{2} \cdot f''(a) \cdot \frac{h^2}{4} \right.$$

$$\left. - f\left(a - \frac{h}{2}\right) + f(a) + f'(a) \cdot \frac{-h}{2} + \frac{1}{2} f''(a) \cdot \frac{(-h)^2}{4} \right|$$

$$\leqslant 2 \cdot \frac{1}{3!} \sup_{-1 \leqslant \vartheta \leqslant 1} \left| f'''\left(a + \vartheta \frac{h}{2}\right) \right| \cdot \frac{h^3}{8}, \quad \text{also}$$

$$|\tilde{\Delta}_h f - f'(a)| \leqslant \sup_{-1 \leqslant \vartheta \leqslant 1} \left| f'''\left(a + \vartheta \frac{h}{2}\right) \right| \cdot \frac{h^2}{24} = O(|h|^2).$$

Demgegenüber ist $|\Delta_h f - f'(a)| \leqslant \sup_{0 \leqslant \vartheta \leqslant 1} |f''(a + \vartheta h)| \frac{h}{2} = O(|h|)$. Ist nun die Bestimmung der Funktionswerte mit einem möglichen Fehler $\delta$ behaftet, so ist der Fehler beim Berechnen von $\tilde{\Delta}_h f$ möglicherweise $(f(a + h/2) + \delta - f(a - h/2) + \delta)/h - \tilde{\Delta}_h f = 2\delta/h$, [Abb. 4.10].

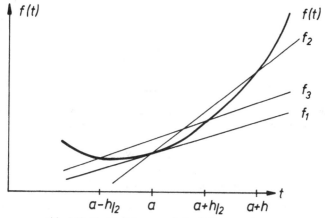

Abb. 4.10. Ein Funktionsgraph $f$ mit Tangente in $t = a$
$f_1 : t \mapsto f(a) + \dot{f}(a) \cdot (t - a)$ sowie den Sekanten mit Anstieg $\Delta_h f$ bzw. $\tilde{\Delta}_h f$:
$f_2 : t \mapsto f(a) + \Delta_h f \cdot (t - a)$; $f_3 : t \mapsto f(a - h/2) + \tilde{\Delta}_h f \cdot (t - a + h/2)$

**4.** Je kleiner man die Schrittweite $h$ wählt, desto größer wird der mögliche Rechenfehler*). Die in der Definition von $\dot{f}$ angelegte Methode

---

*) Solches Verhalten ist typisch bei unstetiger Abhängigkeit der zu berechnenden Größe von der vorgegebenen; vgl. im Kap. 8 „unsachgemäß gestellte Probleme".

zur Berechnung über $\lim\limits_{h\to 0} \Delta_h f$ ist also praktisch nicht für beliebig kleine $h$ sinnvoll. Die günstigste Schrittweite $h$ ist wohl die, bei der der Rechenfehler ungefähr gleich dem systematischen Fehler $\left(\text{dem Unterschied zwischen } \dfrac{\mathrm{d}f}{\mathrm{d}t} \text{ und } \dfrac{\Delta f}{\Delta t}\right)$ ist:

$$M \cdot h^2/24 = 2\delta/h, \quad \text{d. h.} \quad h = 2 \cdot \sqrt[3]{6\delta/M},$$

wobei $M$ eine Schätzung für $\sup |f'''|$ ist.

5. In der Sprache der *Funktionsgraphen:* In einem »Streifen« der Dicke $2\delta$ kann man Graphen mit beliebig großen Tangentenanstiegen, nicht aber (bei fest vorgegebenem $h$) mit beliebig steilen Sekanten durch Graphenpunkte zu $a$ und $a + h$ finden [Abb. 4.11].

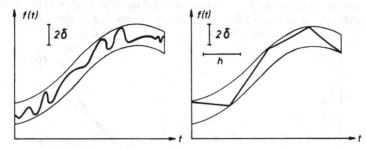

Abb. 4.11. In einen Streifen der „Breite" $2\delta$ passen Funktionsgraphen mit beliebigem Anstieg, aber nicht mit beliebig großen Werten von $\Delta_h$

In der Sprache der *Linearen Räume:* Welche Norm $\|\,.\,\|$ man auch auf der Menge von Funktionen einführt, die Transformation $f \mapsto f'$ ist unbeschränkt, denn schon mit so einfachen Funktionen wie $f(t) = e^{\lambda t}$ kann das Verhältnis $\dfrac{\|f'\|}{\|f\|} = \dfrac{\|\lambda e^{\lambda t}\|}{\|e^{\lambda t}\|} = |\lambda|$ beliebig groß gemacht werden.

# Sachwortverzeichnis für den ersten Teilband

Ausführliche Register für beide Bände finden sich als Kap. 9 am Ende des zweiten Bandes.

Aufgeführt werden Begriffserklärung (halbfett) und Stellen mit wichtigen Aussagen über diesen Begriff.

Bei Begriffen aus mehreren Worten wird (unüblicherweise) nach dem Adjektiv bzw. dem Eigennamen, nicht nach dem Substantiv geordnet (so findet sich „erweiterte Zahlengerade" unter E, „Satz des Pythagoras" unter P, nicht unter S).

**Symbolverzeichnis** (Die Zahlen sind Seitenangaben)

| | | | |
|---|---|---|---|
| $\mathbb{C}$ 28 | $\mathbb{N}$ 28 | $\mathbb{R}^+$ 42 | $\mathbb{V}, \mathbb{W}$ 80 |
| $\mathbb{D}$ 28 | $\mathbb{Q}$ 28 | $\mathbb{R}^-$ 42 | $\mathbb{V}^*$ 91 |
| $\mathbb{D}_\infty$ 38 | $\mathbb{R}$ 28 | $\mathbb{R}_0^+$ 42 | $\mathbb{V}_n$ 89 |
| $\mathbb{E}_n$ 49 | $\mathbb{R}^n$ 52 | $\bar{\mathbb{R}}$ 42 | $\mathbb{Z}$ 28 |
| $O(h)$ 147 | $o(h)$ 147 | $f \cdot g$ 19 | $o$ (auch $O$) 81 |
| $\partial M$ 61 | $\partial f$ 158 | $\delta_{kl}, \delta_l^k$ 96 | $\delta(x, y)$ 50 |
| $\delta_m$ 57. 97 | $g_{kl}$ 104 | $\varepsilon_{k...l}$ 102 | $\eta_{k \cdot l}$ 117 |
| $(a \mid b)$ 92 | $q_{(kl)}$ 102 | $\Vert a \wedge b \Vert$ 110 | $*(a \wedge b)$ 110 |
| $[a\!:\!b[$ 42 | $\vert a \vert$ 45 | $\Vert a \Vert$ 50. 107 | $\Vert a \Vert_k (k = 1.2.\infty)$ 51 |
| $A \times B$ 10 | $v \times w$ 118 | $\mathbb{V} \otimes \mathbb{W}$ 91 | $T^*$ 94 |
| $p_v$ 92 | $\mapsto$ 17 | $A \to B$ 17 | $x_n \to x$ 55 |
| $\bar{a}$ 45, 76 | $\bar{A}$ 61 | $\bar{\varphi}$ 66 | $\bar{g}$ 39 |
| $\mathfrak{P}(M)$ 11 | $\mathscr{F}(A \to B)$ 17 | $\mathscr{L}(\mathbb{V} \to \mathbb{W})$ 91 | |

# UTB

Uni-Taschenbücher GmbH
Stuttgart

# Steinkopff Studientexte

**DR. DIETRICH STEINKOPFF VERLAG · DARMSTADT**